財団法人
産業廃棄物処理事業振興財団
編著

不法投棄及び
不適正処理現場の
対策と技術

大成出版社

＜発刊によせて＞

　環境省では、産業廃棄物の不法投棄等の不適正処分対策について、数次にわたる廃棄物処理法の改正により、罰則の強化や排出事業者の責任強化等の規制強化を図ると共に、地方環境事務所が拠点となって、関係省庁や都道府県等と緊密に連携した全国ごみ不法投棄撲滅運動の展開による監視活動の強化やエコアラームネット等のITを活用した取組等により、大規模事案を中心に新規に判明される事案を減少させるよう、早期発見及び早期対応による未然防止及び拡大防止の取組を推進してきたところです。

　このような取組等により、不法投棄等の新規判明事案の件数は減少してきているものの、平成20年度においては、5,000トン以上の大規模な不法投棄事案は新たに4件、不適正処理事案については10件判明し、5,000トン未満の規模のものを含めると、全体では未だに308件の不法投棄、308件の不適正処理が新たに判明したと報告されており、不法投棄等の事案の撲滅には至っていないところです。また、残存事案についても、平成20年度末時点で全国に2,675件あると報告されています。

　これら産業廃棄物が不法投棄等された場合、その撤去等については不法投棄等を行った行為者等が行うことが原則ですが、行為者等に資力がない場合や行為者等が不明である場合であって当該不法投棄等により生活環境保全上の支障又は支障が生ずるおそれがある場合には、都道府県等が代執行により支障等の除去を行うことになっています。

　このマニュアルは、これまで都道府県等において実施された産業廃棄物の支障除去等事業で得られた知見を整理することにより、都道府県等が行う支障除去等が適切かつ経済的、合理的に実施されるための対策技術について取りまとめられた技術マニュアルです。代執行を行う都道府県等、支障除去等事業の調査・計画・設計等を行う調査設計会社やコンサルタント会社、工事の施工や廃棄物の処理を行う処理会社等において、本マニュアルが活用され、適切かつ経済的、合理的な対策工が行われることを期待しております。

平成22年3月

環境省廃棄物・リサイクル対策部適正処理・不法投棄対策室長

荒木　真一

<まえがき>

　㈶産業廃棄物処理事業振興財団（以下「当財団」という）では、産業廃棄物の不法投棄等の支障除去等を行う都道府県等に対する支援事業（以下「支障除去等支援事業」という）を平成10年度から実施してきた。支障除去等支援事業は、国や産業界からの出えんにより基金を形成し、当財団がこの基金から都道府県等へ財政的支援をすることにより実施している。

　基金運用機関である当財団では、基金を効率的に運用していく必要があることから、そのための各種の取組を行っている。その一環として、平成15年9月に「原状回復支援事業技術検討委員会」を設置し、平成16年9月に報告書「硫酸ピッチの処理方法について（その1）」を、平成17年5月に「原状回復支援事業技術検討委員会・その2」を設置し、平成18年12月に「支障除去等のための不法投棄現場等現地調査マニュアル（大成出版社発行）」を取りまとめた。

　環境省の「産業廃棄物の不法投棄等の状況について」の実態調査結果によれば、平成20年度末で依然全国に2,675件（約1,700万t）もの不法投棄等の不適正処分（以下「不法投棄等」という）された産業廃棄物が残存している状況にある。残存事案のなかには、周辺地下水の汚染等生活環境保全上の支障が現に生じている現場に加え、不法投棄等されて数年経った後に化学物質が流出したり硫化水素が発生するといった今後支障が発生する可能性が残っている現場もある。このため、こうした現場に対する調査や、必要に応じて対策を適切に実施していくことが生活環境保全の観点から重要であるとともに、対策は不法投棄等の行為者等に代わって行われざるを得ないケースが多いなかで、経済的かつ実効ある対策の導入等による合理的な対策の実施も求められている。

　また、環境省や経済界による3Rの推進等により、廃棄物分野においてもアジア地域との連携が深まるとともに、アジアの開発途上国でも経済の発展に伴い環境問題に目が向けられるようになってきている。このようななかで、アジア地域等の諸外国から我が国に対する不法投棄等の対策についての問い合わせもある。

　一方、当財団による支障除去等支援事業は実施から約10年が経過し、支障除去等技術についての知見が蓄積されつつあることから、国内での効率的な支障除去等のニーズはもとより、海外への支障除去等技術の円滑かつ適切な移転等の要請にも応えるため、不法投棄等現場に対する対策技術について整理することとし、平成19年4月に「原状回復技術検討委員会・その3」（委員長：島岡隆行・九州大学教授）を設置して検討を進め、今般、「不法投棄及び不適正処理現場の対策と技術」として取りまとめた。

　なお、本書は、特定産業廃棄物に起因する支障の除去等に関する特別措置法（以下「産廃特措法」という）の適用事案について支障除去等が適切かつ経済的に行われることを主目的にしたものであるが、その他の不法投棄等の事案にも役立つように取りまとめている。

　また、本書で掲載を割愛した不法投棄等現場の調査の詳細については、「支障除去等のための不法投棄現場等現地調査マニュアル（大成出版社発行）」（以下「調査マニュアル」という）を併せて参照されるとよい。

「原状回復支援事業技術検討委員会・その3」委員等名簿

(役職は平成21年3月または委員委任期間最終時のもの)

委員長	島岡　隆行	九州大学大学院工学研究院　環境都市部門　教授	
委員	大塚　元一	社団法人全国産業廃棄物連合会　専務理事（～平成20年3月）	
〃	仁井　正夫	社団法人全国産業廃棄物連合会　専務理事（平成20年4月～）	
〃	小野　雄策	埼玉県環境科学国際センター　廃棄物管理担当　担当部長	
〃	小島　政章	社団法人日本建設業団体連合会 環境委員会建設副産物専門部会委員	
〃	土居　洋一	特定非営利法人最終処分場技術システム研究協会推薦	
〃	福本　二也	社団法人日本廃棄物コンサルタント協会推薦	
オブザーバー	牧谷　邦昭	大臣官房廃棄物・リサイクル対策部 適正処理・不法投棄対策室長（～平成20年7月）	
〃	荒木　真一	大臣官房廃棄物・リサイクル対策部 適正処理・不法投棄対策室長（平成20年7月～）	
〃	冨田　悟	大臣官房廃棄物・リサイクル対策部 適正処理・不法投棄対策室室長補佐（～平成21年3月）	
〃	大川　仁	大臣官房廃棄物・リサイクル対策部 適正処理・不法投棄対策室室長補佐（平成21年4月～）	
〃	日浦　憲太郎	大臣官房廃棄物・リサイクル対策部 適正処理・不法投棄対策室（平成20年10月～）	
コンサルタント	伊藤　明	株式会社建設技術研究所　東京本社社会システム部資源循環室 副参事	
	岡田　敬志	株式会社建設技術研究所　東京本社社会システム部資源循環室 主任	
事務局	財団法人産業廃棄物処理事業振興財団		

本書は、上記の委員会メンバーの他、次の機関から資料提供等のご協力を得て作成した。

 青森県 環境生活部 県境再生対策室
 宮城県 環境生活部 竹の内産廃処分場対策室
 福井県 安全環境部 循環社会推進課 最終処分場対策グループ
 香川県 環境森林部廃棄物対策課 資源化・処理事業推進室
 豊田市 環境部 廃棄物対策課
 特定非営利活動法人最終処分場技術システム研究協会
 火災発生危険を有する堆積廃棄物の防火技術に関する共同研究・参加団体
  ・独立行政法人国立環境研究所 循環型社会・廃棄物研究センター
  ・総務省消防庁消防大学校消防研究センター 技術研究部危険性物質研究室
  ・大成建設株式会社 環境本部土壌環境事業部

また、次の方々から、ご助言や資料提供を受けた。
 川嵜 幹生 埼玉県環境科学国際センター 廃棄物管理担当
 円谷 創   オフィスM＆H
 野内 洋   (元)株式会社日本能率協会総合研究所 地域環境研究室
 松村 治夫 財団法人日本産業廃棄物処理振興センター 国際協力担当部長
 眞鍋 和俊 応用地質株式会社 九州支社ジオテクニカルセンター
 皆川 隆一 三菱マテリアルテクノ株式会社 環境事業部
 森 康二 株式会社地圏環境テクノロジー 技術開発部
 山口 修平 株式会社大成出版社

 島岡隆行委員長（九州大学教授）をはじめ、委員の方々、並びにご協力を頂いた関係各位に深く感謝致します。

【本書で用いている主要な用語の説明】

廃棄物処理法　「廃棄物の処理及び清掃に関する法律」（昭和45年施行）

産廃特措法　「特定産業廃棄物に起因する支障の除去等に関する特別措置法」（平成15年制定・平成24年度までの時限立法）

不法投棄等　廃棄物処理法第16条（何人も、みだりに廃棄物を捨ててはならない）に違反する事案、または同法第12条の産業廃棄物処理基準もしくは第12条の2の特別管理産業廃棄物処理基準に適合しない処分を指す。

不法投棄等現場　不法投棄等がなされた現場を指す。なお、本書では、法違反の疑いがある事案の現場調査も想定している等、幅広に対象をとって記述している。

支障等　生活環境保全上の支障又はそのおそれを指す。本書では、これまでの事例の多さから、高有害性廃棄物、崩落、火災、水質汚染、有害ガス・悪臭を支障の要素とする生活環境保全上の支障又はそのおそれについて主に記述している。

措置命令　廃棄物処理法第19条の5「産業廃棄物処理基準（もしくは特別管理産業廃棄物処理基準）に適合しない産業廃棄物の処分が行われた場合において、生活環境の保全上の支障が生じ、または生ずるおそれがあると認められるときは、都道府県知事は、必要な限度において処分者等に対し、期限を定めて、その支障の除去等の措置を講ずべきことを命ずることができる。」の規定による命令を指す。

支障除去等（支援）事業　支障の除去等の措置を、不法投棄等の行為者等が無資力等の理由で行えない場合に、都道府県等が代執行により行う事業を指す。平成10年6月17日以降に行為が開始された不法投棄等事案に対しては、産業界からの出えんと国庫補助による産業廃棄物適正処理推進センター（当財団が指定されている）の基金制度により、都道府県等へ事業費の4分の3を支援する制度（**廃棄物処理法に基づく支援制度**）がある。また、平成10年6月16日以前に行為が開始された不法投棄等については、産廃特措法による都道府県等への支援制度（**産廃特措法に基づく支援制度**）がある。

支障除去等対策（工）　支障の除去等を合理的（適切かつ経済的）に行うことのできる対策やその工法（不法投棄等の現場を投棄等以前の状態に戻す原状回復とは異なる）

高有害性廃棄物　不法投棄等現場において、支障等の発生の主要因となっており、撤去ま

たは原位置での処理等が必要となる有害性の高い廃棄物を指す。例えば、特定産業廃棄物に起因する支障の除去等を平成24年度までの間に計画的かつ着実に推進するための基本的な方針（産廃特措法基本方針。平成15年環境省告示第104号）で規定された有害産業廃棄物（廃油、廃酸、廃アルカリ、廃PCB、感染性廃棄物、廃石綿等、その他環境省令に定める基準に適合しないレベルの化学物質を含むもの）を想定している。

目　次

- ・発刊によせて……………………………………………………………………………… i
- ・まえがき………………………………………………………………………………… iii
- ・「原状回復支援事業技術検討委員会・その3」委員等名簿 …………………………… v
- ・【本書で用いている主要な用語の説明】…………………………………………… vii

第1章　不法投棄等と調査・対策の概要

Ⅰ．本書の全体構成………………………………………………………………………… 3
  1. 本書の目的…………………………………………………………………………… 3
  2. 本書の対象…………………………………………………………………………… 3
  3. 対象とする不法投棄等……………………………………………………………… 3
  4. 本書の構成…………………………………………………………………………… 3
  5. 本書の範囲…………………………………………………………………………… 5

Ⅱ．支障等についての考え方……………………………………………………………… 6
  1. 支障の要素…………………………………………………………………………… 6
  2. 生活環境保全上の支障又はそのおそれの考え方等……………………………… 8

Ⅲ．支障の要素別の支障除去等の事例………………………………………………… 11

Ⅳ．支障除去等の調査・対策の流れ…………………………………………………… 20

Ⅴ．不法投棄等現場の調査……………………………………………………………… 22
  1. 迅速かつ的確な初期対応………………………………………………………… 22
  2. 対策工を想定した事前調査……………………………………………………… 23

Ⅵ．支障除去等対策工の選定…………………………………………………………… 24
  1. 対策工の概略選定………………………………………………………………… 25
  2. 効果・コストの検討と対策工の評価（対策工の詳細選定）………………… 28

Ⅶ．対策工設計のための調査…………………………………………………………… 29

Ⅷ．対策工の実施………………………………………………………………………… 30
  1. 対策工の設計等の対策実施前の留意点………………………………………… 30
  2. 施工時の留意点…………………………………………………………………… 31

Ⅸ．対策工選定時に考慮する必要がある法律一覧…………………………………… 32

Ⅹ．調査・対策の各段階で使用するチェックシート（例）………………………… 32
  1. 第一報を受けたときの調査時のチェックシート……………………………… 33
  2. 初期確認調査時のチェックシート……………………………………………… 34
  3. 対策工を想定した事前調査時のチェックシート……………………………… 35
  4. 対策工選定時のチェックシート………………………………………………… 36
  5. 対策工実施時のチェックシート………………………………………………… 43

第2章　対策工と技術

- Ⅰ．支障除去等対策工の選定 …………………………………… 47
  - 1　高有害性廃棄物対策工 …………………………………… 47
  - 2　崩落対策工 ………………………………………………… 61
  - 3　火災対策工 ………………………………………………… 77
  - 4　水質汚染対策工 …………………………………………… 94
  - 5　有害ガス・悪臭対策工 …………………………………… 127
  - 6　複合的な支障等の場合の対策工の選定 ………………… 144
  - 7　廃棄物を現場外へ搬出する場合の留意事項 …………… 145
- Ⅱ．対策工の実施 ………………………………………………… 151
  - 1　対策工の設計等の対策実施前の留意事項 ……………… 151
  - 2　対策工実施時の留意事項 ………………………………… 154
  - 3　対策工事実施後におけるモニタリング ………………… 161
- Ⅲ．対策工選定の事例 …………………………………………… 165
  - 1　例示した事案 ……………………………………………… 165
  - 2　福井県敦賀事案 …………………………………………… 166
  - 3　宮城県村田事案 …………………………………………… 176
  - 4　埼玉県三芳事案 …………………………………………… 185

<巻末資料>

1. 対策工選定の参考となる各種基準 ……………………………… 197
2. 環境省告示第百四号（産廃特措法基本方針）………………… 212
3. 土壌汚染対策法に基づく「汚染除去等の措置等」の基準（抜粋）…… 222
4. 主な支援事業の概要 ……………………………………………… 224
5. 支障等の度合いの確認等のための周辺状況の把握項目の例 … 234
6. 対策工の効果・コストの算定に関する資料 …………………… 235
7. 支障除去等対策に適用可能な技術例
   （NPO法人　最終処分場技術システム研究協会資料他）…… 240
8. 海外の不法投棄等の事例 ………………………………………… 287

第 1 章

不法投棄等と調査・対策の概要

Ⅰ．本書の全体構成

1　本書の目的

　本書は、都道府県等が実施する不法投棄等による生活環境保全上の支障又は支障が生じるおそれ（以下「支障等」という）の除去対策について、迅速かつ合理的な計画立案や対策実施に役立つことを主な目的に作成したものである。

　特に、次に示す効果が得られるよう意図して作成した。

> ・　不法投棄等現場での迅速かつ的確な初期対応の実施
> ・　支障除去等対策工（以下「対策工」という）を想定した効果的、効率的な調査の実施
> ・　対策実施のための検討に着手してから対策工を選定するまでの検討期間の短縮
> ・　長期的な視点を含めた経済性を考慮した対策工の選定
> ・　対策実施時の周辺環境への配慮および作業員の安全確保

2　本書の対象

　本書は、支障除去等事業を実施する都道府県等の担当者を始めとして、不法投棄等現場の調査や対策の計画・設計を行うコンサルタント会社、調査分析会社、対策工事の施工や廃棄物の処理を行う建設会社、処理会社、廃棄物・環境・建設関連の研究者、学生等に活用されることを想定している。

3　対象とする不法投棄等

　本書は、主として不法投棄等の行為者による自主的な廃棄物撤去が困難な比較的規模の大きい不法投棄等を対象とし、また、都道府県等において不法投棄等の規模が拡大する前の早い段階での措置命令発出や許可業者への許可取消が徹底されてきているため、こうした許可取消後に残存する不法投棄等も対象に加え、環境省の不法投棄撲滅アクションプランでの撲滅目標としている5,000ｔを超える不法投棄等、およびそれを下回る概ね2,000ｔ以上の不法投棄等も念頭にして作成した。

4　本書の構成

　本書は、「第1章　不法投棄等と調査・対策の概要」、「第2章　対策工と技術」、「巻末資料」により構成している。

　「第1章　不法投棄等と調査・対策の概要」は、本書の概要であり、支障等についての考え方や不法投棄等の事例を示し、不法投棄等現場の調査から対策工選定、対策実施までの概要を掲載している。対策工の検討当初や支障除去等対策の全体を俯瞰したいときは、こ

の「第1章 不法投棄等と調査・対策の概要」をご覧頂くとよい。また、ここには調査・対策の種々の段階で情報整理や進捗管理に役立つチェックシートの例も示しており、一連のチェックシートを追って頂いても全体の流れが掴めるようにしている。

「第2章 対策工と技術」には、これまでの支障除去等支援事業で支障の要素となった高有害性廃棄物、崩落、火災、水質汚染、有害ガス・悪臭の各対策工について、対策工の選定方法や対策工の内容を示している。当該現場で生じている支障等の要素に応じて、該当する対策工を示した節（Ⅰ．1～6）をご覧頂くとよい。なお、廃棄物の現場外搬出については、どの場合も対策となり得ることや支障除去等対策費に占める廃棄物処理費の割合が高いことから、別途の節（Ⅰ．7）を設けてその留意事項を記述した。次に、設計を含めた対策実施時の留意事項を示し（Ⅱ．1～3）、最後に、対策選定の参考となるよう対策工の選定事例を3例掲載した（Ⅲ．1～4）。

「巻末資料」には、支障除去等対策に関連した各種基準類、主な関係法令、これまでの支障除去等支援事業の概要、適用可能な具体の技術・工法等を示した。必要に応じて参考にされるとよい。

5 本書の範囲

事案の発覚から支障除去等工事終了後のモニタリングまでの一般的な流れと本書で対象とした範囲を図1に示す。

なお、図1の左側の流れの原因者や関係者の調査については、本書の対象外である。

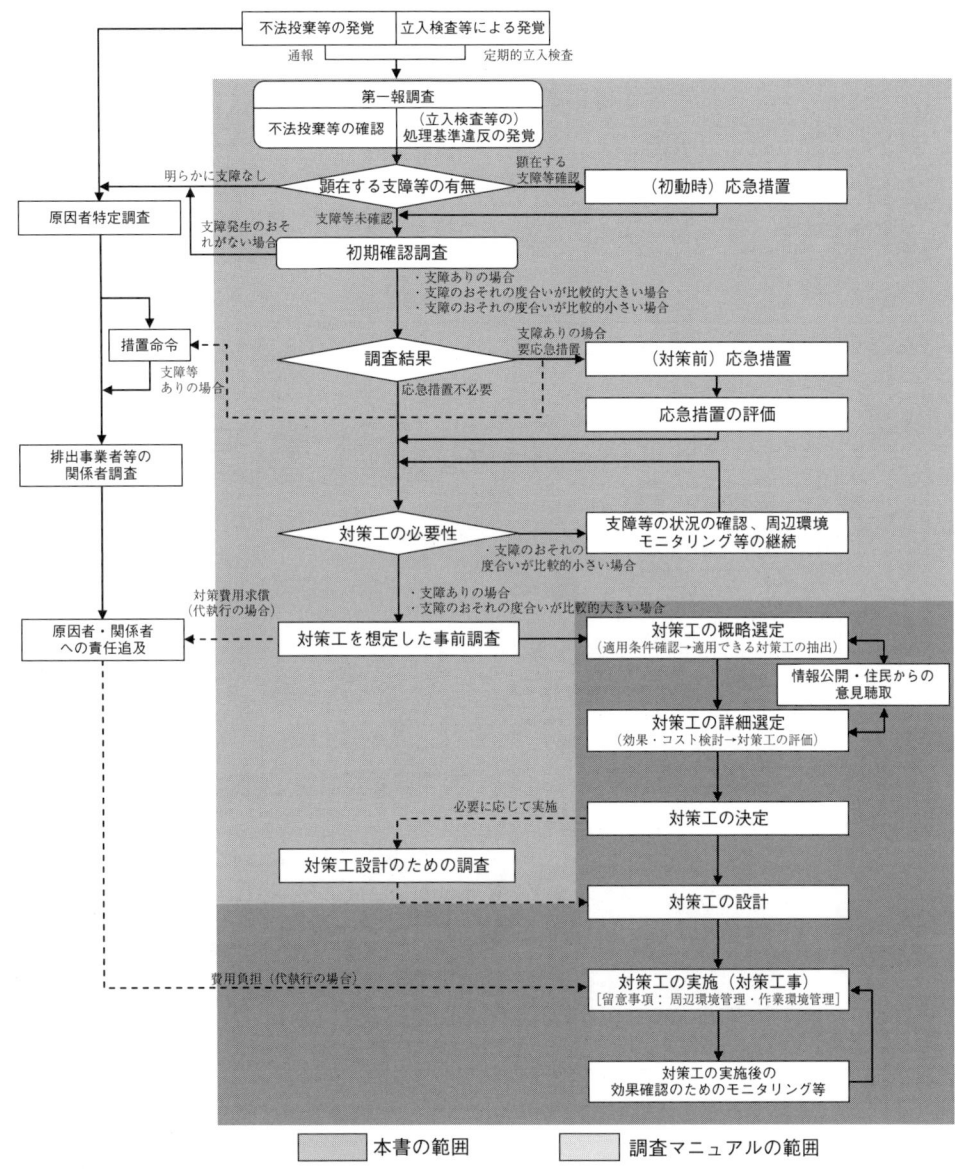

図1　事案の発覚から支障除去等工事完了・事後モニタリングまでの流れ

Ⅱ. 支障等についての考え方
1 支障の要素

不法投棄等現場では、投棄等された廃棄物に生活環境保全上の支障等が生じるような高有害性廃棄物が含まれていた場合や、廃棄物の急勾配での積み上げ等による崩落やそのおそれ、廃棄物層の蓄熱発熱等による火災、投棄された廃棄物に起因した水質汚染、有害ガス・悪臭の発生があった場合等に、現場周辺（当該現場の区域外）で生活環境保全上の支障等が生じ得る（図2）。表1に、これらの要素別に発生する支障等の例を示す。

なお、これまでの支障除去等支援事業の対象事案では、行政代執行の契機となった支障等は、表2のとおり次の5要素によっており、本書では、これらの支障の要素ごとに対策工の選定方法や留意事項を示した。

①高有害性廃棄物、②崩落、③火災、④水質汚染、⑤有害ガス・悪臭

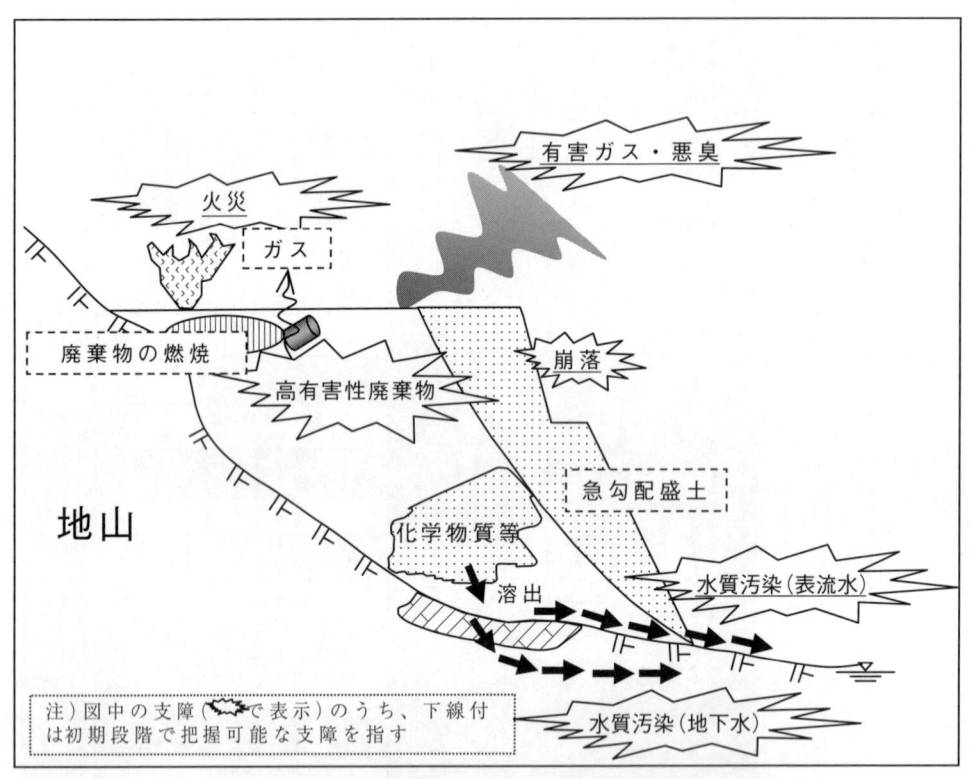

図2　不法投棄等現場で発生する主な支障の要素の概念図

表1　支障の要素と支障の例

支障の要素	具体的現象や物質	支障の例
高有害性廃棄物	高濃度の重金属類、VOC※、ダイオキシン類等	不法投棄等された廃棄物を原因とする重金属等を基準を超過して含む地下水、粉じん、ガスを周辺住民が摂取（飲用、吸入等）したことによる健康被害等。
	感染性	不法投棄等された医療廃棄物（注射針、ガーゼ等）が周囲に流出しそれに触れること等を原因とする周辺住民の針刺し等の事故発生、感染症発症等。
	爆発性・引火性	不法投棄等された爆発物の爆発等による周辺住宅等への廃棄物の飛散。住宅等の破損等の被害等。
	腐食性	不法投棄等された廃棄物に含まれる強酸性物質等の周辺構造物（公共構造物、住宅等）への流出による周辺構造物での腐食発生等。
	飛散性	不法投棄等現場から飛散した有害物（飛散性アスベスト等）を周辺住民が吸入したことによる健康被害（中皮腫等）等。
崩落	廃棄物の斜面崩落 沢地等での滑り 廃棄物の落下	不法投棄等された廃棄物の崩落、滑り、落下による周辺住宅や公道上等への廃棄物の流出、落下、飛散等。
火災	堆積廃棄物の温度上昇等による発火	不法投棄等された堆積廃棄物からの火災により生じた噴煙やすすの周辺住宅等への流入（衣類へのすすの付着等）。周辺住宅等への延焼等。
水質汚染	表流水（用水、河川等）汚染 地下水汚染	不法投棄等された廃棄物を原因とした飲用利用がある水道水源や地下水の水質汚染（環境基準値超過）。農業用水の汚染による農地での取水停止等。
有害ガス・悪臭	有害性ガス	不法投棄等された廃棄物からの有害ガスや悪臭の発生による、周辺住民からの苦情や周辺住民の健康被害（当該区域の敷地境界での規制基準値超過）等。
土壌汚染	廃棄物の周辺の土壌汚染	不法投棄等された廃棄物による土壌汚染により、有害物を含んだ地下水や粉じんを周辺住民が摂取（飲用、吸入等）したことによる健康被害等。
大気汚染	粉じん等	不法投棄等された廃棄物表面から風等により巻き上げられた粉じん等に起因した大気汚染による周辺住民の健康被害等。

※Volatile Organic Compounds：揮発性有機化合物

表2　過去の支障除去等支援事業における支障の要素

(産廃特措法および廃棄物処理法に基づく支援事業の双方分)

(平成21年3月31日までの事案)

支障の要素	該当事案数
高有害性廃棄物	65件
うち硫酸ピッチ事案	(46)件
崩落	15件
火災	15件
水質汚染	21件
有害ガス・悪臭	8件

注)　1つの事案において複数の支障の要素がある場合は、重複してカウントした。
対象事業数は93件。

2　生活環境保全上の支障又はそのおそれの考え方等

環境省廃棄物・リサイクル対策部適正処理・不法投棄対策室事務連絡「平成21年度産業廃棄物不法投棄等実態調査(平成20年度実績)について」(平成21年7月15日)には、当該事案の区域外に及ぼす生活環境保全上の支障又はそのおそれの考え方等について、以下のとおりに例示されている。

「環境省廃棄物・リサイクル対策部適正処理・不法投棄対策室　事務連絡　平成21年度産業廃棄物不法投棄等実態調査(平成20年度実績)について(平成21年7月15日)」より抜粋

生活環境保全上の支障又はそのおそれの考え方等について

1．生活環境保全上の支障又はそのおそれの区分の考え方
(1)　現に生活環境保全上の支障が生じている場合
【例】
○　当該区域の周辺で現に飲用利用等のある地下水や水道水源として利用等されている公共用水域の水質が環境基準値を超過
○　現に炎が目視され、噴煙等が当該区域の周辺に噴出しており、当該区域外に火災が広がりつつある。
○　現に崩落が発生して当該区域外に廃棄物等が流出し、周辺の道路等の公共施設に堆積したり、廃棄物等が当該区域の周辺に飛散・流出して周辺の住居・衣類等に飛散物が付着すること等により被害が発生
○　現に悪臭が発生し、当該区域の敷地境界において規制基準値を超過して周辺住

民から苦情が出ている　等
(2) 現に生活環境保全上の支障のおそれがある場合

【支障のおそれの度合いが比較的大きい場合の例】
○ 当該区域内の浸出水が産業廃棄物の最終処分場に係る技術上の基準を超過し、当該基準を超過した化学物質が当該区域外に流出して飲用地下水や水道水源利用されている公共用水域の水質環境基準値等を超過するおそれが大きい
○ 現に区域内で崩落が発生しているものの、まだ当該区域外に廃棄物等が流出して周辺の道路等の公共施設に堆積すること等による被害までは発生していない
○ 現に廃棄物等が当該区域の周辺に飛散・流出しているものの、まだ周辺の住居・衣類等への飛散物の付着等による被害までは発生していない
○ 現に悪臭が発生しているが、当該区域の敷地境界においては、規制基準値は超過しておらず、まだ周辺の住民等からの苦情はでていない　等

【支障のおそれはあるが、その度合いは比較的小さいと考えられる場合の例】
○ 当該区域内の浸出水が産業廃棄物の最終処分場に係る技術上の基準を超過しているが、現状では当該基準を超過した化学物質が当該区域外に流出して飲用地下水や水道水源利用されている公共用水域等の水質環境基準値等を超過するおそれは小さい
○ 現に廃棄物層内が高温になって燃焼しており、温度測定孔等から噴煙等が噴出しているが、当該区域外には広がるおそれは小さい
○ 現に廃棄物がむき出しの状態になって山積みされており、小規模な崩落や廃棄物等の飛散・流出はあるものの、当該区域外において悪影響を生じさせるようなおそれは小さい　等

(3) 支障等調査中（現時点では支障のおそれを否定できていない）
○ 現在支障等の調査中である（記録等により有害性のある廃棄物が埋め立てられていることまでは判明している　等）

(4) 現時点では支障等がない場合
　　上記(1)〜(3)以外の場合

2．支障除去等を実施する優先順位付けの考え方等について
　　支障除去等については、
(1) 現に生活環境保全上の支障が生じている場合・・・・・・・・・・・・・・・・・・・・・・・・・・・・・・・A
(2) 現に生活環境保全上の支障が生じるおそれがある場合
　　① 現に支障のおそれがあり、その度合いが比較的大きい場合・・・・・・・・・・・・・・・・B
　　② 現に支障のおそれはあるが、その度合いは比較的小さい場合・・・・・・・・・・・・・・C
の順番に計画的に実施することになる。
　　その場合、上記Aについては、行為者等に対して直ちに支障除去等を実施させ

ることが必要であり、行為者等により実施されない場合には当該都道府県等により行政代執行がなされる必要がある。その際、現行支援スキームである３／４基金の活用等により積極的に支援を行う（なお、この場合の行政代執行では、現に生じている支障の除去措置までを実施し、支障のおそれに対する発生の防止措置については、引き続き行為者等に対して継続して措置命令を行いつつ定期継続的な監視や周辺環境モニタリング等を実施し、支障が生じる度合いが大きくなった段階で当該発生防止措置を実施することも考えられる。もちろん、支障の除去の段階で併せて支障の発生の防止までを行政代執行により実施することも可能である。）。

　上記(2)については、優先順位の高いＢの中から順に支障の発生の未然防止措置を実施することとなる。この場合、上記Ａよりも支障除去等の実施に係る優先順位は低くなるが、計画的な実施が必要である。

　ただし、当該支障のおそれの具体的な状況については
○　個々の事案ごとに差異があること
○　時間の経過に伴い、土地の表層での植物の繁茂・廃棄物層内の状況の自然な改善等

により、支障のおそれの状況に変化が生じ得ること等から、時間の経過に伴って支障のおそれに変化が生じ得ると考えられる。また、行為者等による一部措置の実施により状況が改善し、支障のおそれに変化が生じる（おそれがなくなる等）ことも考えられる。

　また、支障のおそれの程度によっては、支障除去等の一環として、定期的な現場監視や周辺環境のモニタリング等を行うことにより支障のおそれの把握を続け、支障が生じる度合いが大きくなってきた場合に、有害物の撤去や崩落の防止措置等のその他の支障除去等を行うといった対応も考えられる。

　そのため、随時、優先順位も含めて各残存事案毎に支障のおそれについての見直しを行うことが必要である。

Ⅲ．支障の要素別の支障除去等の事例
高有害性廃棄物による支障等の事例（1）

事例1	福島県いわき市
対策実施前の状況	
不法投棄等の状況	産業廃棄物処理施設（焼却）に大量の廃棄物（廃油、廃酸、廃アルカリ、焼却灰、特別管理産業廃棄物等）を不適正保管（ドラム缶約55,000本）
支障等の状況	周辺の農業用水路および飲用井戸から化学物質が検出され、農業用水、飲用井戸を汚染したことによる生活環境保全上の支障のおそれ
対策工	廃棄物等の撤去（撤去量：廃棄物の全量および汚染土壌等の合計21,228t）、遮水壁工、水処理施設設置工
対策実施後の状況	

高有害性廃棄物による支障等の事例（2）

事例2	愛知県豊田市（枝下）
対策実施前の状況	
不法投棄等の状況	中間処理施設（焼却）での焼却灰の不適正保管、周辺での大量の混合廃棄物の野積み（約37,000㎥）
支障等の状況	・　放置された焼却灰等に含まれるダイオキシン類の近隣、河川への流出のおそれ ・　混合廃棄物から火災発生
対策工	部分撤去工（撤去量2,515t、焼却灰、可燃物等）、覆土工、法面整形工、表面キャッピング工、緑化工等
対策実施後の状況	

高有害性廃棄物による支障等の事例（３）

事例3	静岡県富士宮市
対策実施前の状況	
不法投棄等の状況	住宅街に所在する倉庫に硫酸ピッチ入りのドラム缶605本（158.5t）を不適正保管
支障等の状況	倉庫内で許容濃度（2ppm）を大幅に超過する77.7ppmの亜硫酸ガスを確認、20m離れた屋外で5.5ppmを確認（現場検証時に、警察の要請により安全のため周辺100m以内の地元住民約40世帯が避難）
対策工	撤去工（硫酸ピッチ入りのドラム缶）、漏出した硫酸ピッチは消石灰で中和
対策実施後の状況	

崩落による支障等の事例（1）

事例4	京都府宇治市
対策実施前の状況	

不法投棄等の状況	がれき類および木くず等の産業廃棄物が、野積み状態（高さ10m）で投棄処分され、積まれた廃棄物に地割れが発生
支障等の状況	隣接する通学路への廃棄物の崩落・落石のおそれ
対策工	全量撤去工（当該現場で簡易分別後、金属くずは無償譲渡、木くず等は焼却施設で焼却処分、がれき類は最終処分場へ埋立、撤去量11,200t
対策実施後の状況	

14

崩落による支障等の事例（2）

事例5	愛知県豊田市（勘八）
対策実施前の状況	
不法投棄等の状況	産業廃棄物最終処分場・中間処理施設における過剰保管（野積み）、超過容量約12万㎥
支障等の状況	・　廃棄物の崩落のおそれ ・　火災発生（再発火） ・　地下水汚染のおそれ
対策工	法面整形工（撤去量4,500㎥）、補強土壁工、表面キャッピング工、覆土工、ガス抜き管設置工
対策実施後の状況	

火災による支障等の事例

事例6	大阪府富田林市
対策実施前の状況	
不法投棄等の状況	中間処理施設の隣接地に廃プラスチック類、がれき類、木くず、金属くず、混合廃棄物、土砂を投棄、投棄量約35,100㎥
支障等の状況	中間処理施設の隣接地に堆積した産業廃棄物からの火災と、火災に起因する悪臭が発生、再出火により生活環境が脅かされるおそれ
対策工	撤去工（産業廃棄物を掘削し、当該敷地内で破砕・分別を行い、搬出・処理、がれき類および土砂の一部は敷地内で覆土材として有効利用、撤去量19,470㎥）
対策実施後の状況	

水質汚染による支障等の事例（1）

事例7	香川県土庄町（豊島）
対策実施前の状況	
不法投棄等の状況	産業廃棄物処理業者が、品目外の廃棄物（特別管理廃棄物含む）を大量に搬入、野焼き、埋立、投棄量約56万m³
支障等の状況	周辺地下水の汚染
対策工	全量撤去工（溶融施設で無害化）、遮水壁工
対策実施後の状況	 （対策実施中）

水質汚染による支障等の事例（2）

事例8	青森・岩手県境
対策実施前の状況	

不法投棄等の状況	堆肥化を行う中間処理施設周辺の敷地に大量の廃棄物を不法投棄、実施計画立案時の推定投棄量（青森県側67万㎥、岩手県側21万㎥）
支障等の状況	廃棄物に含まれる有機塩素化合物等による農業用水や八戸市等下流域自治体の水道水源の汚染のおそれ
対策工	全量撤去工、水処理施設設置工、表面キャッピング工等
対策実施後の状況	

（対策実施中）

写真出典：青森県ホームページ（http://www.pref.aomori.lg.jp/nature/kankyo/2008-0620-kenkyo-top.html）

有害ガス・悪臭による支障等の事例

事例9	宮城県村田町
対策実施前の状況	
不法投棄等の状況	安定型産業廃棄物最終処分場への許可品目外廃棄物（焼却灰等）の埋立および容量（35万㎥）の大幅超過、推定埋立量約103万㎥、超過投棄量約67万㎥
支障等の状況	・ 硫化水素の発生（ガス抜き管28,000ppm、敷地境界0.02ppm） ・ 浸出水の拡散による水質汚染のおそれ
対策工	多機能性覆土設置工、透過性浄化壁工等（詳細は P176～参照）
対策実施後の状況	 （一次対策完了）

写真出典：宮城県ホームページ（http://www.pref.miyagi.jp/takenouchi/、http://www.pref.miyagi.jp/takenouchi/setumeikaisiryou210326-1.pdf）

Ⅳ. 支障除去等の調査・対策の流れ

　支障除去等は不法投棄等の行為者が行うことが原則であるが、行為者が資力不足等の場合には、行政が行為者に代わって対策工の検討や実施を行わざるを得なくなる（図3参照）。こうした場合の対策選定から対策実施までの基本的な流れを図4に示す。また、p22以降には図4の流れに沿って各々の概要を記載した。

　なお、支障除去等の検討や対策の実施方法は、行為者が行う場合でも行政が行う場合でも支障等の除去を目的とすることから基本的に同様であり、本書を参考に行為者が対策を検討・実施することも、本書を参考に行政が対策を検討し行為者に実施させることも可能である。

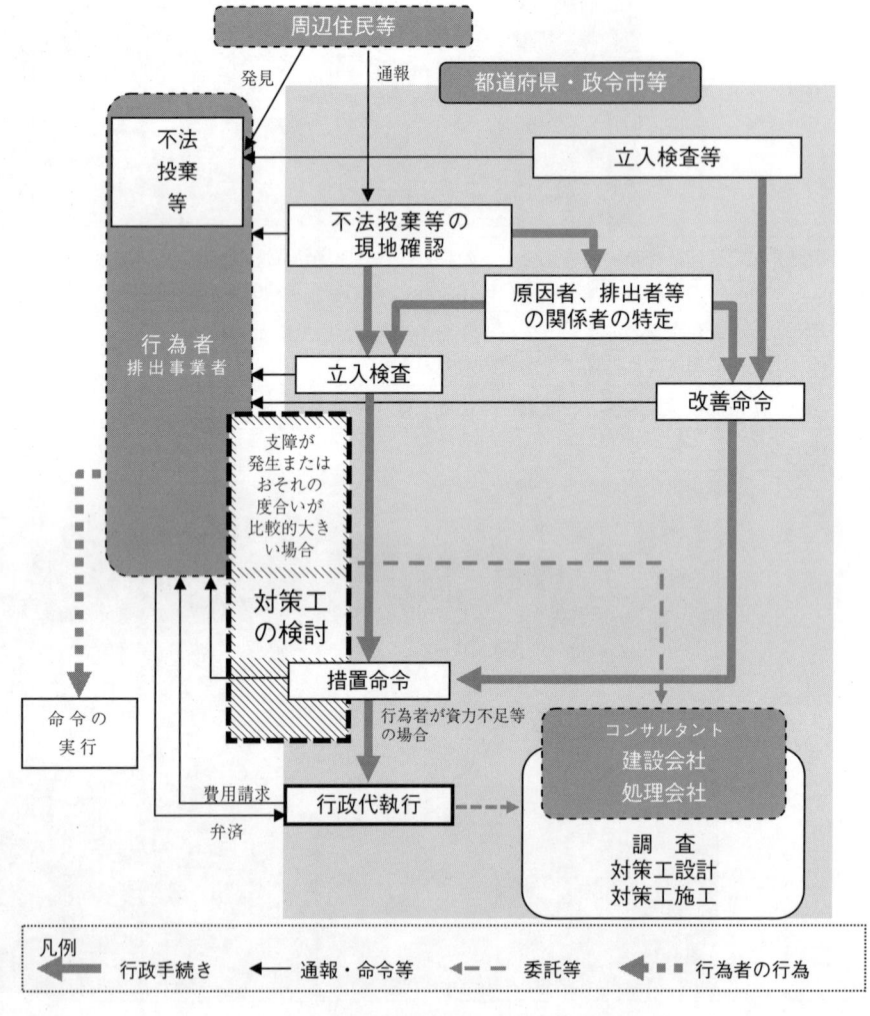

図3　支障除去等の調査・対策の位置づけ

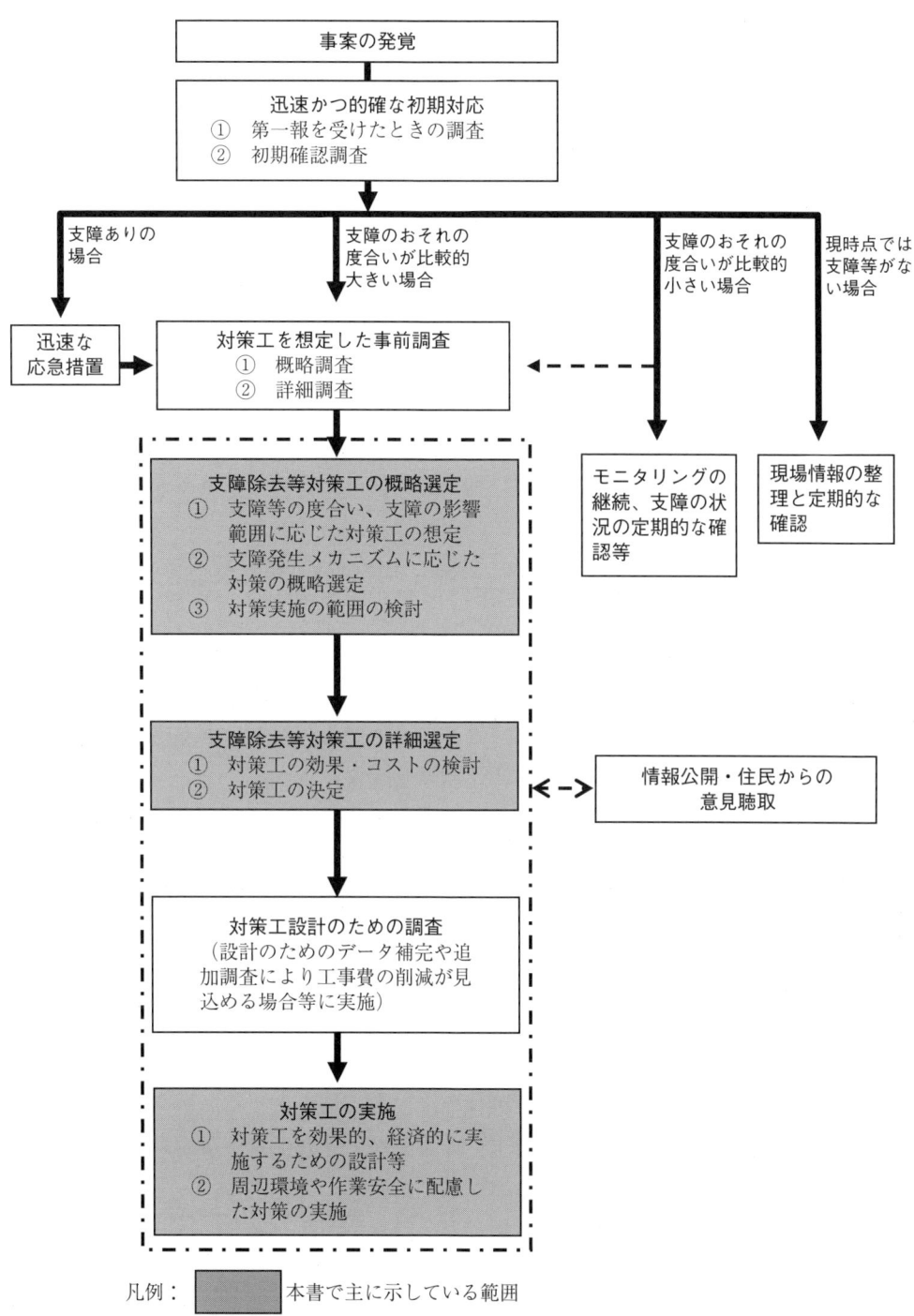

図4　不法投棄等現場の支障除去等に関する調査・対策の概略フロー

V. 不法投棄等現場の調査

　周辺住民等からの通報や立ち入り検査等により不法投棄等が発覚した場合には、「迅速かつ的確な初期対応」により支障等の発生状況を確認し、必要な場合には迅速な応急措置を実施する。また、初期対応により支障除去等の対策が必要と判断された場合には、「対策工を想定した事前調査」が必要になる。

　これらの調査の概要を以下に示すが、詳細については、既刊の「調査マニュアル」を参照されたい。

1　迅速かつ的確な初期対応
（1）調査の流れ

　不法投棄等の発覚当初は、現地において簡易な調査を行い、どのような支障が生じているか、また支障のおそれがあるかを迅速に把握し、状況に応じてすみやかに適切な応急措置を講ずる必要がある。初期段階での調査の流れは、次のとおり。

① 第一報を受けた直後に必要最小限の装備で**現地確認（第一報を受けたときの調査）**を行う（関係者ヒアリング含む）。
② 現地確認で明らかな支障（崩落、火災、硫酸ピッチ等の漏出等）が発生している場合には、迅速に**応急措置**を講ずる。
③ 第一報を受けて現地確認を行った結果、支障等が不明瞭な場合や応急措置を行うために調査が必要と判断される場合は、**初期確認調査**を行う。
④ 初期確認調査の結果、応急措置が必要と判断された場合には、迅速に**応急措置**を講ずる。
⑤ 初期確認調査等の結果、対策工の検討が必要と判断された場合には、2に示す**対策工を想定した事前調査**を実施する。

［初期対応時のチェックシート　例：p33表6、p34表7参照］

（2）応急措置（例）

　緊急対応が必要な支障が発生している場合は、表3に示す応急措置例を参考にする等して、迅速に応急措置を講ずる。なお、排土、押さえ盛土等の土木工事的対応が必要な場合は、都道府県等の土木技術者と連携するなどして、適切に実施する。

　また、有害性の高い廃棄物が存在する場合やその疑いがある場合には、特に次のような点に留意して応急措置を実施する必要がある。

・ 応急措置の実施による、二次汚染拡大防止と作業時の安全対策に留意する。
・ 廃棄物の実態が不明な状態での作業においては、有害ガス・悪臭等の急激な発生等を想定して作業員の安全装備（各種ガス警報機、有害ガス用マスク、ゴーグル、空気呼吸器、消火器等）を常備して作業を行う。
・ 特にドラム缶やコンクリート固化物等には、危険物（砲弾、爆発物、毒ガス等）が

含まれる場合も想定されるため、必要に応じて、警察や消防との連携による作業が望ましい。

表3　支障の要素別の応急措置例

		応急措置例	監視（モニタリング）例
共通事項		・バリケードによる立入り制限（看板の設置） ・車両の進入禁止措置	
主な支障の要素	高有害性廃棄物	・流出・拡散した有害性廃棄物の除去・撤去 ・硫酸ピッチ等の中和処理（鉄粉、消石灰）等 ・保管容器への移し替え ・シート等による覆い（流出・飛散防止）	
	崩落	・排土、押さえ盛土 ・ブルーシート敷設（雨水浸透による崩落を防止）、落石防止用のネット補強 ・仮排水路整備 ・待ち受け擁壁や防護柵（木柵、土嚢）の設置 ・土嚢等による崩落防止対策	・孔内傾斜計設置 ・伸縮計設置 ・遠隔動態観測システム設置 ・監視カメラ設置
	火災	・消火作業（放水、覆土による窒息消火等） ・防炎性柵の設置 ・緩衝帯の設置 ・避難誘導	・熱赤外探査 （温度センサー） ・監視カメラ設置
	水質汚染	・汚染実態の公表、水利用の禁止 ・代替水源の確保 ・仮設ため桝、仮設ため池の設置 ・仮設ポンプの設置 ・ブルーシート敷設（雨水等浸透の防止） ・吸着マットによる除去、オイルフェンスの設置 ・中和剤等散布（界面活性剤等） ・仮集排水路設置、簡易水処理設備設置	・水温、pH、EC計等設置
	有害ガス・悪臭	・覆土（防臭対策） ・換気（ガス抜き、排風機設置等による大気拡散） ・鉄粉混合、消石灰散布	・ガス測定器設置

2　対策工を想定した事前調査

対策工を想定した事前調査は、支障がある場合や支障のおそれの度合いが比較的大きい場合で対策工の必要性があると判断される状況において、対策工選定のための基礎資料（支障発生メカニズム）を得ることを目的に実施するものである。調査は、「1　迅速かつ的確な初期対応」の結果を踏まえて、確認された支障の要素に関連する調査を中心に行う。調査計画立案時の主な留意事項は次のとおり。

①　最初に概略調査から詳細調査までの全体の調査計画を、対策工を想定して作成する。
②　調査手法としては、ボーリング、物理探査、地下水シミュレーション等を適宜組み合わせる。

③ 調査の進め方としては、広い範囲を対象とした概略調査から、対象を絞った詳細調査へ移行していくことを意図した計画とする。
④ 調査結果から、支障発生メカニズムを分析、把握できるよう計画する。
［対策工を想定した事前調査時のチェックシート例：p35表8参照］

VI. 支障除去等対策工の選定

　対策工は、概略選定と詳細選定の2段階で選定することが効率的である（図5参照）。概略選定では、支障等の度合いに応じて対策を想定したうえで、支障発生メカニズムと現場特性から適用できる対策工を抽出する。詳細選定では、概略選定時に抽出した対策工の効果とコストを評価して情報公開や住民からの意見聴取を踏まえ最終的な対策工を選定する。なお、総合評価の結果、比較検討した対策工のなかから総合的に満足できる対策工を選定できない場合には、概略選定に戻って新技術の導入等を含めて、対策工を抽出しなおす必要がある。支障除去等の対策工の選定段階で特に留意すべき事項は、以下のとおり（詳細説明：p47「第2章 対策工と技術　I．支障除去等対策工の選定」に支障要素別に記載）。

① 支障等の度合いや支障発生メカニズムを把握し、現場特性に応じて支障除去等を適切に行うことのできる対策を抽出する。［対策工の概略選定］
② 対策工別の効果・コストの検討や情報公開や住民からの意見聴取により、適切かつ経済的（長期的な視点を含む）な対策工を選定する。［対策工の詳細選定］
③ 対策工の選定にあたっては、早期段階から地域住民や関係者等への情報公開を心がける。
④ 支障発生メカニズムが判別しにくい場合等には、必要に応じて外部の専門家からの意見を聴取する。
⑤ 対策工実施時の安全が確保できるとともに、周辺環境へ配慮した対策工を選定する。

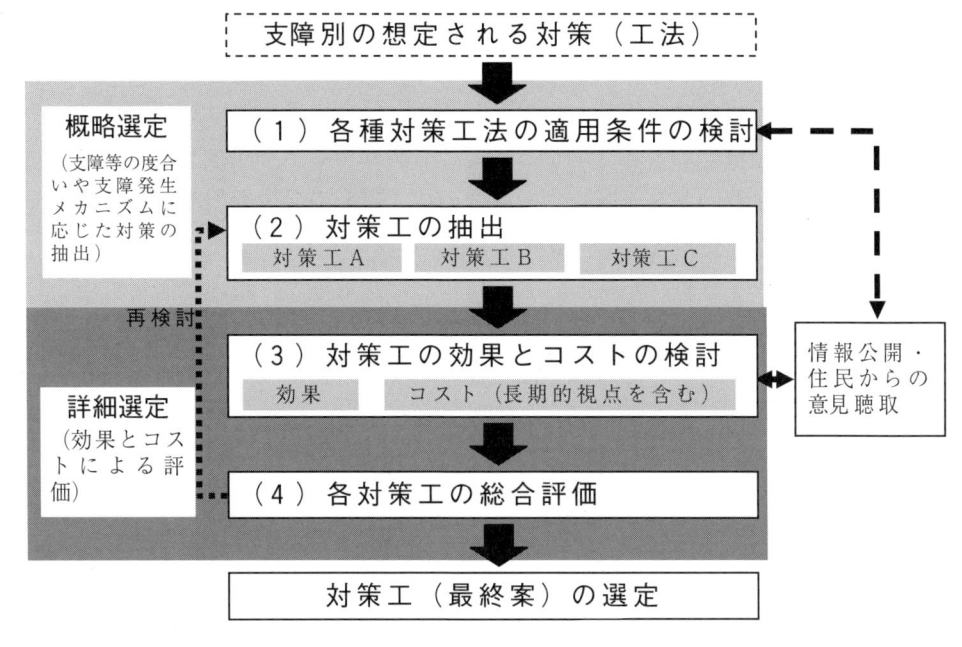

図5 対策工の選定のフロー

1 対策工の概略選定
(1) 対策工の概略選定フロー
図6に対策工の概略選定のフローを示す。

```
1) 対策の概略選定のための条件整理
  ① 現地調査結果等により把握された現場特性（不法投棄等現場および周辺環境）
     および支障等の有無および支障等の度合いの状況の整理
  ② 支障発生メカニズムの分析、把握
  ③ 支障が生じうる範囲の検討
  ④ その他対策の検討における留意事項の整理（周辺の廃棄物処理施設状況やその
     処理コストの整理等）
```

```
2) 対策工の概略選定
  ① 支障等の度合いに応じた対策工の想定
  ② 支障発生メカニズムに応じた対策工の絞り込み
  ③ 対策の実施範囲の検討
```

図6 対策工の概略選定フロー

（2）対策工の概略選定

支障等の度合い別に想定される対策の基本的な考え方を表4に示す。

対策は不法投棄等現場で講ずることが主となるが、場合によっては周辺環境側での土地利用に対する制限・補償等による対応をとることもあり得る。不法投棄等現場での対策としては、支障等の発生要因となる廃棄物の撤去の他、支障の発生要因を排除、低減するための擁壁工、覆土工、原位置処理工等がある。

支障発生メカニズムを分析、把握し、表4に示した対策等から現地に適用可能な対策を選定して、対策の比較検討や対策の選定作業を進める。

なお、既に支障が発生している現場では、支障除去等の措置（支障を発生させている廃棄物の撤去等）とともに、再発防止のための支障発生要因を排除・低減するための対策が必要となる。

表4　支障等の度合いに応じた対策の例

支障等の度合い	対策の基本的方向性	対策等の具体例 （複数の対策を組み合わせることが合理的な場合もある）
A：支障あり （現時点で既に支障が発生している場合）	現に発生している支障への対応	① 迅速な応急措置 　＜例＞ 　　（支障の要素別の措置の例） 　　・高有害性廃棄物：立入禁止措置　等 　　・崩落：立入禁止措置　等 　　・火災：消火作業、覆土工　等 　　・水質汚染：吸着剤・中和剤散布　等 　　・有害ガス・悪臭：覆土工（＋ガス抜き管設置工）　等 ② 支障除去等措置 　＜例＞ 　　・支障を発生させている廃棄物の撤去　等 ③ 周辺環境側での対応 　＜例＞ 　　・立入禁止措置 　　・周辺住民の避難 　　・土地利用に対する制限・補償　等
B：支障のおそれあり （支障のおそれの度合いが比較的大きい場合）	支障の発生の防止	① 支障の発生可能性の調査 　（「調査マニュアル」；2-3初期確認調査　参照） ② 支障の発生防止方策の検討（対策工の選定） ③ 支障の発生防止措置 　＜例＞ 　　・支障発生の要因となる部分の廃棄物の撤去（部分撤去） 　　＜支障の要素別の措置の例＞ 　　・高有害性廃棄物：原位置処理工、原位置覆土等工 　　・崩落：擁壁工・押さえ盛土工、法面保護、落石防護工　等 　　・火災：覆土工、注水消火工　等 　　・水質汚染：表面キャッピング工、遮水壁工　等 　　・有害ガス・悪臭：機能性覆土設置工、ガス処理設備設置工　等 ④ 周辺環境側での対応 　＜例＞ 　　・土地利用に対する制限・補償　等
C：支障のおそれが小さい （支障のおそれがあるがその度合いは比較的小さい場合）	継続監視 （モニタリング、現地調査）	○ 不法投棄等現場のモニタリングの継続、支障等の状況の定期的な確認 　＜例＞ 　　＜支障の要素別の措置の例＞ 　　・高有害性廃棄物：巡回監視　等 　　・崩落：傾斜計や変位計等の設置　等 　　・火災：温度モニタリング、巡回監視　等 　　・水質汚染：表流水、地下水モニタリング　等 　　・有害ガス・悪臭：ガス濃度計設置、定期的な悪臭物質の測定　等
D：支障なし （現時点で支障のおそれがない場合）	情報管理等	○ 当該事案の支障等の状況に関する定期的な情報の蓄積（情報管理）

（3）対策の範囲の検討

　対策の範囲は、支障除去等が可能となる最小の範囲とすることが基本となる。例えば、堆積廃棄物が崩落し周辺家屋等への被害発生のおそれがあるときに廃棄物を撤去する対策をとる場合には、堆積廃棄物の安定勾配までが撤去範囲となる。また、周辺環境側での対策をとる場合には、堆積廃棄物が崩落したときに想定される廃棄物の流出範囲内にある土地で対策を講ずることになる。

2　効果・コストの検討と対策工の評価（対策工の詳細選定）
（1）詳細選定の方法

　詳細選定は、概略選定により抽出した複数の対策工について、効果とコストの両面から検討する。

　効果の定量把握は、周辺の資産価値（地価、収穫量、動産の時価等）を基準に算定することになるが、具体的な把握手法については、「公共事業評価の費用便益分析　平成16年2月　国土交通省」等が参考になる。

　上記資料によると、対策工の効果には直接的な被害軽減効果（環境保全、人命保護、家屋被害軽減等）の他、地域経済に与える効果（土地利用の可能性拡大、安心感向上等）等がある。

　効果の評価は、短期的な直接的効果の他、現場条件を考慮して、中長期的な間接的効果を評価することも必要である。これらの効果について可能な範囲で定量的に把握し、対策効果を検討する。

　対策コストは、対策工事実施時の初期コストの他、工法によっては維持管理費等で長期間コストが必要になる場合があり、この場合は、対策工完了までのライフサイクルコストの検討が必要となる。

（2）情報公開・住民からの意見聴取

　対策工の検討において、早期段階から地域住民や関係者への情報公開や住民からの意見聴取を実施することが必要である。

　情報公開・住民からの意見聴取にあたっては、情報公開を適切に行うとともに支障除去等レベルの設定等はリスクやコストを含めた総合的な見地から行うことが重要である。

　情報公開・住民からの意見聴取の実施にあたっては、『土壌汚染に関するリスクコミュニケーションガイドライン　2008　環境省水・大気環境局』、『化学物質のリスクコミュニケーション手法ガイド　2001　㈱ぎょうせい発行』、『環境修復事業におけるリスクマネジメントの手法研究　2005　土木学会建設マネジメント委員会他』等を参考にして行うとよい。

（3）対策工の評価、選定

詳細選定の結果をまとめ、検討する対策工ごとの総合評価を行って対策工を選定する。

図7を参考に、効果とイニシャルコスト、ランニングコストのトータルコストを整理して、対策工を評価するとよい。

概略選定
（支障等の度合いや支障発生メカニズムに応じた対策の抽出）

⇩

詳細選定
（適用の可能性の高い工法の比較）

工法		対策工1 監視強化 （モニタリング等）	対策工2 支障要因の低減 （○○工法）	対策工3 支障要因の除去 （撤去等）
1. 効果等	①支障除去等のレベル	低	中	高
	②対策工実施時の周辺環境への影響（二次汚染低減の確実性）			
	③施工の確実性、安全性			
	④支障除去等による経済効果（支障除去等による対策効果としての被害低減額等）			
2. コスト	①イニシャルコスト （初期の対策工事コスト）	○百万円	△△百万円	×××百万円
	②ランニングコスト （長期の維持管理コスト：環境モニタリング含む）	○百万円	△△百万円	-
	③トータルコスト （上記の総コスト）	○百万円 （低）	△△百万円 （中）	×××百万円 （高）
総合評価 （工法毎の評価結果、および情報公開・住民からの意見聴取等による総合的な評価）		情報公開・住民からの意見聴取等を踏まえた総合評価がこの欄に入る。また、上記で数値評価できない事項も入る。		

図7　対策工の詳細選定の想定

Ⅶ．対策工設計のための調査

選定した対策工を効果的かつ経済的に実施するために、必要に応じて対策工設計のための調査を行う。対策工設計のための調査は、次に示す実施設計のための追加調査、補足調査等である。調査の詳細は、既刊の「調査マニュアル」を参照されたい。

① 対策工設計のための調査は、実施設計時に事前調査の結果のみでは設計のための

データ（例えば、地盤強度等）が不十分な場合や、追加調査によって工事費の削減が図れる見込みがある場合に実施するものである。
② この段階では、工事中の環境影響を監視するモニタリング計画（周辺環境や作業員の安全確保への配慮を含む）を作成する必要がある。

Ⅷ．対策工の実施

対策工の設計時および施工時において特に留意を要する事項の概略を示す（詳細説明：p151「第2章 対策工と技術 Ⅱ．対策工の実施」参照）。
以下に示す留意事項を念頭において、全体的な対策実施工程を立案し、適切かつ経済的に対策工を実施する。

1 対策工の設計等の対策実施前の留意点

（1）対策工の設計にあたっての基本的考え方
選定した対策工の設計にあたっての基本的な考え方は次のとおり。
　① 支障除去等の目的に合致した経済的な設計の実施
　② 既存施設および現場で活用できる廃棄物や資材の有効活用

（2）対策工の設計等の対策実施前に留意する必要がある事項
設計を行う際には、これまでの支障除去等支援事業において事業費の多くを占めている廃棄物処理費の抑制を考えることが重要である。また、多くの事案で堆積廃棄物の単位体積重量を過小にみて結果的に対策費が増大していることから、特に留意が必要である。この段階で必要となる施設設置許可等の該当確認や関係機関との事前協議等を含めた主な留意点を以下に示す。
　① 現場に適しかつ経済的な工法・技術の導入（p240「巻末資料7．支障除去等に関する技術例」参照）
　② 経済的、効果的な工程計画の作成
　③ 対策実施時の有害物等の流出・飛散防止等に配慮した設計
　④ 廃棄物の搬出・処理を適切かつ経済的に実施できる設計
　　・ 適正かつ経済的な処理先の確保
　　・ 廃棄物の堆積状態を考慮した適切な搬出廃棄物量（単位体積重量）の推定（特に廃棄物下層では表層より圧密が進んでおり留意が必要）
　　・ 工事に伴い発生する廃棄物の発生抑制および適正処理に配慮した設計
　　・ 水処理施設を設置する場合のキャッピングシート敷設等による水処理施設規模の抑制に配慮した設計　等
　⑤ 現場内処理を行う場合等の施設設置許可、建築確認申請等の該当確認
　⑥ 周辺自治会、水利権者、警察、消防等の関係機関への事前連絡、事前協議の実施

2　施工時の留意点

対策工の施工時には、周辺環境への配慮と作業安全の確保が特に重要となる。

（1）周辺環境への配慮（周辺環境管理）

一般に不法投棄等の対策工事が周辺環境へ与える影響は大きいことから、以下に示すような二次汚染の発生抑止に留意して工事を実施する必要がある。

① 掘削・撤去等作業時の粉じん（掘削土砂粒子等）の飛散による周辺環境の汚染
② 掘削・撤去等作業時における汚染物質を含む濁水による表流水・地下水の汚染、遮水工事実施時等における汚染物質の地中への浸透や廃棄物層底盤の不透水層の破損による地下水汚染
③ 掘削・撤去等作業時に発生する有害ガスや悪臭物質の周辺環境への拡散
④ 掘削した廃棄物の現場での破砕や選別等の作業により発生する騒音・振動および有害ガスや悪臭物質の周辺環境への拡散

（2）作業安全の確保（作業環境管理）

不法投棄等現場の対策では、廃棄物の種類や堆積等の状態が完全に把握されていない中で対策を実施せざるを得ない面があるため、工事実施中に不測の事態が発生することを想定する必要がある。このため作業員の安全確保は特に重要である。不法投棄等現場の掘削等作業における作業環境管理の一般的な手順は次のとおり。

① 現場特性の把握（堆積廃棄物の崩落等に対する安定性、危険物の有無等）
② 作業環境基準の策定（屋内作業は労働安全衛生規則等を参考、屋外作業は同規則および屋外作業場における作業環境管理のガイドライン等を参考）
③ 作業安全手順書（作業マニュアル等）の作成
④ 安全教育の実施
⑤ 作業環境の日常管理・定期管理（作業環境測定の実施と評価、記録保管）
⑥ 継続的な作業環境改善と維持
⑦ その他（作業員の健康診断の実施等）

IX. 対策工選定時に考慮する必要がある法律一覧

対策工の選定にあたって考慮すべき主な法律の一覧を表5に示す。

表5　対策工選定時に考慮する必要がある主な法律一覧

支障の要素	参考となる法律
共通	・環境基本法＜環境基準＞ ・廃棄物の処理及び清掃に関する法律（廃棄物処理法） ・労働安全衛生法＜労働安全衛生規則＞ ・特定産業廃棄物に起因する支障の除去等に関する特別措置法（産廃特措法）
高有害性廃棄物	・ダイオキシン類対策特別措置法 ・土壌汚染対策法（土対法） ・農用地の土壌の汚染防止等に関する法律（農用地汚染防止法） ・ポリ塩化ビフェニル廃棄物の適正な処理の推進に関する特別措置法（PCB特措法） ・化学物質の審査及び製造等の規制に関する法律（化審法） ・毒物及び劇物取締法
崩落	・急傾斜地の崩壊による災害の防止に関する法律（急傾斜地法） ・砂防法
火災	・消防法
水質汚染	・水質汚濁防止法（水濁法）
有害ガス・悪臭	・大気汚染防止法（大防法） ・悪臭防止法

（　）は略称を示す。

X. 調査・対策の各段階で使用するチェックシート（例）

調査・対策の各段階において過不足なく必要事項を行うことは対策の適切かつ経済的な実施に結びつくため、あらかじめ情報管理や進捗管理のためのチェックシートを用意して必要事項を確認しておくことは効果的である。本書の主な記載事項をまとめた以下の各段階のチェックシート（例）を参考にするとよい。

1 第一報を受けたときの調査時のチェックシート

第一報を受けて現地確認を行うときに用いるチェックシートの例を表6に示す。

表6 第一報を受けたときの調査時のチェックシート（例）

調査日時	平成　年　月　日（　曜日）　時　分～　時　分　天気（　　）気温（　　℃）
不法投棄等場所	都道府県　　市　　郡　　町村　　番地（大字）
記入者 氏名（所属／連絡先）	氏　名：　　　　　　　　　　　　　　　　　　計　名 電話番号：
準備しておく事項	地形図（住宅地図、道路地図など）、概略の土地の履歴
調査内容	現地踏査、目視、ヒアリング
目的	迅速性を重視し、応急措置が必要か否かを判断するまたは判断する材料を得ること

調査内容	手段	チェック欄（該当欄にチェックを入れる）	備考
①投棄等物の内容	目視	□建設廃材　□汚泥　□糞尿 □燃えがら　□木くず　□金属くず □電気製品　□その他　□不明	
②投棄等形態	資料	□許可施設　□無許可施設	
	目視	□①積み増し　□②範囲超過　□③山地部 □④平地部　□⑤その他	
③投棄等量	目視	面積　　　㎡　深さ　　　m	
④高有害性廃棄物の有無	目視	□あり　□なし　□不明	
⑤高有害性廃棄物の内容	目視	（ドラム缶の内容物等について記載）	
⑥廃液等の有無	目視	□あり　□なし　□不明	
⑦斜面の傾斜	目視	□30度以上　□30度未満　□不明	
⑧火災［熱］の有無	目視	□あり　□なし　□不明	
⑨汚水の有無	目視	□汚水あり　□汚水なし　□不明	
	簡易水質計	水温　　℃　pH　　　EC　　mS/m	
⑩有害ガスの発生状況	目視/臭い	□あり　□なし　□不明	
⑪悪臭の有無	臭い	□あり　□なし　□不明	
⑫植生	目視	□枯れている　□変色している　□正常	
⑬周辺土壌の状態	簡易掘削、目視	□変色等あり　□なし　□不明	
⑭維持管理施設	目視	□破損あり　□破損なし　□不明	
⑮ヒアリングの内容	ヒアリング等		不法投棄の発生経緯や経過を聞き取る
記事 （その他気づいたこと）			
現場概要図		簡単な見取り図（スケッチ）	
顕在する支障等の有無	支障等の有無 （支障の要素にチェックを入れる）	□高有害性廃棄物 □崩落 □水質汚濁 □火災 □有害ガス・悪臭	
（初動時）応急措置			
携帯備品	地形図、カメラ、温度計、pH計（pH試験紙）、EC計、ゴム手袋、ビニール袋、スコップ、移植ごて、ポリバケツ、（ふき取り用）ペーパー、（サンプル収納用）ポール、巻尺、その他（防護マスク・ゴーグル等）		

注）支障等がある場合は、可能な応急措置を講ずる。

2 初期確認調査時のチェックシート

初期確認調査時に用いるチェックシートの例を表7に示す。

表7 初期確認調査時のチェックシート（例）

調査日時	平成　年　月　日（　曜日）　時　分～　時　分　天気（　）　気温（　　℃）				
不法投棄等場所	都道府県　　　市　　　郡　　　町村　　　番地（大字）				
記入者氏名 (所属／連絡先)	氏　名：　　　　　　　　　　　　　　　　　　　　　　　　　　　計　名				
	電話番号：				
準備しておく事項	第一報チェックシート、地形図（住宅地図など）、土地の履歴など				
調査内容	現地踏査、目視、試掘、環境調査（環境分析含む）、関係者ヒアリング				
目的	高有害性廃棄物の把握等により支障の有無やおそれの度合いを具体的に確認すること				
調査内容	手段	調査項目	調査結果の整理		
①廃棄物調査	目視	投棄等地表面の状況	廃棄物の種類		
			高有害性廃棄物の有無、種類（p52表2参照）		
			浸出水・汚水の有無		
			発生ガスの有無		
	試掘（人力あるいは重機による）	投棄等物の内容、汚染状況	廃棄物の種類		
			高有害性廃棄物の有無、種類（p52表2参照）		
			覆土等		
②環境調査	現地踏査	場内地形状況			
		地質植生状況			
		斜面状況			
		水利用（井戸）状況			
	表流水水質調査	表流水、浸出水の水質状況	表流水（下流側）		
			浸出水		
	周辺地下水水質調査	地下水水質 （上・下流）	濃度		
	悪臭調査	悪臭ガスの有無 □あり　□なし	異臭の特徴	ガスの種類（メタン、アンモニア等）	
	有害ガス調査	有害ガスの有無 □あり　□なし	有害性の特徴	ガスの種類（硫化水素等）	
③支障等の対象 （生活環境）	項　目	状　況			備　考
	住居	□あり	□なし	□特記事項	
	公共施設	□あり	□なし	□特記事項	
	道路鉄道	□あり	□なし	□特記事項	
	河川用水路	□あり	□なし	□特記事項	
	その他	□あり	□なし	□特記事項	
④周辺条件	項　目	調査内容と結果			
	住居	至近の住居までの距離：　　　　m（　　方向） その他住居の戸数（周辺　　m範囲内）、その他			
	公共施設	至近の公共施設までの距離：　　　m（　　方向）、施設の種類： その他公共施設状況：　　施設（周辺　　m範囲内）、その他			
	道路鉄道	至近の道路鉄道までの距離：　　m（　　方向）、路線の種類：			
	河川・用水路	至近の河川用水路までの距離：　　m（　　方向）、河川等の名称： 上／下流側　　用途：			
	その他施設等	（例：公園・レクリエーション施設、植林地、家畜舎等）			
⑤支障等の確認結果	総合検討による	支障の有無・支障のおそれの度合い	□1：支障あり □2：支障のおそれあり （おそれの度合い比較的大きい） □3：支障のおそれあり （おそれの度合い比較的小さい） □4：支障なし □5：不明	□高有害性廃棄物 □崩落 □火災 □水質汚濁 □有害ガス・悪臭 注）該当する支障の要素にチェック（複数可）	
	備考				

3 対策工を想定した事前調査時のチェックシート

対策工を想定した事前調査時に用いる調査事項等に関するチェックシートの例を表8に示す。事案ごとに支障等の性質は異なるため、初期確認調査結果等を参考に調査項目を適宜取捨選択追加し、調査を行うことが必要である。

表8　対策工を想定した事前調査チェックシート（例）

調査日時	平成　年　月　日（　曜日）　時　分〜　時　分　天気（　　）　気温（　　℃）		
不法投棄等場所	都道府県　　　　市　　　郡　　　町村　　　番地（大字）		
記入者氏名 （所属／連絡先）	氏　名：　　　　　　　　　　　　　　　　　　　　　　　計　　名 電話番号：		
準備しておく事項	確認調査（第一報/初期確認）結果整理表、地形図（住宅地図など）、土地の履歴など		
調査内容	試掘・ボーリング調査、電気探査、土壌ガス調査、熱赤外線調査、表層土壌調査、廃棄物分析　他		
目的	不法投棄等の全容把握の為、規模、支障等の内容を概括的に把握すること		
調査内容	手段（調査内容）	対象となる支障	調査結果の整理
①廃棄物の分布範囲の把握（概略調査）	現地踏査	すべての支障	
	測量（地上物・水平方向）	すべての支障	
	試掘またはボーリング（地中物・鉛直方向）	すべての支障	
	電気探査	高有害性廃棄物、水質汚染（規模の大きい案件）	
	その他の調査		
	不法投棄等量の算定	すべての支障	
②高有害性廃棄物の状況（ありの場合）	廃棄物分析より記入	□高濃度ダイオキシン類 □高濃度 VOC □高濃度重金属類 □農薬類 □強酸（硫酸ピッチ含む） □強アルカリ □感染性廃棄物 □PCB 廃棄物 （廃PCB等、PCB汚染物、PCB付着物） □廃石綿 □ドラム缶入り液状物等	□物質名：　　　濃度等 □物質名：　　　濃度等 ※ PCB、ダイオキシン類、廃石綿等の取り扱いは、個別のマニュアル等を参照
③廃棄物の分布範囲の絞込み・汚染源や影響範囲の特定（詳細調査）	試掘調査	高有害性廃棄物、水質汚染、土壌汚染、有害ガス・悪臭	
	ボーリング調査	すべての支障	
	その他の調査		例：　崩落：変位変動データ(傾斜計等による) 　　　火災：廃棄物層の温度分布 　　　水質汚染：地下水位、地下水流向 　　　有害ガス・悪臭：ガス種別と温度分布
④応急措置の実施事項と確認された効果等			
⑤支障発生メカニズム			
⑥周辺環境への影響（支障のおそれがある範囲等）			

4 対策工選定時のチェックシート

支障の要素別に、対策選定時に用いるチェックシートの例を表9～表13に示す。

(1) 高有害性廃棄物対策用選定時のチェックシート

表9　対策工選定時のチェックシート［高有害性廃棄物］（例）

不法投棄等場所	都道府県　　　市　　　郡　　　町村　　　番地（大字）				
記入者氏名 （所属／連絡先）	氏　名： 電話番号：			計　　　名	
準備しておく事項					
目的	高有害性廃棄物による支障等が予想される現場において状況を把握し対策工の概略選定のための資料とする				
調査内容	項目		摘要	数量等	備考（手段・調査内容等）
①対策工選定のための基本条件整理	把握された支障等の度合いの状況		□あり　□なし		
	現場および周辺の状況	撤去工等の施工のための作業スペースの有無	□あり　□なし	約　　㎡	
		現場外搬出のための一時仮置きスペースの有無	□あり　□なし	約　　㎡	
		現場への進入路の整備状況、掘削予定場所までの場内搬入路の有無	□あり　□なし	約　　m	
②支障発生メカニズムの分析・把握	高有害性廃棄物の種類				
	高有害性廃棄物の特性				
	高有害性廃棄物の性状				
	高有害性廃棄物の投棄地点				
	高有害性廃棄物の流出、飛散等の状況				
	その他支障発生メカニズム検討のためのデータ	地下水位		GL－　m	
		地下水流向			
		廃棄物層および原地盤の透水性	□あり　□なし		
		不透水層の有無	不透水層の位置	GL－　m	
		排水経路			
		風向等	（年平均データ等）		
	想定される支障等の要素	接触等による健康被害等	（支障発生のおそれの度合い等）		
		水質汚染等	（支障発生のおそれの度合い等）		
		有害ガス・悪臭等	（支障発生のおそれの度合い等）		
③支障等が生じうる範囲の検討	汚染拡散計算等による				
④処理施設の立地状況の把握（現場外搬出を行う場合）	p147 7（3）を参考に抽出				
⑤対策工の概略選定	1) 撤去工	p50表1、p52表2を参考に選定	□		
	2) 原位置処理工		□		
	3) 原位置覆土等工		□		
	4) モニタリング工		□		
	5) その他		□（内容：　　　　　　　　　　）		
⑥対策工の詳細選定	［以下の事項を概略選定した対策工毎にチェック］				
	a) 対策工の効果等	支障除去等のレベル	（低、中、高）		
		対策工実施時の周辺環境への影響	（低、中、高）		
		施工の確実性・安全性	（低、中、高）		
	b) コスト	工事費の算定		百万円	
		維持管理を含めた長期コストの算定		百万円	
		既存施設の活用等によるコストダウンの検討	（コストダウンの内容）		
	c) 情報公開・住民からの意見聴取の状況	対象者の有無	□あり（約　世帯、約　人）□なし		聞き取り等
		確認合意事項等			同上
	d) その他、対策選定にあたっての留意事項				
	e) 総合評価				

（2）崩落対策用選定時のチェックシート

表10　対策工選定時のチェックシート［崩落］（例）

不法投棄等場所	都道府県　　市　　郡　　町村　　番地（大字）					
記入者氏名 （所属／連絡先）	氏　名： 電話番号：					計　　名
準備しておく事項					
目的	崩落の支障等が予想される現場において状況を把握し対策工の概略選定のための資料とする					
調査内容	項目		摘要		数量等	備考（手段・調査内容等）
①対策工選定のための基本条件整理	把握された支障等の度合いの状況		□あり　　□なし			
^	現場および周辺の状況	廃棄物の堆積状況（単位体積重量、目視等による締め固め状況）			t/㎥	
^	^	重機による掘削の可能性（勾配、廃棄物層の耐力）	□あり　　□なし		約　　㎡	
^	^	撤去工等の施工のための作業スペースの有無	□あり　　□なし		約　　㎡	
^	^	現場外搬出のための一時仮置きスペースの有無	□あり　　□なし		約　　㎡	
^	^	現場への進入路の整備状況、掘削予定場所までの場内搬入路の有無	□あり　　□なし		約　　m	
②支障発生メカニズムの分析・把握	廃棄物の崩落等の状況	廃棄物の落下等の状況	□あり　　□なし			
^	^	傾斜計等による廃棄物層の移動変動状況	□変動あり　□なし			
^	その他、支障発生メカニズム検討のためのデータ	地下水位			GL－　m	
^	^	浸透水の流出場所等				
^	想定される崩落現象	斜面崩壊	p65図5等を参考に想定			
^	^	すべり	p65図5等を参考に想定			
^	^	落下／こぼれ	p65図5等を参考に想定			
③支障等が生じうる範囲の検討						
④処理施設の立地状況の把握（現場外搬出を行う場合）	p147 7（3）を参考に抽出					
⑤対策工の概略選定	1）撤去工	p63表9、p66表10を参考に選定	□			
^	2）擁壁工・押さえ盛土工	^	□			
^	3）法面保護工	^	□			
^	4）落石防護工・待受式擁壁工	^	□			
^	5）モニタリング工	^	□			
^	6）その他	^	□（内容：　　　　　　　　　　）			
⑥対策工の詳細選定	［以下の事項を概略選定した対策工毎にチェック］					
^	a）対策工の効果等	支障除去等のレベル	（低、中、高）			
^	^	施工後の景観	（良、並、悪）			
^	^	対策工実施時の周辺環境への影響	（低、中、高）			
^	^	施工の確実性・安全性	（低、中、高）			
^	b）コスト	工事費の算定			百万円	
^	^	維持管理を含めた長期コストの算定			百万円	
^	^	土砂選別、現地調達可能資材の活用等によるコストダウンの検討	（コストダウンの内容）			
^	c）情報公開・住民からの意見聴取の状況	対象者の有無	□あり　（約　世帯、約　人）□なし		聞き取り等
^	^	確認合意事項等				同上
^	d）その他、対策選定にあたっての留意事項					
^	e）総合評価					

第1章　不法投棄等と調査・対策の概要　　37

（3）火災対策用選定時のチェックシート

表11　対策工選定時のチェックシート［火災］（例）

不法投棄等場所			都道府県　　　市　　　郡　　　町村　　　番地（大字）			
記入者氏名 （所属／連絡先）		氏　名：				計　　名
		電話番号：				
準備しておく事項						
目的		火災の支障等が予想される現場において状況を把握し対策工の概略選定のための資料とする				
調査内容		項目	摘要	数量等		備考（手段・調査内容等）
①対策工選定のための基本条件整理	把握された支障等の度合いの状況					
	現場および周辺の状況	火災発生状況（発火場所、発生日時等）	□あり　　□なし			
		廃棄物の堆積状況、温度分布	範囲：	℃		
		発生ガスの種類、濃度、温度	種類：	ppm℃		
		注水等のための消火水源の有無	□あり　　□なし	約　　　㎡		
		撤去工等の施工のための作業スペースの有無	□あり　　□なし	約　　　㎡		
		現場外搬出のための一時仮置きスペースの有無	□あり　　□なし	約　　　㎡		
		現場への進入路の整備状況、掘削予定場所までの場内搬入路の有無	□あり　　□なし	約　　　m		
	消防機関との連携状況					
②支障発生メカニズムの分析・把握	想定される火災のモード	p81《蓄熱火災のメカニズムについて》参照				
③支障等が生じうる範囲の検討						
④処理施設の立地状況の把握（現場外搬出を行う場合）	p147 7（3）を参考に抽出					
⑤対策工の概略選定	1）覆土工 2）撤去工 3）注水消火工 4）モニタリング工 5）その他	p79表17、p84表19を参考に選定	□ □ □ □ □（内容：　　　　　　　　　）			
⑥対策工の詳細選定	［以下の事項を概略選定した対策工毎にチェック］					
	a）対策工の効果等	支障除去等のレベル	（低、中、高）			
		対策工実施時の周辺環境への影響	（低、中、高）			
		施工の確実性・安全性	（低、中、高）			
	b）コスト	工事費の算定		百万円		
		維持管理を含めた長期コストの算定		百万円		
		コストダウンの検討	（建設発生土による覆土、可燃物のみの撤去、対策工の段階施工、その他）			
	c）情報公開・住民からの意見聴取の状況	対象者の有無	□あり（約　世帯、約　人）□なし			聞き取り等
		確認合意事項等				同上
	d）その他、対策選定にあたっての留意事項					
	e）総合評価					

（４）水質汚染対策用選定時のチェックシート

表12　対策工選定時のチェックシート［水質汚染］（例）

不法投棄等場所	都道府県　　　　市　　　郡　　　　町村　　　番地（大字）				
記入者氏名 （所属／連絡先）	氏　名： 電話番号：			計　　名	
準備しておく事項					
目的	水質汚染の支障等が予想される現場において状況を把握し対策工の概略選定のための資料とする				
調査内容	項目		摘要	数量等	備考（手段・調査内容等）
①対策工選定のための基本条件整理	把握された支障等の度合いの状況				
	現場および周辺の状況	表流水・地下水の汚染範囲、周辺の河川・井戸の水質	（適用基準等）		
		地下水位、地下水流向、現場内の排水経路、下流側水路、河川等の流路	（水位、流向等）		
		地下水および河川の水利用状況（飲用井戸、農業用水等）	□あり　　□なし		
		廃棄物層下の土壌の汚染状況	□あり　　□なし		
		撤去工等の施工のための作業スペースの有無	□あり　　□なし	約　　　㎡	
		現場外搬出のための一時仮置きスペースの有無	□あり　　□なし	約　　　㎡	
		現場への進入路の整備状況、掘削予定場所までの場内搬入路の有無	□あり　　□なし	約　　　m	
②支障発生メカニズムの分析・把握	水質汚染の発生源、汚染経路の検討		（地下水流動シミュレーションによる解析等による）		
③支障等が生じうる範囲の検討	（地下水流動シミュレーションによる解析等による）				
④処理施設の立地状況の把握（現場外搬出を行う場合）	p147 7（3）を参考に抽出				
⑤対策工の概略選定	1) 撤去工	p97表25、p100表27を参考に選定	□		
	2) 雨水集排水工		□		
	3) 集水工および水処理施設設置工		□		
	4) 表面キャッピング工		□		
	5) 遮水壁工		□		
	6) 透過性浄化壁工		□		
	7) 揚水井設置工		□		
	8) バリア井戸設置工		□		
	9) モニタリング工		□		
	10) その他		□（内容：　　　　　　）		
⑥対策工の詳細選定	［以下の事項を概略選定した対策工毎にチェック］				
	a) 対策工の効果等	支障除去等のレベル	（低、中、高）		
		対策工実施時の周辺環境への影響	（低、中、高）		
		施工の確実性・安全性	（低、中、高）		
	b) コスト	工事費の算定		百万円	
		維持管理を含めた長期コストの算定		百万円	
		既存施設の活用等によるコストダウンの検討	（キャッピング等による水処理量の抑制、既存水処理施設の活用、地下水シミュレーション等による適切な対策範囲の設定、対策工の段階施工、その他）		
	c) 情報公開・住民からの意見聴取の状況	対象者の有無	□あり（約　　世帯、約　　人）□なし		聞き取り等
		確認合意事項等			同上
	d) その他、対策選定にあたっての留意事項				
	e) 総合評価				

（5）有害ガス・悪臭対策用選定時のチェックシート

表13　対策工選定時のチェックシート［有害ガス・悪臭］（例）

不法投棄等場所	都道府県　　　市　　　郡　　　町村　　　番地（大字）				
記入者氏名 （所属／連絡先）	氏　名：			計　　名	
	電話番号：				
準備しておく事項					
目的	有毒ガス・悪臭の支障等が予想される現場において状況を把握し対策工の概略選定のための資料とする				
調査内容	項目		摘要	数量等	備考（手段・調査内容等）
①対策工選定のための基本条件整理	把握された支障等の度合いの状況				
	現場および周辺の状況	風向・風速データ	（年平均データ等）		
		現場および周辺のガス種別の濃度分布	（ガスの種類）	ppm	
		廃棄物層内部の温度分布	（場所）	℃	
		撤去工等の施工のための作業スペースの有無	□あり　　□なし		
		現場外搬出のための一時仮置きスペースの有無	□あり　　□なし		
		現場への進入路の整備状況、掘削予定場所までの場内搬入路の有無	□あり　　□なし		
②支障発生メカニズムの分析・把握	有害ガス・悪臭の発生要因		（廃棄物の腐敗、有臭の廃棄物、堆積廃棄物の不完全燃焼、その他化学反応）	（発生要因）	
	有害ガス・悪臭の原因物質		（VOC、硫化水素、アンモニア、その他）	（物質名）	
	発生源の特定		（発生源が局所的か、否か）		
③支障等が生じうる範囲の検討					
④処理施設の立地状況の把握（現場外搬出を行う場合）	p147 7（3）を参考に抽出				
⑤対策工の概略選定	1）覆土工	p 129表44、p 133表47、表48を参考に選定	□		
	2）機能性覆土設置工		□		
	3）ガス処理設備設置工		□		
	4）モニタリング工		□		
	5）その他		□（内容：　　　　　　　　　　）		
⑥対策工の詳細選定	a）対策工の効果等	支障除去等のレベル	（低、中、高）		
		対策工実施時の周辺環境への影響	（低、中、高）		
		施工の確実性・安全性	（低、中、高）		
	b）コスト	工事費の算定		百万円	
		維持管理を含めた長期コストの算定		百万円	
		既存施設の活用等によるコストダウンの検討	（有害ガス・悪臭の濃度に応じた計画、対策工の段階施工、その他）		
	c）情報公開・住民からの意見聴取の状況	対象者の有無	□あり（約　世帯、約　人）□なし		聞き取り等
		確認合意事項等			同上
	d）その他、対策選定にあたっての留意事項					
	e）総合評価					

（6）廃棄物搬出先施設検討時のチェックシート

廃棄物等の搬出先として、最終処分場および中間処理施設を選定する際に用いるチェックシートの例を表14、15に示す。

表14　廃棄物搬出先施設検討時のチェックシート（最終処分場）（例）

廃棄物・土壌等　受入条件調査票【例1：最終処分場】

①企業名		②処分場区分	1）残土処分場 2）安定型処分場 3）管理型処分場 4）遮断型処分場
③会社 　所在地	本社） 　　　　tel（　　　）－　　－　　　、fax（　　　）－　　－ 現地事務所）なし 　　　　tel（　　　）－　　－　　　、fax（　　　）－　　－			
④処分場 　所在地等	・　所在地） ・　処分場名称） ・　処分場規模）　　　　　　　㎡ ・　設置年月）　　　年　　月 ・　推定残余年数および処分容量）約　　　　年、約　　　　　㎡ 　　　　　　　　　　　　　　　　　　　［平成　　年を初年度とした場合］|		
⑤受入単価	受入物の区分（品目）	単価（円/㎡）	備考（左記区分の判断基準等）	
	1） 2） 3） 4） 5） 6）			
⑥受入条件	項目	制限の有無	制限有りの場合の内容	
	1）発生エリアの制限	有・無		
	2）搬入者や排出者の制限	有・無	搬入者： 排出者： その他：	
	3）搬入量の制限	有・無	最大　㎡／日（合計　㎡程度）	
	4）廃棄物と土壌の混合物	可・否	土量／全体量＝（　）％	
	5）受入物性状の制限	有・無	含水率：　　　　　％以下 熱しゃく減量：　　　　％以下 含有物（成分）： 溶出物（成分）： 異物 その他：	
	6）搬入車両種の制限	有・無		
	7）その他の制限事項			
⑦受入日・時間等	受入可能日）　毎週　　　から　　曜日 受入時間帯）　　：　　～　　：　　※ただし、土曜日は　　：　　までで終了。 受入休止日）　毎週土日および祝日　　曜日、その他（　　　　までの期間　）			

表15 廃棄物搬出先施設検討時のチェックシート（中間処理施設）（例）

廃棄物・土壌等　受入条件調査票【例2：中間処理施設】

①会社名	業許可番号 （　　　　　）	②処分場区分	1) 焼却施設 2) 破砕施設 3) その他中間処理施設 4) その他（有価売却等）		
③会社 　所在地	本社）　　　　　tel（　　）－　　－　　、fax（　　）－　　－ 現地事務所・施設管理事務所） 　　　　　　　tel（　　）－　　－　　、fax（　　）－　　－				
④処分場 　所在地等	・ 所在地）・・・・ ・ 施設名称）〇〇工場 ・ 施設能力・規模）能力　　　　t／日（　　　　t／年） 　（うち廃棄物等副原料総処理能力　　　t／日：セメント工場等リサイクル施設の場合） ・ 設置年月）　　　　年　　月 ・ 廃棄物処理法等における処理の許可期限　　　　年　　月まで				
⑤受入単価	受入物の区分（品目）		単価（円／t）	備考（左記区分の判断基準等）	
	1) 2) 3) 4) 5) 6)				
⑥受入条件	項目		制限の有無	制限有りの場合の内容	
	1) 発生エリアの制限		有・無		
	2) 搬入者や排出者の制限		有・無	搬入者： 排出者： その他：	
	3) 搬入量の制限		有・無	最大　t／日（合計　t程度）	
	4) 廃棄物と土壌の混合物		可・否	土量／全体量＝（　）％	
	5) 受入物性状の制限		有・無	含水率：　　　　　％以下 熱しゃく減量：　　　　％以下 含有物（成分）： 溶出物（成分）： 異物： その他：	
	6) 搬入車両種の制限		有・無		
	7) 受入(処理)後の再利用先		有・無	利用方法：	
	8) その他の制限事項				
⑦受入日・時間等	受入可能日）毎週　　から　　曜日 受入時間帯）　：　　～　： 　※ただし、土曜日は　：　　までで終了。 受入休止日）毎週土日および祝日　曜日、その他（　　　　までの期間　）				

5 対策工実施時のチェックシート

対策工の実施にあたって必要な確認事項に関するチェックシートの例を表16に示す。

表16 対策工実施時のチェックシート（例）

不法投棄等場所 (対策工実施場所)	都道府県　　　市　　　郡　　　町村　　　番地（大字）	
対策工実施期間	平成　年　月　日　～　平成　年　月　日	
目的	対策工実施時に関連して確立すべき事項の確定状況を確認し、点検する。	備考
I　設計段階		
○次の点に留意した設計になっていることを確認する。		
・支障除去等の目的に合致した経済的な設計	□確認	
・既存施設及び現場で活用できる廃棄物や資材の有効活用	□確認	
・現場に適した経済的な工法・技術の導入	□確認	
・経済的・効果的な工程計画の作成	□確認	
・精度の高い掘削廃棄物量の算定と廃棄物処理費の抑制	□確認	
・工事に伴い発生する廃棄物の発生抑制および適正処理	□確認	
・対策実施時の有害物の流出・飛散防止等に配慮した設計	□確認	
・水処理施設を設置する場合の設計時の配慮事項	□確認	
・現場内処理を行う場合等の施設設置許可、建築確認申請等の該当確認	□確認	
・関係機関との事前協議	□確認	
II　施工計画段階		
○次の各種計画を作成する。		
①全体処理フロー	□対策工時における処理等作業・廃棄物の流れ　□処理方法別の撤去廃棄物と搬出先施設 □現場内処理方法別の取扱い廃棄物と対処方法	
②施工計画	□（経済性に配慮し合理的なもの）	
③周辺環境管理計画	□	
④作業環境管理計画	□	
⑤安全管理計画	□	
⑥施工マニュアル	□運搬管理マニュアル　　□緊急時対応マニュアル　　□その他マニュアル	
III　施工実施段階		
○計画に従い施工管理を行う。（そのほか、次の項目のチェックを行う）		
1．緊急時対応と連絡体制の確認 　1-1．緊急時対応 　　　緊急時等の対応	□緊急時の対応（行動）表（□自然災害時、□事故発生時、□その他異常時）	
1-2．緊急時連絡体制 　　　緊急時等の連絡体制	□連絡体制表（□行政関係者、□その他監督機関、□工事関係者、□地域住民等関係者）	
2．各種記録の保管等 　　場外撤去廃棄物量管理方法	□取扱量の把握方法 　（□撤去廃棄物量：　　　　　　　□残置廃棄物量：　　　） □廃棄物量管理記録	
マニフェスト管理	□マニフェスト発行の流れ　　□マニフェスト記録方法	
汚染土壌管理(※必要に応じて)	□汚染土壌発生の有無 □汚染土壌の（廃棄物としての）区分方法 □汚染土壌管理票	
3．情報の開示 　　情報開示の方法等	□開示情報の内容　　□開示する対象者　　□情報開示の方法	
4．安全管理 　　安全教育訓練	□教育計画と対象者の把握　　□教育用資料の作成　　□教育訓練実施記録	
その他特記事項		

第2章

対策工と技術

初期確認調査の結果等により支障があることが判明した場合や支障のおそれの度合いが大きい場合には、支障除去等の対策工を検討して、適切に支障等を除去する必要がある。以下を参考にするなどして、支障除去等の対策工の選定や対策工の実施を適切に行う。

　なお、本章は支障発生のメカニズムについて未解明な部分が多いなかで、現状の知見や技術をとりまとめたものであり、今後の各方面での基礎研究や新技術開発を期待するとともに、一層支障除去等を合理的に進めるために、折々の対策検討時には、そうした新技術を含めて検討を行う必要があるものであることを付記する。

Ⅰ．支障除去等対策工の選定

　これまでの支障除去等支援事業で支障等の要素となっている高有害性廃棄物、崩落、火災、水質汚染、有害ガス・悪臭のそれぞれの対策工の選定方法を以下に掲載した。また、実際の不法投棄等現場では、複数の支障要素がある場合があるが、その場合の対策選定の参考になるよう、p144「6　複合的な支障等の場合の対策工の選定」に資料を掲載した。なお、廃棄物の現場外搬出を行う際の留意事項については、p145「7　廃棄物を現場外へ搬出する場合の留意事項」にとりまとめている。

1　高有害性廃棄物対策工

（1）対策工の検討にあたっての基本的な考え方

　PCB混入トランス、ダイオキシン類含有廃棄物、硫酸ピッチ入りドラム缶等の高有害性廃棄物の不法投棄等により、周辺住居等へのこれら高有害性廃棄物の飛散・流出等や、高有害性廃棄物に含まれる化学物質による水質汚染、悪臭等によって、支障が生じている場合や支障のおそれの度合いが大きい場合には、支障除去等の対策を講ずる必要がある。

　対策工の検討にあたっては、対策実施の緊急度が高いことや高有害性廃棄物は水質汚染等の各種支障の要因となる可能性があることに留意する必要がある。撤去工をはじめとして、原位置での無害化処理、覆土等工についての比較検討、さらに各種支障等の状況に応じて、水質汚染防止対策、有害ガス・悪臭防止対策等について比較検討を行って、合理的な対策を選定する必要がある。

（2）対策工の検討フロー

　図1に高有害性廃棄物対策工の検討フローを示す。

```
1．対策工選定のための基本条件整理
①対策工選定のための支障等の度合いや現場特
  性の整理
②支障発生メカニズムの分析・把握
③支障等が生じうる範囲の検討
④処理施設の立地状況等の把握
⑤その他対策の検討における留意事項の整理
```

↓

```
2．対策工の概略選定
①支障等の度合いによる対策工の想定
   1）撤去工
   2）原位置処理工
   3）原位置覆土等工
   4）モニタリング工
   5）その他
   →表1、図2　参照
②支障発生メカニズムに応じた対策の概略選定
   →表2　参照
③対策の実施範囲の検討
```

↓

```
3．対策工の詳細選定
①対策工実施時の効果・コストの検討
②情報公開・住民からの意見聴取
③対策工の決定（総合評価）
   →p28第1章 不法投棄等と調査・対策の概要
     Ⅵ．2参照
```

図1　高有害性廃棄物対策工の検討フロー

（3）対策工選定のための基本条件整理

　初期確認調査で把握された支障等の度合いや現場および周辺の状況を整理するとともに、対策工を想定した事前調査を行って、支障発生メカニズム（高有害性廃棄物の特性等と支障等の発生に至る流れ）について分析、把握する。なお、対策工を想定した事前調査の内容は、既刊の「調査マニュアル」を参照されたい。

　①　支障等の度合いや現場特性の整理
　　・初期確認調査等により把握された支障等の度合いの状況についての整理
　　・初期確認調査による現場および周辺状況の整理（p34表7参照）
　　・高有害性廃棄物を掘削や原位置処理等することができるスペースの有無
　　・現場への進入路の整備状況や掘削等の予定場所までの搬入路の有無
　　・地下水流向や風向等（汚染拡散方向）
　　・廃棄物層下の地盤の透水性、不透水層の有無

- その他、支障発生メカニズムに関する事項

② 支障発生メカニズムの分析・把握

不法投棄等されている高有害性廃棄物の種類、特性、性状等を特定することにより、支障等の発生に至る流れを把握する。また、高有害性廃棄物に起因して水質汚染等が生じるおそれがある場合には、①の地下水流向等をもとに支障発生までのメカニズムを明らかにすることが必要となる（p94「4　水質汚染対策工」参照）。

③ 支障等が生じうる範囲の検討

支障が生じうる範囲について、②で把握した支障発生メカニズムや必要に応じて汚染拡散計算を行うなどして検討する。

④ 処理施設の立地状況等の把握

高有害性廃棄物を撤去する場合には、撤去廃棄物を処理できる中間処理施設、最終処分場の立地状況、受入条件、受入単価等を整理する（p41表14、p42表15参照）。

（4）対策工の概略選定

1）支障等の度合い別の対策選定の考え方と例

表1に高有害性廃棄物対策における支障等の度合いに応じた対策選定の考え方と対策の具体例を示す。

また現場での対策工の適用イメージを図2に示す。

表1　高有害性廃棄物対策における支障等の度合いに応じた対策の具体例

支障等の度合い	対策の基本的方向性	対策の例 （複数の対策を組み合わせることが合理的な場合もある）
A：支障あり （現時点で既に支障が発生している場合）	現に発生している支障への対応	① 迅速な応急措置 　・立入禁止措置　等 ② 支障除去等措置 　・支障を発生させている高有害性廃棄物の撤去　等 ③ 周辺環境側での対応 　・立入禁止措置 　・周辺住民等の対策終了までの退避 　・土地利用に対する制限・補償　等
B：支障のおそれあり （支障のおそれの度合いが比較的大きい場合）	支障の発生の防止	① 支障の発生可能性の調査 　（「調査マニュアル」；2-3初期確認調査　参照） ② 支障発生防止方策の検討（対策工の選定） ③ 支障発生防止措置 　・高有害性廃棄物の撤去 　・原位置処理工（現地中和処理含む） 　・原位置覆土等工　等 ④ 周辺環境側での対応 　・立入禁止措置　等
C：支障のおそれが小さい （支障のおそれがあるがその度合いは比較的小さい場合）	継続監視 （モニタリング、現地調査）	○ 不法投棄等現場のモニタリングの継続、支障等の状況の定期的な確認 　・巡回監視 　・監視カメラ設置 　・定期的な支障等の状況の確認 　・水質モニタリング（周辺環境側）　等
D：支障等なし （現時点で支障のおそれがない場合）	情報管理	・当該事案の支障等の状況に関する定期的な情報の蓄積（情報管理）

□迅速な応急措置
　（例：立入禁止措置　等）
□支障除去等措置
　（例：支障を発生させている廃棄物の
　　　　撤去　等）

□支障発生防止措置
　（例：支障発生の要因となる部分の
　　　　廃棄物の撤去（部分撤去）、
　　　　原位置処理工法、覆土等工　等）

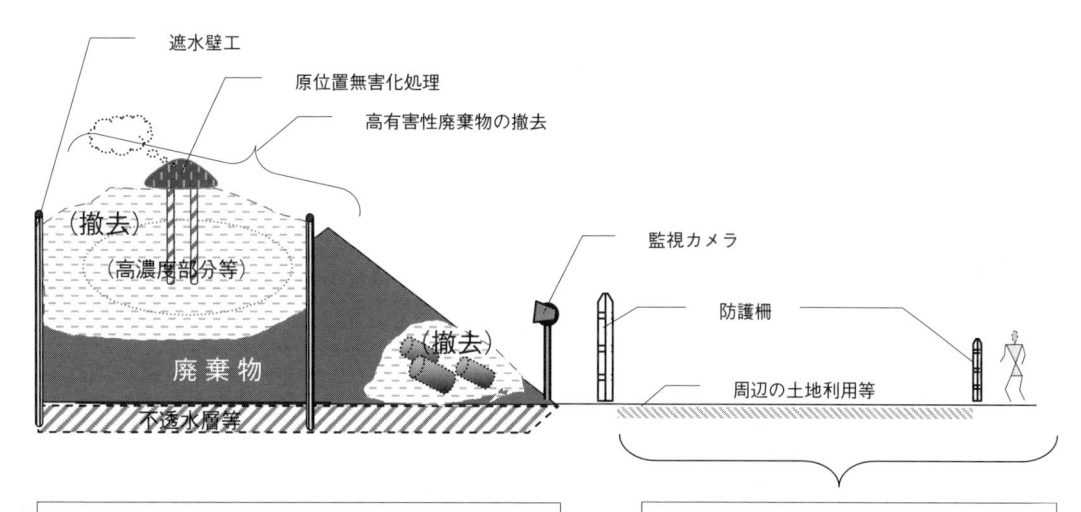

遮水壁工
原位置無害化処理
高有害性廃棄物の撤去
（撤去）
（高濃度部分等）
廃棄物
不透水層等
（撤去）
監視カメラ
防護柵
周辺の土地利用等

□不法投棄等現場のモニタリングの継続、
　支障等の状況の定期的な確認
　（例：巡回監視、監視カメラ設置　等）

□周辺環境側での対応
　（例：立入禁止措置、避難、
　　　　土地利用制限・補償　等）

図2　高有害性廃棄物を支障の要素とする不法投棄等現場での対策工の適用イメージ

2）支障発生メカニズムに応じた適用可能な対策工の抽出

　高有害性廃棄物は、その種類ごとに汚染拡散や支障等の特性が異なることから、投棄等された高有害性廃棄物の種類に応じて適切な対策を選定する必要がある。表2に高有害性廃棄物の種類別に適用できる対策を例示した。表2等を参考に（3）で整理した基本条件をもとに、支障除去等が可能になる対策を抽出する。

表2　高有害性廃棄物の種類と対応する対策例

高有害性廃棄物の種類	想定される対策例
（1）高濃度ダイオキシン類含有廃棄物（焼却灰、ばいじん等の投棄）	①撤去工 ②原位置処理工 ③覆土等工＋モニタリング
（2）PCB含有廃棄物（廃トランス、廃コンデンサ等の投棄）	①撤去工
（3）高濃度[※3] VOC含有廃棄物（有機溶剤等の投棄）	①撤去工 ②原位置処理工 ③悪臭対策工[※1] ④水質汚染対策工[※1] ⑤土壌汚染対策工[※2]
（4）強酸・強アルカリ（硫酸ピッチ等の廃酸や廃液等の投棄）	①撤去工 ②原位置処理（薬剤処理：硫酸ピッチの場合は石灰等による中和処理） ③悪臭対策工[※1] ④水質汚染対策工[※1]
（5）高濃度[※3] 重金属類含有廃棄物（焼却灰、ばいじん、鉱さい、汚泥等の投棄）	①撤去工 ②原位置処理工 ③悪臭対策工[※1] ④水質汚染対策工[※1] ⑤土壌汚染対策工[※2]
（6）農薬類含有廃棄物（農薬類の投棄）	①撤去工 ②原位置処理工 ③覆土等工＋モニタリング ④悪臭対策工[※1] ⑤水質汚染対策工[※1] ⑥土壌汚染対策工[※2]
（7）感染性廃棄物（感染性廃棄物の投棄）	①撤去工 ②原位置処理工
（8）廃石綿類含有廃棄物（石綿および石綿含有廃棄物の投棄）	①撤去工 ②原位置処理工

注）※1：本書の他章の対策工を参照のこと。
　　※2：p222「巻末資料3．土壌汚染対策法に基づく「汚染除去等の措置等」の基準（抜粋）」を参照。
　　※3：p197「巻末資料1．1（1）表1に示す金属等を含む産業廃棄物に係る判定基準」に適合しないもの。

3）高有害性廃棄物に起因した支障等への対応

　高有害性廃棄物が不法投棄等された場合には、投棄形態や容器の破損状況等により、水質汚染、有害ガス・悪臭等が発生し得る。これまでの支障除去等支援事業での状況等をもとに、高有害性廃棄物の種類別に発生する可能性がある主な支障の要素を表3にまとめた。表3を参考にするなどして、現地で生じる可能性がある支障等について検討し、対策工を検討する必要がある（高有害性廃棄物に起因した支障要素毎の対策工の検討方法は、p94「4　水質汚染対策工」、p127「5　有害ガス・悪臭対策工」に示している）。

　高有害性廃棄物による不法投棄等事案は、山間地等の発見されにくい場所での投棄や、地中深層部への投棄、ドラム缶を用いた投棄、コンクリート固化を行ったうえでの投棄等、支障等の発覚が遅れるように投棄や保管されるものが多い。このため、ドラム缶からの漏洩等により汚水等が生じた段階で不法投棄等が発覚することが多く、発見された時点では、廃棄物に起因する化学物質が周辺環境に拡散している場合もある。したがって、対策工の検討にあたっては、水質汚染、土壌汚染、有害ガス・悪臭等の関連する支障要素の発生状況についても把握しておく必要がある。

表3　高有害性廃棄物の種類と生じる可能性のある主な支障要素（例）

高有害性廃棄物の種類	水質汚染/土壌汚染	有害ガス/悪臭	その他（感染・粉じん等）
高濃度ダイオキシン類含有廃棄物（例：焼却灰（燃え殻、ばいじん）等）	○	-	○
高濃度VOC含有廃棄物（例：汚泥、有機溶剤等）	○	○	-
強酸・強アルカリ（例：硫酸ピッチ等）	○	○	-
感染性廃棄物	○	○	○
重金属類含有廃棄物	○	-	-
農薬類含有廃棄物	○	○	-
PCB廃棄物	○	-	-
廃石綿類含有廃棄物	-	-	○

凡例：○は、高有害性廃棄物の種類により誘発するおそれのある支障等を示す。

4）対策工の概略選定にあたっての留意事項

① 産廃特措法基本方針における規定

　産廃特措法基本方針で有害産業廃棄物とその支障除去等の対策について、以下のとおりに規定されている。産廃特措法事案は準拠する必要があるが、その他の事案においても同様に対応することが基本になる。

<参考>産廃特措法基本方針における高有害産業廃棄物の対策

　産廃特措法基本方針（平成15年10月3日環境省告示第104号）では、廃棄物処理法第2条第5項に規定する特別管理産業廃棄物その他これに相当する性状を有する特定産業廃棄物（産廃特措法の対象となる平成10年6月以前に投棄等された産業廃棄物）を、「有害産業廃棄物」としている。具体的には、以下のア）～エ）のいずれかに該当するもの。

　　ア）廃油、廃酸、廃アルカリおよび廃ポリ塩化ビフェニル等
　　イ）感染性廃棄物（感染性病原体が含まれ、若しくは付着している産業廃棄物又はこれらのおそれのある産業廃棄物をいう。）
　　ウ）廃石綿等（廃石綿および石綿が含まれ、又は付着している産業廃棄物をいう。）
　　エ）ア）からウ）までに掲げる特定産業廃棄物以外の産業廃棄物のうち、金属等を含む産業廃棄物に係る判定基準を定める省令（昭和48年総理府令第5号）別表第一の各項の第一欄に掲げる物質を含むものであって、当該物質ごとに対応する当該各項の第二欄に掲げる基準に適合しないもの

表4　産廃特措法基本方針における対策

対策	内容
ア　特定産業廃棄物等の掘削および処理	・特定産業廃棄物およびこれに起因して汚染されている土壌等を周辺環境に影響を及ぼさないように掘削し、必要に応じて掘削された場所を汚染されていない土壌等により埋める。 ・掘削した特定産業廃棄物および土壌等について、特定産業廃棄物および土壌等の種類ごとにその分別を十分に行うとともに、焼却、溶融、中和等、特定産業廃棄物および土壌等の種類に応じた適切な処理方法を選択。
イ　原位置での浄化処理	・溶融又は含まれている有害化学物質の抽出、分解その他の方法により、これらの特定産業廃棄物および土壌等を掘削せずに処理する。
ウ　原位置覆土等	・有害産業廃棄物に該当する特定産業廃棄物が含まれていないこと。 ・生活環境の保障上の支障等の原因となる有機性の産業廃棄物等を十分に分別除去する。

② 特に有害性の高い廃棄物への対応

　高有害性廃棄物のうち、PCB廃棄物、感染性廃棄物や廃石綿類含有廃棄物については、特に有害性が高いこと等から適切な取り扱い等のための各種マニュアル類が次のとおりに整備されており、こういったものに則って適正な処理方法や安全対策等の検討を行う必要がある。

＜PCB廃棄物＞
　　・PCB廃棄物収集・運搬ガイドライン　平成16年3月（改訂　平成18年3月）

環境省
- PCB処理技術ガイドブック（改訂版）（財）産業廃棄物処理事業振興財団編集

＜感染性廃棄物＞
- 廃棄物処理法に基づく感染性廃棄物処理マニュアル　環境省　平成16年3月16日環廃産発第04316001号

＜廃石綿類含有廃棄物＞
- 石綿含有廃棄物等処理マニュアル　平成19年3月　環境省
- 建築物の解体等にかかる石綿飛散防止マニュアル2007　平成19年6月　（社）日本作業環境測定協会
- 廃棄物処理施設解体時等の石綿飛散防止対策マニュアル　平成18年3月　廃棄物処理施設解体時等のアスベスト飛散防止対策検討委員会

また、同様に特に有害性の高いダイオキシン類については、土壌に関しての次のようなマニュアルがある。

＜ダイオキシン類＞
- ダイオキシン類に係る土壌調査マニュアル　平成20年3月　環境省
- 建設工事で遭遇するダイオキシン類汚染土壌対策マニュアル〔暫定版〕独立行政法人土木研究所編

③　対策工の検討時における留意事項
- 高有害性廃棄物は、危険性も高いうえ、水質汚染、土壌汚染、有害ガス・悪臭、火災等の支障の要素となりうるものであり、支障除去等の緊急性が高い。
- 特にPCB廃棄物等は、現場内での安全な管理や保管（覆土等工による）は人的、コスト的に困難であることが多く、撤去工が対策工の基本となる。
- 安定的に適正処理ができる処分先が確保可能な場合には、撤去時の適切な環境保全対策費用を含めて積算することが必要である。
- 受入先の確保難などから、やむを得ず現場に残置する場合には、フェールセーフを考慮した環境保全対策とともに徹底した環境モニタリングが必要となる。
- 対策工事においては、作業時の危険性が高く、また周辺環境の二次汚染が懸念されるために、日々の工事実施中の作業環境測定や周辺環境測定を行うとともに一定期間毎にモニタリングを行う必要がある。

5）対策工の範囲の検討

対策の範囲は、支障除去等が可能となる最小の範囲とすることが基本であるが、高有害性廃棄物は危険性が高いことや水質汚染対策や有害ガス・悪臭の発生のおそれも生じ

うることから、廃棄物の特徴、投棄等の範囲、周辺環境等を踏まえて、慎重に対策範囲の検討を行う必要がある。また、作業員の安全確保に万全を期すことも必要であり、対策の範囲の設定にあたっては、このような二次災害が発生しないよう安全な範囲で対策を計画する必要がある。

6）各対策工の概要

高有害性廃棄物に適用可能な主な対策工である撤去工、原位置処理、原位置覆土等工の概要を表5～表7に示す。各対策の当該現場への適用性の検討のための参考とするとよい。

表5　撤去工

工法	撤去工
施工概念図	
目的・効果	支障等の要因となる廃棄物を除去することを目的として、廃棄物の撤去により、高有害性廃棄物に起因して生じる支障等を除去する。
適用条件　技術的条件	・掘削した高有害性廃棄物等の受入先が確保できること。 ・廃棄物等の仮置きヤード、資材置き場等の作業場所のスペースが確保できること。
周辺環境条件	・水質汚染等による新たな支障が生じないように施工できること（工事中の濁水処理、地下水モニタリング等）。 ・廃棄物掘削中に生じる可能性のある有害ガス・悪臭の発生に対する保全措置を講じて作業できること。
工法の使用実績	あり
大規模構造物の設置	なし
関連する工法・技術	巻末資料7．支障除去等対策に適用可能な技術例 NO.1～NO.16（選別破砕工）

表6 原位置処理工

工法	原位置処理工
施工概念図	■原位置溶融処理工法の一例（電気溶融） （排ガス処理装置へ／廃棄物／炉体／電源） ■熱脱着処理工法の一例 （薬剤（CaO他）／廃棄物／混合機／薬剤混合物／有害物質の揮発／テント／排ガス処理装置へ）
目的・効果	高有害性廃棄物を原位置処理し、無害化することを目的として、有害廃棄物に起因する支障等の要因を除去する。
適用条件　技術的条件	・ 無害化に適する処理装置（溶融・混練機・薬剤等）を設置可能なこと。 ・ 廃棄物等の仮置きヤード、資材置き場等の作業場所のスペースが確保できること。
周辺環境条件	・ 水質汚染等による新たな支障が生じないように施工できること（工事中の濁水処理、地下水モニタリング等）。 ・ 廃棄物掘削中に生じる可能性のある有害ガス・悪臭の発生に対する保全措置を講じて作業できること。
工法の使用実績	あり
大規模構造物の設置	なし
関連する工法・技術	巻末資料7．支障除去等対策に適用可能な技術例 NO.39〜NO.52、NO.56

表7　原位置覆土等工

工法	原位置覆土等工	
施工概念図	（覆土等、廃棄物の施工概念図） ・堆積廃棄物に特定産業廃棄物が含まれておらず、新たな支障等の発生の要因となる有機性廃棄物等を除去した場合に限り適用可能。	
目的・効果	高有害性廃棄物を原位置での覆土等（覆土や遮水シート）で施工することにより、高有害性廃棄物に起因する支障等の要因を除去する。 本工法は、廃棄物による汚染の地下浸透がない場合に、廃棄物を地表面での遮水工で遮断・隔離することで支障要因を抑制する工法である。	
適用条件	技術的条件	・堆積廃棄物に特定産業廃棄物が含まれておらず、新たな支障等の発生の要因となる有機性廃棄物等を除去した場合に限り適用可能である。 ・固形の廃棄物（あるいは容器入りの廃棄物等）に対して、地下浸透のおそれがない場合に、高有害性廃棄物の直接的な流出や粉じん等の飛散防止を目的として、覆土材による施工を行う。 ・同様に固形の廃棄物（あるいは容器入りの廃棄物等）に対して、地下浸透のおそれがない場合であっても、降水による雨水との接触により浸出水を発生させる可能性がある際はその抑制を目的として、遮水シートによる施工を行う。 ・雨水の表面浸透だけでなく、地下水の流入を防止する必要がある場合には、鉛直遮水工との併用を検討する。 ・上記の覆土等工の効果把握のために、対策範囲の周辺において、汚染物質のモニタリングができること。 ・また、廃棄物の一部掘起しを伴う場合は、原則として一旦掘り起こした廃棄物を現場外において適切に処理することができること（コンクリートがら等は、有害性がないことが確認されたものについては、区域内における整形等のために埋め戻される場合に限り、新たな支障等の発生がないことを条件として認められる場合がある）。 ・対策工の施工後も廃棄物が残るため事後の管理が必要。
	周辺環境条件	・周辺環境に対し常時のモニタリングが可能であり、異常が確認された際にも、周辺環境への汚染拡散防止対策が速やかに実施でき、かつ人的な健康被害が防止できること。
工法の使用実績	なし	
大規模構造物の設置	なし	
関連する工法・技術	巻末資料7．支障除去等対策に適用可能な技術例 NO.31～NO.36（キャッピング工法）	

（5）対策工の詳細選定

　対策工の詳細選定は、（4）で行った概略選定により抽出された適用可能性の高い対策工について、それぞれの対策工の効果や長期的なトータルコスト、周辺住民や作業員の安全確保等を考慮して詳細検討を行い、必要に応じて情報公開や住民からの意見聴取を踏まえるなどして、総合評価を行って対策工を選定する。

　なお、対策工の詳細選定の方法は、第1章 概要編「Ⅵ．2 効果・コストの検討と対策工の評価」に示した。また、効果・コストの算定にあたって参考となる資料を「巻末資料6．対策工の効果・コストの算定に関する資料」に掲載した。

　高有害性廃棄物対策工の詳細選定にあたって必要となる検討と各々で留意すべき事項を表8に示す。

表8　高有害性廃棄物対策工の詳細選定時の留意事項

詳細選定項目	内容
1）前提条件 ① 設計の前提条件の整理	設計の前提条件は、チェックシートを活用しながら整理する。また、整理の過程で不足している事項は必要に応じ追加調査を実施する。 ・現場に存在する高有害性廃棄物の種類を的確に把握すること。 ・その他の支障等の要因（有害ガス・悪臭、水質汚染、土壌汚染等）を的確に把握すること。
② 対策範囲の検討	対策範囲は、高有害性廃棄物が発見された地点を対象とする。また、その他の支障（周辺汚染等）を伴う場合には、汚染範囲を把握する。
2）効果の検討	「巻末資料6．対策工の効果・コストの算定に関する資料」を参照のこと。
3）コスト算定の考え方 ① 工法の必要事項の検討	以下の対策工で必要となる事項を検討する。 ・高有害性廃棄物の種類、発生量（要対策量）、有害物質の濃度 ・現場条件から適用できる工法の抽出（二次汚染や作業危険性のリスク回避等を考慮） ・原位置覆土等工を検討する場合のモニタリングの的確性
② 施工方法の検討	高有害性廃棄物対策工の施工方法の検討項目として、以下の内容等がある。 ・工事における環境保全対策工（周辺囲い柵、汚水処理設備等） ・作業時の作業員の安全確保対策（汚染暴露防止、爆発防止等） ・仮設工の必要性の検討（仮設道路、飛散防止テント、粉じん・ガス処理設備等の設置等）
③ 安全確保、作業内容の確認	安全確保、作業内容の確認事項として一般的な土木の作業標準が参考になる。また、以下の点に留意する。 ・事前の作業環境の安全性の確認（有害ガス濃度、酸欠防止等） ・安全な休憩場所の確保 ・内容不明物等の仮置き場の確保 ・高有害性廃棄物への暴露等防止のための保護装備の使用 ・工事に伴う周辺環境対策（仮囲い、雨水集排水計画、廃棄物に触れた汚水の処理計画、高有害性廃棄物の飛散防止対策） ・内容不明物等への対応方法の検討（現場確認または原姿での現場引き渡し）

④	掘削廃棄物が発生する場合の処理条件の検討	「Ⅰ.7 廃棄物を現場外へ搬出する場合の留意事項」を参照のこと。
⑤	コストダウンの検討	・廃棄物区分、汚染物等の適切な仕分けによる撤去量の削減 ・有害性のレベルや廃棄物の種類・特性の違いを考慮した飛散防止設備等の最小化 ・対策工の段階施工（対策をステップバイステップで実施し、ステップ毎の効果やその後の対策の必要性を判断しながら行うもの）　等
⑥	数量の算出	高有害性廃棄物対策工における数量の算出は、一般的な土木工法の例によることができる。数量算出項目の一例を、以下に示す。 ・工事の資材（覆土材、現場設置機器等） ・仮設工事の資材（仮囲い、テント材、ガス・汚水処理設備等） ・掘削廃棄物量（撤去を伴う工法の場合）　等
⑦	コストの算出	「巻末資料6．対策工の効果・コストの算定に関する資料」を参照のこと。
⑧	ランニングコストの検討	高有害性廃棄物対策工におけるランニングコストには、撤去工およびモニタリング等の機器を用いる工法を除き、定期的な巡回監視費用を見込む。 モニタリングの場合は、モニタリング機器の定期的な点検整備、消耗品交換や機器の更新、電気代等の維持管理費を見込む。
4）	対策工のコスト算定の方法	「巻末資料6．対策工の効果・コストの算定に関する資料」を参照のこと。
5）	ライフサイクルコストの検討	原位置処理工や覆土等工のモニタリングの場合は、水質や有害ガス・悪臭等の必要な監視項目に関するモニタリング費用を見込み、撤去工による場合等とライフサイクルコストを相互に比較できる資料を作成する。

2　崩落対策工

（1）対策工の検討にあたっての基本的な考え方

不法投棄等現場における崩落は、廃棄物の高盛、急勾配な堆積、すべりの推進力となる水流等によりその危険度が高まると考えられている。崩落の発生により、廃棄物の流出が想定される側にある家屋や施設等に支障のおそれの度合いが大きい場合には、崩落対策を講ずる必要がある。

廃棄物の崩落現象に関しては、地盤の斜面崩落現象のようには工学的な知見がない状況にあり、対策の選定にあたっては、現場状況に応じた対策工と安全な施工が確保できる対策工の選定が特に重要となる。

（2）対策工の検討フロー

図3に崩落対策工の検討フローを示す。

```
1．対策工選定のための基本条件整理
①対策工選定のための支障等の度合いや現場特
　性の整理
②支障発生メカニズムの分析・把握
③支障等が生じうる範囲の検討
④処理施設の立地状況等の把握
⑤その他対策の検討における留意事項の整理
                │
                ▼
2．対策工の概略選定
①支障等の度合いによる対策工の想定
　　1）撤去工
　　2）擁壁工・押さえ盛土工
　　3）法面保護工
　　4）落石防護工・待受式擁壁工
　　5）モニタリング工
　　6）その他
　　　→表9、図4　参照
②支障発生メカニズムに応じた対策の概略選定
　　　→図5～図8、表10　参照
③対策の実施範囲の検討
                │
                ▼
3．対策工の詳細選定
①対策工実施時の効果・コストの検討
②情報公開・住民からの意見聴取
③対策工の決定（総合評価）
　　→p28第1章　不法投棄等と調査・対策の概要
　　　Ⅵ.2参照
```

図3　崩落対策検討フロー

（3）対策工選定のための基本条件

初期確認調査で把握された支障等の度合いや現場および周辺の度合いを整理するとともに、対策工を想定した事前調査を行って、支障発生メカニズム（崩落の現象による区分等）について分析、把握する。なお、対策工を想定した事前調査の内容は、既刊の「調査マニュアル」を参照されたい。

① 支障等の度合いや現場特性の整理
- 初期確認調査等により把握された支障等の度合いの状況についての整理
- 初期確認調査による現場および周辺状況の整理（p34表7参照）
- 堆積廃棄物の安定勾配を確保するための廃棄物撤去を行う場合の、重機による掘削、勾配等による施工の可能性、現場作業スペースの有無
- 現場への進入路の整備状況や掘削等の予定場所までの搬入路の有無
- その他、支障発生メカニズムに関する事項

② 支障発生メカニズムの分析・把握

廃棄物の堆積状況（単位体積重量、目視等による締め固め状況）、原地盤地形、廃棄物の落下等の状況、傾斜計等による現地計測結果（移動変動状況）、および堆積斜面の安定解析等により、崩落の発生メカニズムについて分析・把握する。

なお、崩落のおそれのある現場は、大量の廃棄物堆積により水質汚染や火災等を引き起こす場合も少なくないため、こうした他の支障要素についての検討も必要である（p77「3 火災対策工」、p94「4 水質汚染対策工」参照）。

③ 支障等が生じうる範囲の検討

支障が生じうる範囲について、②で把握した支障発生メカニズムや斜面の安定計算等により検討する。

④ 処理施設の立地状況等の把握
- 廃棄物を撤去する場合に撤去廃棄物を処理できる中間処理施設、最終処分場の立地状況、受入条件、受入単価等の整理（p41表14、p42表15参照）

（4）対策工の概略選定

1）支障等の度合い別の対策選定の考え方と例

表9に崩落対策における支障等の度合いに応じた対策選定の考え方と対策の具体例を示す。また現場での対策工の適用イメージを図4に示す。

表9 崩落対策における支障等の度合いに応じた対策の具体例

支障等の度合い	対策の基本的方向性	対策の例 （複数の対策を組み合わせることが合理的な場合もある）
A：支障あり （現時点で既に支障が発生している場合）	現に発生している支障への対応	① 迅速な応急措置 ・立入禁止措置　等 ② 支障除去等措置 ・崩落廃棄物の撤去　等 （崩落廃棄物により支障が発生している場合） ③ 周辺環境側での対応 ・立入禁止措置 ・周辺住民等の避難 ・土地利用に対する制限・補償　等
B：支障のおそれあり （支障のおそれの度合いが比較的大きい場合）	支障の発生の防止	① 支障の発生可能性の調査 （「調査マニュアル」；2-3 初期確認調査　参照） ② 支障発生防止方策の検討 （対策工の選定） ③ 支障発生防止措置 ・支障発生の要因となる部分の廃棄物の撤去（部分撤去） ・擁壁工・押さえ盛土工 ・法面保護工 ・落石防護工　等 ④ 周辺環境側での対応 ・土地利用に対する制限・補償　等
C：支障のおそれが小さい （支障のおそれがあるがその度合いは比較的小さい場合）	継続監視 （モニタリング、現地調査）	○ 不法投棄等現場のモニタリングの継続 支障等の状況の定期的な確認 ・傾斜計や変位計、簡易な雨水排水路等の設置 ・定期的な支障等の状況の確認 ・巡回監視（周辺環境側）　等
D：支障等なし （現時点で支障のおそれがない場合）	情報管理	・当該事案の支障等の状況に関する定期的な情報の蓄積（情報管理）

□迅速な応急措置
　（例：立入禁止措置　等）
□支障除去等措置
　（例：支障を発生させている廃棄物の
　　　　撤去　等）

□支障発生防止措置
　（例：支障発生の要因となる廃棄物の
　　　　撤去（部分撤去）、
　　　　法面保護・擁壁工　等）

□不法投棄等現場のモニタリングの継続、
　支障等の状況の定期的な確認
　（例：傾斜計・変位計等の設置、
　　　　定期的な支障等状況確認　等）

□周辺環境側での対応
　（例：立入禁止措置、避難、
　　　　土地利用制限・補償　等）

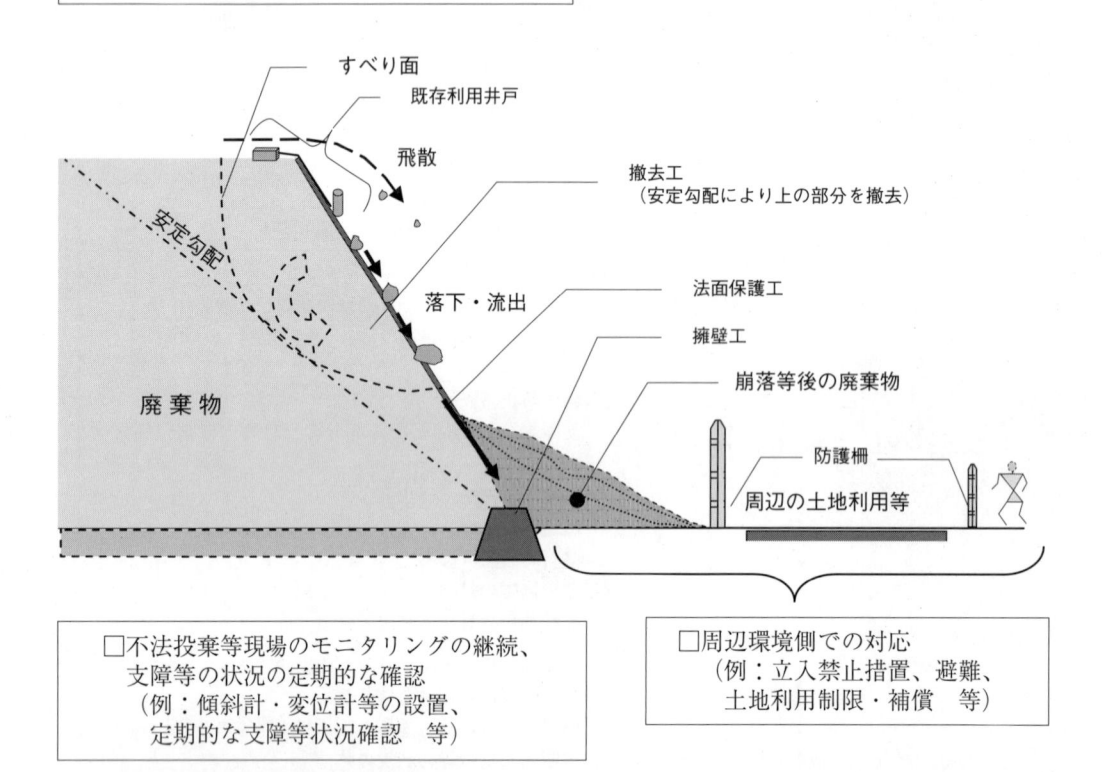

図4　崩落を支障要素とする不法投棄等現場への各対策の適用イメージ

2）支障発生メカニズムに応じた適用可能な対策工の抽出

　想定される崩落現象の種類に応じて対策工を選定することが適切かつ経済的な対策の選定に結びつく。崩落現象は、これまでの事例から図5に示すとおりに3つに大別され（図6～図8）、各々について適用可能な対策の例を表10に示す。

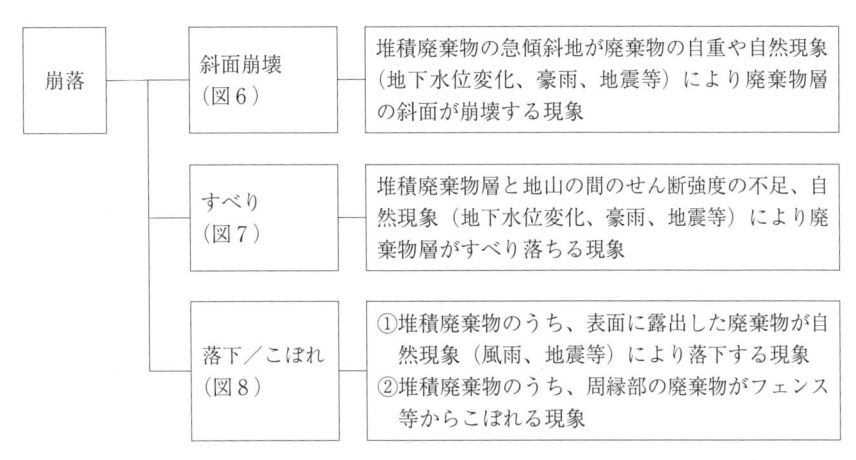

崩落	斜面崩壊（図6）	堆積廃棄物の急傾斜地が廃棄物の自重や自然現象（地下水位変化、豪雨、地震等）により廃棄物層の斜面が崩壊する現象
	すべり（図7）	堆積廃棄物層と地山の間のせん断強度の不足、自然現象（地下水位変化、豪雨、地震等）により廃棄物層がすべり落ちる現象
	落下／こぼれ（図8）	①堆積廃棄物のうち、表面に露出した廃棄物が自然現象（風雨、地震等）により落下する現象 ②堆積廃棄物のうち、周縁部の廃棄物がフェンス等からこぼれる現象

図5　崩落現象の種類

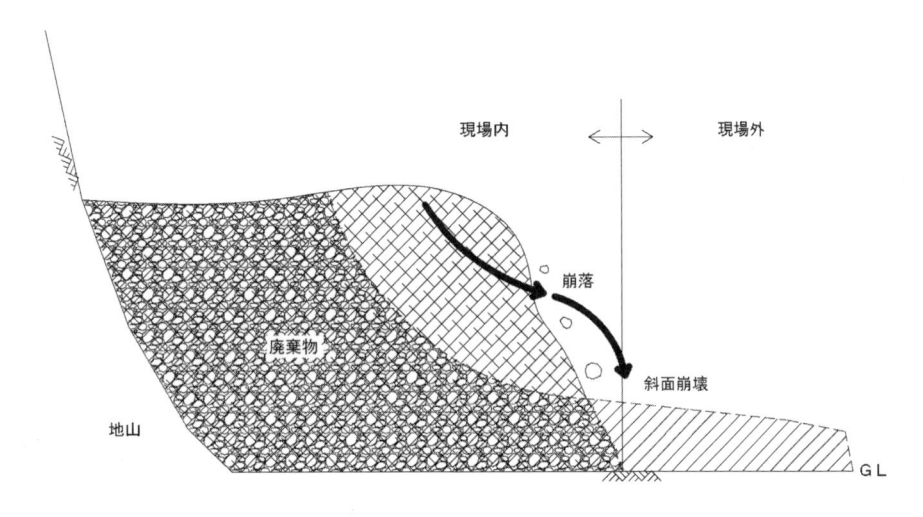

図6　斜面崩壊の概念図

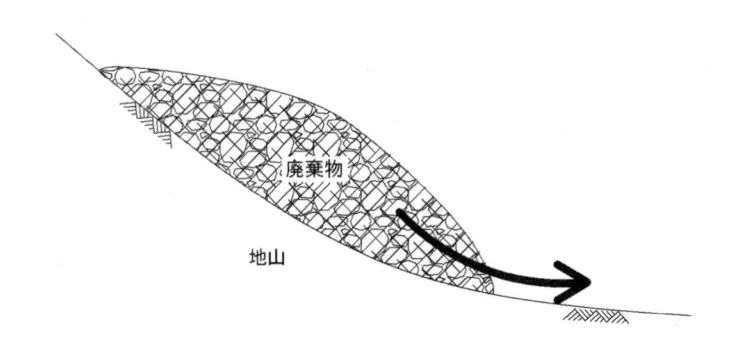

図7　すべりの概念図

第2章　対策工と技術　65

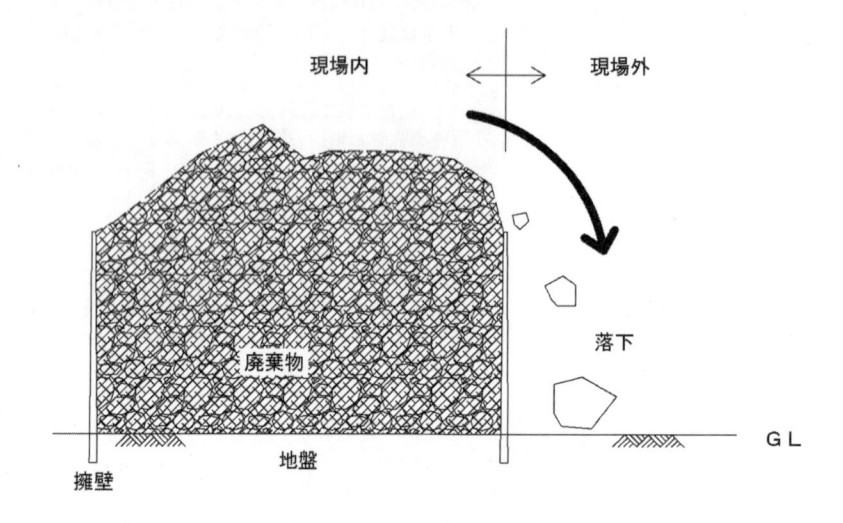

図8 落下／こぼれの概念図

表10 崩落の現象別の想定される対策例

現象による区分	要因の把握方法等	想定される対策例
①廃棄物の全体的な斜面崩壊	・現場の規模、傾斜（勾配）	・擁壁工・押さえ盛土工 ・法面勾配を緩和するための撤去工（廃棄物層の安定勾配までの撤去）
②沢地等での廃棄物のすべり	・地形（沢）、表流水等による地表面の洗掘	・擁壁工・押さえ盛土工 ・廃棄物の撤去（すべり荷重がすべり抵抗以下になるまでの範囲の廃棄物の撤去）
③廃棄物の落下／こぼれ	・現場の積み上げ高さ、傾斜（勾配）、囲い施設の有無、廃棄物の敷地外への散乱等	・擁壁・押さえ盛土工 ・法面保護工 ・落石防止工／待受式擁壁工 ・撤去工

《参考：斜面の安定計算式からみた対策選定の方向性や留意点》
　土斜面の安定性については、1式により計算される安全率（Fs）で評価されるのが一般的である。この場合の安全率（Fs）は、降雨や地震等がない平常時で Fs＞1.2、地震時で Fs＞1.0 で安全と評価される。
　廃棄物により形成された斜面の安定性に関する知見は十分ではないのが現状であるが、1式に沿って力のつり合いを考えると、1式の分母は、廃棄物重量（W）のすべり面の接線方向に働く分力であり、Wの増加に伴ってすべろうとする力が増すことを表している。したがって、Wを減少させること（廃棄物の撤去）がすべり（斜面崩壊

を含む）の危険度の抑制につながり、Wが増加する降雨浸透時やWに地震加速度が働く地震時にはすべろうとする力が増すことになる。

　一方、1式の分子は、すべり面での粘着力とせん断抵抗力の和であり、すべろうとする力に対する抵抗力を表している。廃棄物層が十分に締め固まっている場合や廃棄物相互の絡み合いが形成されている場合にはすべり抵抗力が増加しているものと考えられる。また、すべり抵抗力が小さくなる面を考えると、地山と廃棄物層の境界部（地山面上）や、埋立廃棄物種類が異なっている境界面上、廃棄物を段階的に埋め立てた場合の境界面上等が想定される。特に、地山面上は、空隙率の変化点であることから浸透水の流れ道となっている可能性があり、その場合にはすべり抵抗力が一層減少するとともに、水流がすべりの推進力となることが考えられる。現に、谷筋の不法投棄等現場で過去に地山に沿って廃棄物層のすべりが生じている事例がある。

　以上から、擁壁等で廃棄物の崩壊やすべりの発生を防止しようとする場合には、廃棄物の堆積状態や地山の状況、浸透水の流出場所等から想定されるすべり面について検討して、擁壁の設置位置や形状等を考える必要がある。また、崩壊やすべりによる支障等の度合いが小さいと考えられる場合には、モニタリングの継続の他、速やかに雨水を排除するための簡易な雨水排水路の設置等により、雨水の廃棄物層への浸透を抑制することも、すべりの危険を和らげることにつながると考えられる。

【土斜面の安定計算方法】
　一般的な斜面の安定計算方法を以下に示す。これ以外にも複合すべり面法やヤンブ法等のいくつかの解析方法がある。

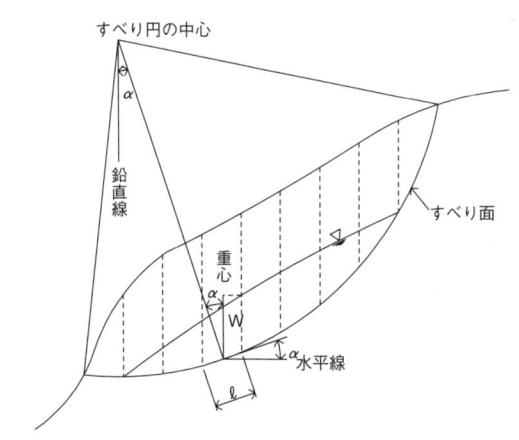

図9　地すべり安定計算に用いるスライス分割の例

$$Fs = \frac{\Sigma\{c \cdot \ell + (W - u \cdot b)\cos\alpha \cdot \tan\Phi\}}{\Sigma W \cdot \sin\alpha} \quad \cdots\cdots \text{1式}$$

ここに、

Fs　　：安全率（平常時1.2以上、地震時1.0以上必要）
c　　　：粘着力（tf/m^2）
ϕ　　　：せん断抵抗角（度）
ℓ　　　：各分割片で切られたすべり面の弧長（m）
u　　　：間隙水圧（kN/m^2（tf/m^2））
b　　　：分割片の幅（m）
W　　：分割片の重量（kN/m（tf/m））
α　　　：分割片で切られたすべり面の中点とすべり円の中心を結ぶ直線と鉛直線のなす角（度）

注）「支障除去のための不法投棄現場等現地調査マニュアル」p 54道路土工のり面工・斜面安定工指針、日本道路協会（平成11年3月）に修正加筆

3）対策工の概略選定にあたっての留意事項

① 斜面の安全性評価について

急傾斜地法では斜面角度30°以上を急傾斜地として指定している（p 201「巻末資料1.2　崩落」参照）。崩落の危険がある斜面かどうかは、各種基準や斜面の安定解析結果等を総合的に勘案し検討する。

崩落による影響範囲は、原地形や廃棄物の種類によるが、崩落側が平面の場合おおよそ廃棄物の堆積の高さの2～3倍程度の距離の範囲が目安となる。

② 施工の確実性を踏まえた対策の選定

廃棄物推積地盤の安定性やトラフィカビリティ（車両走行性）は一般的な土質定数では評価しにくいことから、現地調査を詳細に行うなどして、対策工事を安全に実施できる対策・工法を選定する必要がある。

③ 法面保護工の選択について

崩落法面の保護工は景観への影響が大きいため、施工後の景観も考慮した検討が必要となる。

④ モニタリング等による場合の留意事項

直ちに支障による影響を受ける住宅等が存在しない場合には、例えば、モニタリングによって傾斜勾配等のデータ管理を行う等により、当面、監視を継続することの選択も合理的な選択となり得る。

不法投棄等現場の堆積廃棄物の不均質性を考慮し、不法投棄等現場全体の変位や不等沈下等を的確に把握できるよう、事前の廃棄物の埋立履歴調査や廃棄物性状調査の結果等により適切なモニタリング地点数や箇所を設定したり、定期的に支障等の状況を確認する等で異常を確実に予知できる監視体制の構築が重要となる。

⑤　周辺対策について

　不法投棄等現場の斜面至近に生活インフラがある場合は、住民の避難や一時迂回路設置等の対策を検討する必要がある。

　撤去等の大がかりな工事になる場合には、車両の出入りや、擁壁工等の構造物の設置空間の確保のために、周辺の土地所有者等の了解が得られることが対策実施の前提になる。

　不法投棄等現場での対策実施が安全上等から難しいと考えられる場合や経済的に不利な場合には、住民への補償（崩落のおそれのある土地の補償等）等により対応することも検討する必要がある。

4）対策工の範囲の検討

　対策の範囲は、支障除去等が可能となる最小の範囲とすることが基本となる。例えば、堆積廃棄物が崩落し周辺家屋等への支障のおそれがあるときに崩落に関係する部分の廃棄物を撤去する対策をとる場合には、堆積廃棄物の安定勾配までが撤去範囲となる。また、周辺環境側での対策をとる場合には、堆積廃棄物が崩落したときに想定される廃棄物の流出範囲内にある土地で例えば補償等の対応を検討することになる。

5）各対策工の概要

　代表的な崩落対策工である、撤去工、擁壁工・押さえ盛土工、法面保護工、落石防護工・待受式擁壁工、モニタリング工の概要、目的、適用条件等を表11～表15に示す。

　各対策の当該現場への適用性の検討のための参考とするとよい。

表11　撤去工

工法		撤去工
施工概念図		
目的・効果		斜面の安定性を高めることを目的として、斜面の勾配を緩くする法面整形や廃棄物の部分撤去を行い、崩落を抑制する。
適用条件	技術的条件	・　掘削した廃棄物を適正に処理できる受入先が確保できること。
	周辺環境条件	・　水質汚染等による新たな支障が生じないように施工できること（工事中の濁水処理、地下水モニタリング等）。 ・　廃棄物掘削中に生じる可能性のある有害ガス・悪臭の発生に対する保全措置を講じて作業できること（飛散防止テントの設置等）。 ・　廃棄物等の掘削中に崩落による二次災害が発生しないように作業できること。
工法の使用実績		あり
大規模構造物の設置		なし
関連する工法・技術		巻末資料7．支障除去等対策に適用可能な技術例 NO.1～NO.16（選別破砕工）

表12 擁壁工・押さえ盛土工

工法	擁壁工・押さえ盛土工
施工概念図	（押さえ盛土、廃棄物を示す概念図）
目的・効果	廃棄物の全体的な斜面崩壊、現場（沢地形等）の廃棄物のすべりの防止を目的として、不法投棄等現場に擁壁、押さえ盛土を設置し、崩落を抑制する。
適用条件　技術的条件	・擁壁（または押さえ盛土）を設置するスペースがあること。 ・（擁壁工の場合）擁壁を支えられる地盤を有すること。 ・押さえ盛土工には、有害性がないことが確認された現地発生廃棄物（土等含む）を新たな支障等が発生しないことを条件としてフレコンバッグへ詰めて利用することも場合によっては可能。
適用条件　周辺環境条件	・擁壁等新たな大型構造物を設置するので関係者（地権者や住民等）の理解が得られること。
工法の使用実績	あり
大規模構造物の設置	あり
関連する工法・技術	―
備　考 （設計時の検討事項）	1．対策範囲の設定 2．対策前後の安定解析 3．工法の選定条件 | 工法 | 選定条件 | |---|---| | 擁壁工 | ・敷地に余裕がない場合 ・地盤の地耐力が十分ある場合 | | 押さえ盛土工 | ・地耐力が低く擁壁を設置できない場合 ・敷地に余裕がある場合 ・工事費を削減したい場合 ・周辺景観へ配慮が必要な場合 | 4．適用範囲の設定 　（標準断面図、計画平面図等の作成） 5．対策工施工部分より上部の仕上げの検討

表13 法面保護工

工法	法面保護工	
施工概念図	（施工概念図：鋼繊維モルタル吹付工、空洞注入充填部（セメントミルク）、補強鉄筋工、補助ボルト、廃棄物）	
目的・効果	現場の廃棄物の落下、こぼれの防止を目的として、法面を保護（浸食・流出の防止）し、崩落を抑制する。 主な法面保護工には、以下のものがある。 ・ 張工：斜面にブロック等を張り、法面を保護する。 ・ 植生工：種子吹付等の植栽を行い、法面を保護する。 ・ 吹付工：斜面にモルタルやコンクリートを吹付、法面を保護する。	
適用条件	技術的条件	・ 廃棄物の法面勾配が比較的安定しており、法面保護工や法覆工により廃棄物表面の崩壊等が防止でき、かつ施工可能な形状であること。
工法の使用実績	あり	
大規模構造物の設置	なし	
関連する工法・技術	—	

表14 落石防護工・待受式擁壁工

工法	落石防護工・待受式擁壁工
施工概念図	（端末支柱、中間支柱、間隔保持材、控材を示す図）
目的・効果	廃棄物の落下、こぼれの防止を目的として、不法投棄等現場の斜面下にネットや擁壁等を設置し、廃棄物の落下等を抑制する。
適用条件　技術的条件	・ 小規模な崩壊の危険性のある不法投棄等現場の状況を呈すること（大規模な斜面崩落が予想される現場には不向き）。 ・ 落石防止工、待受式擁壁工のいずれにおいても、単独では、雨水等によって廃棄物等の崩落・流出が避けられないため、法面保護工が必要となる。
工法の使用実績	あり
大規模構造物の設置	あり
関連する工法・技術	－

表15 モニタリング工

工法	モニタリング工	
施工概念図	コロンコロン	
目的・効果	支障等のおそれが小さい場合等の措置として、斜面の状況等を常時監視し崩落発生の兆候を把握するもの。 監視方法には、以下の3つの方法がある。 ・ 傾斜計（斜面の傾きを検知） ・ 変位計（斜面の移動を検知） ・ 状況監視（テレビモニター）	
適用条件	技術的条件	・ 適切に斜面の動きを監視できるセンサーを選定すること。
	周辺環境条件	・ 廃棄物が引き続き現場に残るため、地域住民等の理解を得る必要がある。
工法の使用実績	あり	
大規模構造物の設置	なし	
関連する工法・技術	—	

（5）対策工の詳細選定

対策工の詳細選定は、（4）で行った概略選定により抽出された適用可能性の高い対策工について、それぞれの対策工の効果や長期的なトータルコスト、周辺住民や作業員の安全確保等を考慮して詳細検討を行い、必要に応じて情報公開・住民からの意見聴取を踏まえるなどして、総合評価により対策工を選定する。

なお、対策工の詳細選定の方法は、第1章 概要編の「Ⅵ.2 効果・コストの検討と対策工の評価」に示している。また、効果・コストの算定にあたって参考となる資料を、「巻末資料6．対策工の効果・コストの算定に関する資料」に示す。

また、崩落対策工法の詳細選定にあたって必要となる検討と各々で留意すべき事項を表16に示す。

表16　崩落対策工の詳細選定時の項目別の主な留意事項

詳細選定項目	内容
1）前提条件 ① 設計の前提条件の整理	崩落対策工においては、崩落危険箇所の位置の把握、斜面下にある民家・農地等の有無、周辺の地形状況等を把握する。
② 対策範囲の検討	崩落対策工の検討のための基本的条件として、崩落が生じたことによる影響範囲を想定し、対策範囲を検討する。
2）効果の検討	「巻末資料6．対策工の効果・コストの算定に関する資料」を参照のこと。
3）コスト算定の考え方 ① 工法の必要事項の検討	斜面の安定性の検討を行って対策工で必要となる事項を検討する。 具体的検討内容は、撤去工であれば法勾配の検討、押さえ盛土工であれば、盛土量と対策場所の検討等が該当する。
② 施工方法の検討	・掘削方法の検討 ・法面保護工の検討 ・盛土方法の検討 ・仮設工の必要性の検討（雨水集排水工、地下水排水工、飛散防止工等）
③ 安全確保、作業内容の確認	安全確保、作業内容の確認事項としては、一般的な土木の作業標準が参考になる。また、以下の点に留意する。 ・安全な休憩場所の確保 ・二次災害の抑止（掘削中の廃棄物の崩落等） ・工事に伴う周辺環境対策（テント、仮囲い、散水等の粉じん対策、雨水集排水計画、廃棄物に触れた汚水の処理計画） ・工事場所以外の表面キャッピングによる汚水発生の抑制
④ 掘削廃棄物が発生する場合の処理条件の検討	「Ⅰ.7 廃棄物を現場外へ搬出する場合の留意事項」を参照のこと。
⑤ コストダウンの検討	・土砂選別や廃棄物選別の実施によるコストダウン ・安全な廃棄物（安定型廃棄物相当）の場内再利用（押さえ盛土工、土留め工等の検討） ・対策工の段階施工（対策をステップバイステップで実施し、ステップ毎の効果やその後

		の対策の必要性を判断しながら行うもの）　等
⑥	数量の算出	崩落対策工における数量の算出は、一般的な土木工法の例によることができる。数量算出項目の一例を、以下に示す。 ・工事の資材（盛土材、擁壁材、法面保護材、現場設置機器等） ・仮設工事の資材（仮囲い、架台、足場、工事用排水処理施設等） ・掘削廃棄物量（撤去を伴う工法の場合）等
⑦	コストの算出	「巻末資料6．対策工の効果・コストの算定に関する資料」を参照のこと。
⑧	ランニングコストの検討	崩落対策工におけるランニングコストには、撤去工およびモニタリング等の機器を用いる工法を除き、定期的な巡回監視費用を見込む。 モニタリングの場合は、モニタリング機器の定期的な点検整備、消耗品交換や機器の更新、電気代等の維持管理費を見込む。
4）	対策工のコスト算定の方法	「巻末資料6．対策工の効果・コストの算定に関する資料」を参照のこと。
5）	ライフサイクルコストの検討	法面保護工や落石防護工・待受式擁壁工におけるメンテナンス実施の場合は検討が必要になる。 一定の期間におけるランニングコストを計上し、撤去工による場合等とライフサイクルコストを相互に比較できる資料を作成する。 ・人件費：法面保護工等…定期点検費用等 ・施設更新費：落石保護工・待受式擁壁工等…施設の更新費用等

3 火災対策工

(1) 対策工の検討にあたっての基本的な考え方

不法投棄等現場で火災により支障が生じている場合や、廃棄物層内部での燃焼等により支障のおそれの度合いが大きいと判断される場合には、火災対策を講ずる必要がある。

火災が生じている場合には、発見者である行政等が、消防機関と相談、連携のうえ、p23表3に示した応急措置を迅速に実施することがまず必要である。ただし、不法投棄等現場での消火活動については、火源の確定が難しいこと等から消火が極めて難しい場合が多く、消防隊でも苦慮しているのが実状であり、作業員の安全確保に十二分に留意するとともに、消防機関との密接な連携を図ることが肝要である。

消防等による消火活動により火災を沈静させたうえで、火災の状態等について調査・検討し、適切な火災発生抑制対策を講ずる。以下に火災発生抑制対策およびその選定方法を示す。

(2) 対策工の検討フロー

図10に火災対策工の検討フローを示す。

```
┌─────────────────────────────────────┐
│ 1．対策工選定のための基本条件整理        │
│ ①対策工選定のための支障等の度合いや現場特 │
│   性の整理                          │
│ ②支障発生メカニズムの分析・把握        │
│ ③支障等が生じうる範囲の検討           │
│ ④処理施設の立地状況等の把握           │
│ ⑤その他対策の検討における留意事項の整理 │
└─────────────────────────────────────┘
                    ↓
┌─────────────────────────────────────┐
│ 2．対策工の概略選定                   │
│ ①支障等の度合いによる対策工の想定      │
│       1）覆土工                     │
│       2）撤去工                     │
│       3）注水消火工                  │
│       4）モニタリング工              │
│       5）その他                     │
│         →表17、図11 参照            │
│ ②支障発生メカニズムに応じた対策の概略選定 │
│         →表19等 参照               │
│ ③対策の実施範囲の検討                │
└─────────────────────────────────────┘
                    ↓
┌─────────────────────────────────────┐
│ 3．対策工の詳細選定                   │
│ ①対策工実施時の効果・コストの検討      │
│ ②情報公開・住民からの意見聴取         │
│ ③対策工の決定（総合評価）            │
│   →p28第1章 不法投棄等と調査・対策の概要 Ⅵ．│
│     2参照                          │
└─────────────────────────────────────┘
```

図10 火災対策工の検討フロー

（3）対策工選定のための基本条件

　初期確認調査で把握された支障等の度合いや現場および周辺の状況を整理するとともに、対策工を想定した事前調査を行って、支障発生メカニズム（現場で生じている火災や発熱現象の状態等）について分析、把握する。なお、対策工を想定した事前調査の内容は、既刊の「調査マニュアル」を参照されたい。

① 支障等の度合いや現場特性の整理
- 初期確認調査等により把握された支障等の度合いの状況についての整理
- 初期確認調査による現場および周辺状況（延焼の危惧がある住宅の立地状況等）の整理（p34表7参照）
- 火災発生状況（発火場所、発生日時等）や廃棄物層の温度分布の把握
- 注水等のための消火水源の有無
- 廃棄物の撤去を行う場合の、現場のスペース、勾配等による施工の可能性
- 現場への進入路の整備状況や注水等の予定場所まででの搬入路の有無

② 支障発生メカニズムの分析・把握
　火災の発生状況、廃棄物の堆積状況、廃棄物層の温度分布、および発熱現象の状態（モード）等により、火災の発生メカニズムについて分析・把握する（p81～p82参照）。

③ 支障等が生じうる範囲の検討
　支障が生じうる範囲について、②で把握した支障発生メカニズムをもとに検討する。

④ 処理施設の立地状況等の把握
- 廃棄物を撤去する場合に撤去廃棄物を処理できる中間処理施設、最終処分場の立地状況、受入条件、受入単価等の整理（p41表14、p42表15参照）

（4）対策工の概略選定

1）支障等の度合い別の対策選定の考え方と対策例

　表17に火災対策における支障等の度合いに応じた対策選定の考え方と対策の具体例を示す。また現場での対策工の適用イメージを図11に示す。

表17　火災対策における支障等の度合いに応じた対策選定の考え方と対策例

支障等の度合い	対策の基本的方向性	対策の例 （複数の対策を組み合わせることが合理的な場合もある）
A：支障あり （現時点で既に支障が発生している場合）	現に発生している支障への対応	① 迅速な応急措置 ・消火作業（放水、覆土による窒息消火等） ・防炎性柵の設置 ・緩衝帯の設置 ・避難誘導　等 ② 支障除去等措置 ・覆土工による酸素供給の阻止　等 ③ 周辺環境側での対応 ・立入禁止措置 ・周辺住民等の避難 ・土地利用に対する制限・補償　等
B：支障のおそれあり （支障のおそれの度合いが比較的大きい場合）	支障の発生の防止	① 支障の発生可能性の調査 （「調査マニュアル」；2-3初期確認調査参照） ② 支障発生防止方策の検討（対策工の選定） ③ 支障発生防止措置 ・支障発生の要因となる部分の廃棄物（火源等）の撤去（部分撤去） ・蓄熱抑制のための堆積層（高さ５ｍ以上の部分が目安）の撤去（部分撤去） ・覆土工、鉄板設置等による空気流入防止措置 ・注水消火工　等 ④ 周辺環境側での対応 ・土地利用に対する制限・補償　等
C：支障のおそれが小さい （支障のおそれがあるがその度合いは比較的小さい場合）	継続監視 （モニタリング、現地調査）	○ 不法投棄等現場のモニタリングの継続、支障等の状況の定期的な確認 ・温度モニタリング ・燃焼ガスモニタリング ・定期的な支障等の状況の確認 ・巡回監視（周辺環境側） ・テレビカメラモニタリング（周辺環境側）　等
D：支障等なし （現時点で支障のおそれがない場合）	情報管理	・当該事案の支障等の状況に関する定期的な情報の蓄積（情報管理）

□迅速な応急措置
　　（例：消火作業、避難誘導　等）
□支障除去等措置
　　（例：覆土工等による酸素供給の阻止、
　　支障を発生させている廃棄物の撤去　等）

□支障発生防止措置
　　（例：支障発生の要因となる部分の
　　廃棄物の撤去（部分撤去）、
　　堆積層の撤去、覆土工、
　　注水消火工　等）

□不法投棄等現場のモニタリングの継続、
　支障等の状況の定期的な確認
　　（例：温度モニタリング、燃焼ガスモニタリング、巡回監視　等）

□周辺環境側での対応
　　（例：立入禁止措置、避難、
　　土地利用制限・補償　等）

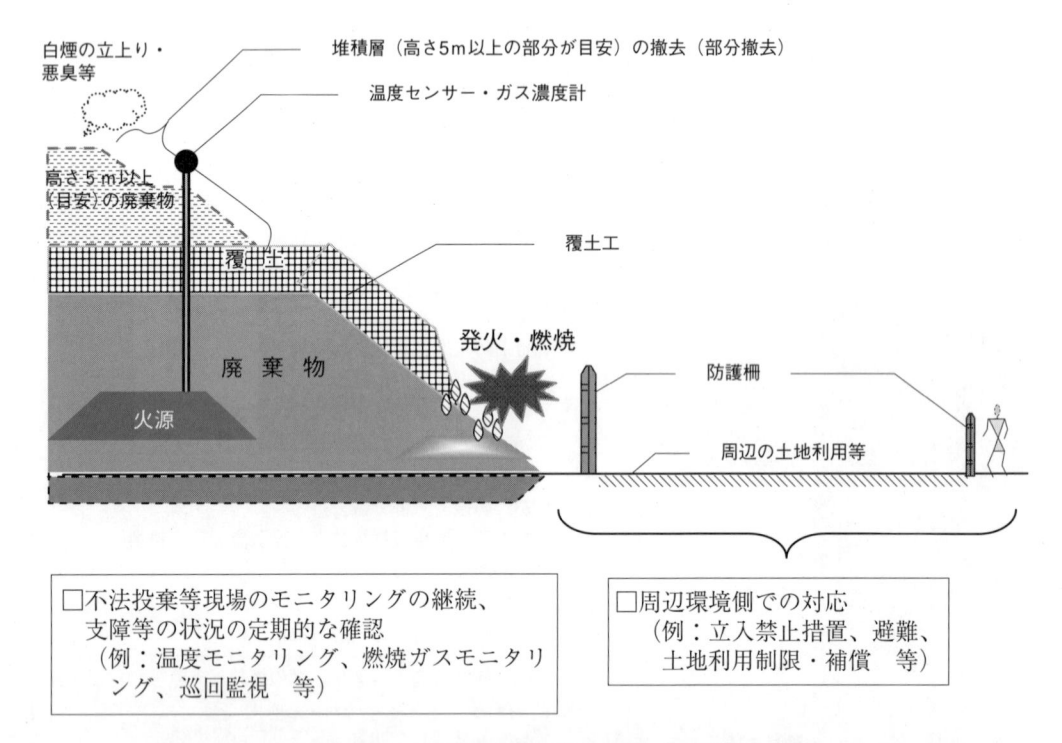

図11　火災を支障の要素とする不法投棄等現場での対策工の適用イメージ

2）火災発生メカニズム

不法投棄等により堆積された廃棄物からは放火も含めて様々な原因で火災が発生し得る。また、火災発生メカニズムについては未解明な部分が残っており、火災発生メカニズムを完全に掌握したうえで対策を講ずることは難しいのが現状である。

このような状況ではあるが、消防大学校消防研究センターにより、堆積した廃棄物層で蓄熱し火災が発生するメカニズムについて、現時点での知見として以下のとおりに示されており、火災発生抑制対策選定上の参考になる。

《蓄熱火災のメカニズムについて》
ⅰ）初期微少発熱現象

　堆積物内部で何らかの原因で微少の発熱が起こり、それが蓄熱され徐々に温度上昇する。消防研究センターでは、このトリガーとなる微少発熱現象の解明が、最も重要であると考え、実験研究を行ってきた［３］［４］。物質ごとに微少発熱の原因は異なる。最も多いのは、微生物の発酵によるものである。このほか、堆積物内に金属粉が存在した場合、空気や水と触れて酸化発熱する。また、物理的な現象、例えば、活性炭等への空気（ガス）、水の吸着、脱着による発熱もある。従って、これらの原因を明らかにし、抑制することで火災は防げる。

ⅱ）火災の発生

　内部で部分的にも水分がほとんど蒸発した場合、その部分で温度が上昇し始める。空気の供給がある程度あれば、燃焼が継続し、温度も上昇する。空気の供給が十分でない場合、不完全燃焼となって、発熱量が小さく、温度の上昇は小さい。この場合、大量の一酸化炭素が発生する。

ⅲ）火災のモード別の発生ガスのガス組成と温度

　地中下で起こる火災については、通常、地上では、生成するガスの温度、ガス成分の分析程度しか有効な判断方法がない。発生ガスが100℃を超えるような高温の場合、地中で、火災が起こっている可能性が高い。他方、ガス成分の分析では、より多くの情報が得られる。消防研究センターが行った生ごみの温風による加熱実験の結果［１］や、千葉県内での不法投棄物によって発生した火災の現場での発生ガス、温度の測定結果［２］を併せて考えれば、概ね、以下のとおりとなる。ただし、それぞれのモードが単独で存在しない場合もあり、例えば、①と②が同時に起こる場合もある。特に、大規模な施設では、場所ごとにモードが異なる可能性があるが、発生するガスは、平均的なものになり、判断が難しい場合もある。また、ガス検知管を使用する場合、ガス種間での干渉による誤差がある場合もある。

　①微生物発酵のみが起きている場合

　　二酸化炭素がわずかに発生する。一酸化炭素は、ほとんど発生しない。一酸化炭素濃度／二酸化炭素濃度の比は０に近い値となる。嫌気性発酵によって、メタン、アンモニア等が生じる。発生ガスの温度は低い。

　②不完全燃焼が起きている場合（火源への空気供給が十分でない場合）

　　内部で酸素不足のため、不完全燃焼となる。そのため、一酸化炭素、メタン等の可燃性ガスの濃度が高くなる。また、二酸化炭素も多く出る。いずれも数％以上出る。一酸化炭素濃度／二酸化炭素濃度の比は１に近い値となる場合もある。多くの副反応が起きており、生成物も多数検出される。ガス温度は①よりも高くなる。

　③完全燃焼が起きている場合（火源へ十分な空気量が供給されている場合）

十分に地中に空気が供給されている場合、完全燃焼に近い状態になる。この場合、一酸化炭素濃度は低くなるが、二酸化炭素濃度はさらに高くなる。また火源の位置にもよるが発生ガスの温度はさらに高くなる。

米国・危機管理庁国家火災データセンターでは、ごみの埋め立て地での火災に関して、生じるガスの濃度と温度の測定から以下の条件がそろった場合には、地中で火災が起こっていると判断している。

・ガス分析で、一酸化炭素が1,000ppm以上あること
・ガス温度が60℃以上上昇した場合
・ガス温度が75℃以上の場合

また、発生ガス中に一酸化炭素が10ppm以上あれば、何らかの燃焼反応が起きている可能性があるとしている。また、地方自治体や民間の消防隊（企業）が独自の判断基準を持っている場合もある［5］。

iv）課題

廃棄物の種類は社会情勢の影響で様々に変化する。また、多種類の物質（可燃物、不燃物）から構成されていることが多く、堆積物内部で起こる反応も複雑、多岐である。特に、微生物発酵による発熱については不明な点が多い。

また、他の物理現象、化学反応の組み合わせによる発熱もありえる。そのため、トリガーとなる常温付近での微少発熱発火機構も未解明の点も多い。今後、引き続き、明らかにしていく必要がある。

［1］消防研究所、イオン大和ショッピングセンター生ごみ処理室爆発火災に係る調査報告書、平成17年3月
［2］古積　博、岩田雄策、桃田道彦、李　新蕊、木材チップ等の大量貯蔵に伴う火災とその危険性評価試験、消防研究所報告103号 pp.36-42、平成19年9月
［3］Xin-Rui Li, Hiroshi Koseki, Michihiko Momota, Evaluation of danger from fermentation-induced spontaneous ignition of wood chips, J. of Hazardous Materials, A135 pp.15-20（2006）
［4］古積博、桃田道彦、物質安全研究と熱分析・熱測定、消防研究所報告100号 pp.272-279（2006.3）
［5］National Fire Data Center, Landfill Fires, Their Magnitude, Characteristics, and Mitigation（May 2002）

引用）「火災発生危険を有する堆積廃棄物の防火技術に関する共同研究・成果報告書（独立行政法人国立環境研究所、消防大学校消防研究センター、財団法人産業廃棄物処理事業振興財団、千葉県環境研究センター、大成建設株式会社）第4章　廃棄物火災発生メカニズム（古積　博：消防大学校消防研究センター、佐宗祐子：消防大学校消防研究センター、清水芳忠：神奈川県産業技術センター）」から抜粋。

3）不法投棄等現場で考えられる発火の要因

2）に示したとおり、不法投棄等現場での火災発生メカニズムは未解明な部分が多いが、これまでの事例等で考えられた主な発火要因は表18のとおりである。

表18 不法投棄等現場における主な発火要因とその特徴

発火要因			特徴
自然的要因	自然発火	蓄熱	不法投棄等現場の内外の熱が時間経過とともに蓄積（蓄熱）されることで発火に至る。蓄熱の原因には、発酵熱、酸化熱、太陽熱等様々な原因が存在する。
		酸化発熱	油や有機溶媒の酸化により発熱、自然発火に至る。
		摩擦熱	物質同士の衝撃や摩擦により発熱、発火に至る。
		レンズ効果	透明プラスチックや水滴がレンズの効果を果たし、太陽光の集光により発火に至る。
	引火	落雷	落雷の電流により、落雷の周囲の可燃物に引火する。
		電気配線ショート	電気配線のショート、過電流により発熱、引火する。
		静電気	静電気の放電により引火する。
	反応	金属の酸化（鉄粉、アルミ粉等）	鉄粉やアルミ粉が空気中の酸素や水で酸化し発熱することで発火する。
		その他反応熱（生石灰、酸性物質等）	生石灰、塩素酸塩、硫酸等の反応性物質が反応、反応熱により発火する。
人為的要因		たばこの不始末	捨てられたたばこの火種により引火する。
		たき火等の引火	たき火等の火種により引火する。可燃性物質の他、廃棄物から発生するガス等にも引火する。
		放火	意図的に火をつける。

4）火災等の特性に応じた適用可能な対策工の抽出

2）で区分された火災のモード別に、微生物発酵のみが起きている場合、不完全燃焼が起きている場合（火源への空気供給が十分でない場合）、完全燃焼が起きている場合（火源へ十分な空気量が供給されている場合）のそれぞれの特徴と適用できる対策の例を表19に示す。

ただし、2）に示したとおり、これらのモードの判断が難しい場合があることや、各モードが単独で存在しない場合があること等に留意して、対策を選定する必要がある。

また、消防大学校消防研究センターでは、不法投棄等現場での消火方法、再発火防止策および対策実施時の留意事項についてp85以下のとおりにとりまとめており、これらに十分留意して対策の選定・実施を行う必要がある。

表19　火災等の現象と想定される対策

現象による区分	特　徴	想定される現場対策 （適宜組み合わせる）
（1）微生物発酵のみが起きている場合 ［支障等のおそれが小さいと判断できる］	・二酸化炭素がわずかに発生し、一酸化炭素はほとんど発生しない。 ・一酸化炭素/二酸化炭素の比は0に近い値となる。 ・嫌気性発酵によりメタン、アンモニア等が生じる。 ・発生ガス温度は低い。	・温度・ガスの監視（モニタリング工）
（2）不完全燃焼が起きている場合（火源への空気供給が十分でない場合）	・一酸化炭素、メタン等の可燃性ガスの濃度が高くなる（濃度数％以上）。 ・二酸化炭素が多く発生（濃度数％以上） ・一酸化炭素/二酸化炭素の比は1に近い値となる場合もある。 ・多くの副反応が起こり生成物も多数検出される。 ・発生ガス温度は微生物発酵より高い。	・可燃物の除去（堆積高さの抑制、火源部の除去等） ・堆積廃棄物への酸素供給の阻止（覆土工） ・堆積高さの低減による蓄熱の抑制（部分撤去工） ・冷却（注水消火工）
（3）完全燃焼が起きている場合（火源へ十分な空気量が供給されている場合）	・十分に堆積物中に空気が供給される場合、完全燃焼に近い状態になる。 ・一酸化炭素濃度は低くなり二酸化炭素濃度が高くなる。 ・発生ガス温度が不完全燃焼よりさらに高くなる。	・延焼危険の防止を優先する（不燃材での取り囲み、覆土等による空気供給阻止等） ・その他、（2）と同様

「火災発生危険を有する堆積廃棄物の防火技術に関する共同研究・成果報告書（独立行政法人国立環境研究所、消防大学校消防研究センター、財団法人産業廃棄物処理事業振興財団、千葉県環境研究センター、大成建設株式会社）」をもとに作成。

《消火方法、再発防止策と対策実施に際しての留意事項等について》
ⅰ）消火方法と消火メカニズム

　火災の消火方法と消火メカニズムは、従来から「燃焼の3要素」（可燃物、酸素、熱源）のうち1要素を取り除くという形で、随所に解説されてきた。しかし、実火災の消火戦術を検討する場合、この単純な原理だけでは不十分であることが少なくない。消防活動上、消火後に再び燃え出す「再燃」の危険性を排除する必要があるからである。例えば、燃焼部分への注水により燃焼の継続に必要な熱エネルギーを除去できたとしても、周辺部分の蓄熱が継続すれば再び燃え出す。このような場合、注水速度がある程度以上大きくなると、完全消火の条件は、水の蒸発による熱エネルギー除去とは無関係になり、周辺部分の蓄熱の停止が完全消火の条件となる。

　具体的な消火の方法は、ガス火災におけるガスの流出を停止する等の可燃物除去、区画火災等の密閉消火、油井火災等の爆破、そして消火剤を利用する方法等様々である。消火剤は、その消火作用が物理的であるか化学的であるかに関わらず、他の消火方法と同様、可燃物の燃焼の経過に影響を及ぼすことにより燃焼を停止させることを目的として使用される。可燃物の性状が千差万別である以上、あらゆる火災に有効な、万能な消火剤は存在しない（消火剤の種類と用途の表は略）。ＡＢＣ粉末や、粉末を水に溶かして使用する林野火災用の消火剤等の主成分であるリン酸アンモニウムは、消火剤であると同時に難燃剤として使用されており、特にセルロース系高分子の難燃化に高い効果があることが知られている。木くず火災等の再燃阻止に有効であると考えられるが、リン酸アンモニウムは閉鎖性水域で水質の富栄養化をもたらすため、下水、河川、海域等へ大量の薬剤をみだりに流出させないように配慮することが望まれる。

　堆積廃棄物が火災となった場合、①可燃物除去、②酸素供給阻止、③冷却のいずれかの消火方法を火災の状況に応じ適宜組み合わせて適用することになる。これらの各々の方法に関する留意点等を、以下に述べる。

ⅱ）可燃物の除去

　サイロや積層固体可燃物火災のような深部火災では、完全消火の唯一の現実的方法は、火災領域から未燃の燃料を除去することである［6］。堆積廃棄物火災についても同様で、完全消火のための基本戦術は、未燃の堆積物を除去し防火線を形成するとともに、燃焼中の堆積物を掘り起こしながら放水し燃焼を停止させ、残渣を撤去することである。可燃物を除去することにより、蓄熱による再燃の危険性も排除される。

　燃焼中の堆積物を掘り起こすと空気供給が促進され、火勢が拡大する場合がある。このため、開削作業は通常、放水しながら行われる。開削領域に、合成界面活性剤泡を高発泡倍率で放射すると、付着性が高く流動性の低い泡が堆積物表面を覆うことにより、燃焼部位への急激な空気供給を抑制することができる。ただし、泡消火剤は有

機物を多量に含んでいるため、水質汚濁の原因となることに留意する必要がある。多量の放水も、有害な燃焼生成物や廃棄物中の有害物質を環境中に拡散させる可能性があることに留意すべきである。

ⅲ）酸素供給の阻止

　堆積可燃物の深部火災によく見られる無炎燃焼は、拡散や対流による酸素供給が律速となっているため、空隙率が大きい箇所や上昇気流の速いところを伝播しやすいことが知られている［7］。堆積物への表面覆土等による酸素供給の阻止は、燃焼の経過における律速過程に直接影響を及ぼす消火方法であるため、火勢拡大の危険を伴うことなく燃焼を抑制できる。しかし、酸素供給阻止による消火後の可燃物は、再び酸素が供給されると再燃する危険性がある。このため、後述する再発防止策を、長期にわたり継続する必要が生じることになる。

ⅳ）冷却

　堆積可燃物火災の消火困難性は、堆積物層の深部にある火源を有効に冷却する手段がないことによる。水は、古代から現在に至るまで、最も有効で容易に入手できる安価な消火剤であることに変わりはない。水は不燃性の液体で、比熱と蒸発潜熱（気化熱）が大きいため、燃焼している物体から熱を奪う効果が非常に大きい。しかし、堆積可燃物を開削せずに、ただ堆積物の表面に放水しても、水がほとんど内部の火源に浸透せず、消火活動が長期に及ぶことになる。

　一方、堆積廃棄物中に水と激しく反応する金属等が含まれる場合、注水すると水素を発生して爆発することがあるため、大変危険である。このような金属等の火災に対しては、金属火災用の粉末消火剤か、乾燥砂等を大量に用いる必要がある。

　高温の固体表面に注水すると多量の水蒸気が発生することはよく知られているが、発生した水蒸気が周囲の物質により冷却され凝縮する際に凝縮熱を放出することは、あまり知られていない。廖らは、平成14年に都内の不燃ごみ処理施設で発生した火災において消防職員が突然の濃煙と熱気に包まれ死傷した事故の原因について検討し、蓄熱体への注水時に発生した水蒸気が凝縮熱を放出しさらに大きな上昇気流を引き起こすことを報告している［8］。堆積廃棄物火災への注水により、堆積物深部にある火源付近の高温部分に水が到達した場合、水は高温部分を冷却すると同時に、自身は蒸発して水蒸気となり、堆積物層内を移動しながら次第に冷却され、凝縮熱を放出して再び水に戻る。高温部分の冷却は未燃焼の堆積物に水分と熱を与える結果となるため、注水により火源を冷却消火できたとしても、周辺部分の蓄熱開始を誘発する可能性があることに留意する必要がある。

ⅴ）消火の確認方法と再発防止策

　堆積廃棄物の火災は、消火（鎮火）の確認は消防本部（消防署）が行うことになるが、極めて難しい場合もある。表面を開削して高温部分を冷却することで確認できる。しかしながら、新鮮な空気が高温部に流入するため、開削することで発熱発火を促進

させる可能性があるので消火水を確保しながら行う必要がある［2］。

　可燃物でもある投棄物の除去が難しい場合、定期的に内部温度、発生ガスの組成を測定し、堆積物を観測しながら、様子を見るしかない場合も多い。もし、内部温度が上昇した場合、大量の注水が必要になる場合もある。水は一般に有効な消火剤ではあるが、量が少ないと微生物発酵を促進させ、堆積物の温度上昇を引き起こす可能性がある。水源の確保は重要である。空気の堆積物内流通はできるだけ減らす必要があり、そのため、表面の覆土は効果的である。特に法面からの空気流入は大きいため、法面の覆土や鉄板による保護といった方法も効果が期待される。適当な方法で地中部分の高温部分の位置が判れば、その部分への直接注水は効果が期待される。

　再発防止策として最も重要なことは、大量の廃棄物を貯めないことである。また、堆積物内部での蓄熱を減らし、放熱を促進するためには、堆積物高さはできるだけ低くすることが望ましい。火災予防条例（例）では、RDF等の水分によって発熱やガス発生の危険性のある指定可燃物（再生資源燃料）第34条では5mまでと高さ制限がある。また、長期間の保管は避ける必要がある。

　発酵発熱や発熱発火の前兆現象としては、白煙の立ち上がり、悪臭等の検知がある。これらは、周辺住民からの苦情によって情報がもたらされる場合も多い。そのためには、日頃の行政による指導や立ち入り検査等が重要である。

［6］高橋哲、「1・12　消火の基礎」、火災便覧 第3版、日本火災学会編、共立出版、pp.87-92（1997）
［7］T. J. Ohlemiller, CHAPTER 9 Smoldering Combustion, SFPE Handbook of Fire Protection Engineering, Third Edition, National Fire Protection Association, pp.（2-200）-（2-210）（2002）
［8］廖赤虹、佐宗祐子、尾川義雄、鶴田俊、蓄熱体に注水時の熱移動とその影響に関する検討―第2報：実験とその考察―、第43回燃焼シンポジウム講演論文集 pp.298-299（2005）

引用）「火災発生危険を有する堆積廃棄物の防火技術に関する共同研究・成果報告書（独立行政法人国立環境研究所、消防大学校消防研究センター、財団法人産業廃棄物処理事業振興財団、千葉県環境研究センター、大成建設株式会社）第4章　廃棄物火災発生メカニズム（古積　博：消防大学校消防研究センター、佐宗祐子：消防大学校消防研究センター、清水芳忠：神奈川県産業技術センター）」から抜粋。

5）対策工の概略選定にあたっての留意事項
① 消防機関との連携
  ・ 現地の消防機関への相談等を行って、応急措置や対策工の選定を行う。
② 可燃物除去時、酸素供給阻止対策（覆土工等）時、冷却（注水等）時の留意事項
  ・ p85《消火方法、再発防止策と対策実施に際しての留意事項等について》ⅱ）～ⅴ）参照。
③ 水源の確保
  ・ 注水量が少ない場合には微生物発酵を促進させ堆積物の温度上昇を引き起こす可能性もあるため、冷却するために十分な水源の確保が必要である。
  ・ モニタリングによる対策を選定する場合においても、堆積廃棄物層の内部温度が上昇した場合には大量の注水が必要になる場合もあるため、消火水源の確保に留意する必要がある。
④ 作業員の安全確保
  ・ 掘削等の現場作業時には、作業員の安全を確保するための安全装備（マスク、ゴーグル、耐火服等）を適切に使用することが必要になる。
  ・ 特に、高温部分への注水時には、水蒸気や有毒ガス（一酸化炭素等）発生の他、水と激しく反応する金属が含まれる場合には水素爆発の危険もあるため最大限の留意が必要である。

6）対策工の範囲の検討
　対策の範囲は、支障除去等が可能となる最小の範囲とすることが基本であるが、火災発生の火源部分を特定できれば、この範囲で廃棄物の撤去や注水、覆土を行うことが経済的な対策となる。
　ただし、火源部の撤去を行うことは、内部への酸素供給による新たな火災発生を引き起こしうることや作業員の安全確保に万全を期すことが必要になること等から、対策の範囲の設定にあたっては、このような二次災害が発生しないよう安全な範囲で対策を計画する必要がある。

7) 各対策工の概要

代表的な火災防止対策である、覆土工、撤去工、注水消火工、モニタリング工の概要、目的、適用条件等を表20～表23に示す。各対策の当該現場への適用性の検討のための参考とするとよい（なお、ガス抜き管設置工については、5 有害ガス・悪臭対策工に記載した）。

表20　覆土工の概要

工法	覆土工
施工概念図	（廃棄物を覆土で覆う断面概念図）
目的・効果	廃棄物への酸素供給の阻止を目的として、廃棄物を土砂等の被覆材で覆い、火災（発火）を抑制する。
適用条件　技術的条件	・ 安定した覆土の施工が可能であり、施工後も覆土が適正に維持できること。 ・ 不法投棄等現場に機材が搬入でき、重機の走行が可能であること。 ・ 堆積廃棄物上部に作業場所が確保できること。 ・ 対策工の施工後も廃棄物が残るため事後の管理が必要。
周辺環境条件	・ 周辺環境に対し影響を与えないよう施工できること（粉じん等の飛散防止柵の設置等）
工法の使用実績	あり
大規模構造物の設置	なし
関連する工法・技術	巻末資料7．支障除去等対策に適用可能な技術例 NO.31～NO.36（キャッピング工）

表21 撤去工の概要

工法			撤去工
施工概念図 ※高さは、市町村が定める火災予防条例（例）での指定可燃物（再生資源燃料）による5m以下が目安となる。			高さ5m以下（目安）　廃棄物
目的・効果			火災の要因となる可燃物や高温部分等を除去し、発火や延焼を防止する。 火災の要因となる堆積高さ（蓄熱の原因）を低下させることで放熱を促進し、発火や延焼を防止する。
適用条件	技術的条件		・　掘削した廃棄物の受入先が確保できること。 ・　堆積廃棄物上部に適当な作業場所が確保できること。 ・　不法投棄等現場に機材が搬入でき、重機の走行が可能であること。 ・　空気流入等によって発火した場合の対応を消防と調整のうえあらかじめ定めておく。 ・　廃棄物等の仮置きヤード、資材置き場等の作業場所のスペースが確保できること。
	周辺環境条件		・　周辺環境に対し影響を与えないよう施工できること（粉じん等の飛散防止柵の設置等） ・　掘削により発火および延焼の危険性がないこと。 ・　掘削中に火災・爆発やその他の支障等による二次災害が発生しないように作業できること。
工法の使用実績			あり（トレンチ掘削工を含む）
大規模構造物の設置			なし
関連する工法・技術			巻末資料7．支障除去等対策に適用可能な技術例 NO.1～NO.16

表22 注水消火工の概要

工法		注水消火工
施工概念図		（出典）岐阜市北部地区産業廃棄物不法投棄事案に係る特定支障除去等事業実施計画（岐阜市）
目的・効果		堆積廃棄物の内部で不完全燃焼等が発生している部分に直接注水し、酸素の供給の阻止や冷却等作用により消火する。
適用条件	技術的条件	・ 火災範囲が下層に分布し、上部散水では効果が十分に得られない場合に適用。 ・ 大量の水を要するため、近隣に河川等用水を供給し易いことが望ましい。 ・ 廃棄物下層部に不透水性の地盤が必要。消火に使用した用水による周辺環境汚染の懸念がないこと。
	周辺環境条件	・ 集排水対策が実施でき、排水による不法投棄等現場周囲の汚染を防止できること。 ・ 掘削中に火災・爆発やその他の支障等による二次災害が発生しないように作業できること。 ・ 発生するガスや蒸気に対する安全が確保できること。
工法の使用実績		なし
大規模構造物の設置		なし
関連する工法・技術		巻末資料7．支障除去等対策に適用可能な技術例 NO.53、NO.55

表23 モニタリング工の概要

工法		モニタリング工
施工概念図		
目的・効果		支障等のおそれが小さい場合等の措置として、廃棄物の内部温度やガス濃度を常時監視し、火災発生の兆候を把握するもの。 監視方法には、以下の3つの方法がある。 ・ 温度監視（温度センサーを設置） ・ ガス監視（ガス濃度計を設置） ・ 状況監視（テレビカメラ、モニターを設置）
適用条件	技術的条件	・ 温度センサーによる温度監視の場合は、太陽光等の影響を受けない位置にセンサーを設置可能なこと。 ・ ガス監視の場合は、廃棄物内の状況が把握でき、適切なガス濃度計を設置可能であること。 ・ 周囲に消火水源を確保し、万が一の発火に備えること。 ・ 対策工の施工後も廃棄物が残るため事後の管理が必要。
工法の使用実績		なし
大規模構造物の設置		なし
関連する工法・技術		―

（5）対策工の詳細選定

対策工の詳細選定は（4）で行った概略選定により抽出された適用可能性の高い対策工について、それぞれの対策工の効果や長期的なトータルコスト、周辺住民や作業員の安全確保等を考慮して詳細検討を行い、必要に応じて情報公開・住民からの意見聴取を踏まえるなどして、総合評価により対策工を選定する。

なお、対策工の詳細選定の方法は、第1章 概要編の「Ⅵ.2 効果・コストの検討と対策工の評価」に示している。また、効果・コストの算定にあたって参考となる資料を、「巻末資料6．対策工の効果・コストの算定に関する資料」に示す。

また、火災対策工の詳細選定にあたって必要となる検討と各々で留意すべき事項を表24に示す。

表24 火災対策工の詳細選定時の検討項目と検討内容の例

項　目	検討内容の例・留意事項
1) 前提条件 ① 設計の前提条件の整理	設計の前提条件は、チェックシートを活用しながら整理する。また、整理の過程で不足している事項は必要に応じ追加調査を実施する。
② 対策範囲の検討	火災対策工の対策範囲は、火災の発生のおそれのある場所と延焼のおそれのある周辺とする。範囲の設定にあたっては、調査により可燃物の埋設位置を確認する。
2) 効果の検討	「巻末資料6．対策工の効果・コストの算定に関する資料」を参照のこと。
3) コスト算定の考え方 ① 工法の必要事項の検討	火災対策工の必要事項の検討項目として、以下の内容等がある。 ・延焼の抑制方法検討 ・堆積廃棄物の高温部の温度低下手法の検討 ・消火水源、消火器等の消火設備の確保 ・モニタリングを行う場合は、モニタリング項目の設定
② 施工方法の検討	対策工で必要となる事項を検討する。 ・仮設工の必要性の検討（仮設道路、送水管等の敷設等）
③ 安全確保、作業内容の確認	安全確保、作業内容の確認事項として一般的な土木の作業標準が参考になる。また、以下の点に留意する。 ・高温部による二次災害（内部からの高温の火災ガスや水蒸気による火傷等）の防止 ・発生ガスによる二次災害（一酸化炭素中毒、酸欠等）の防止 ・工事に伴う周辺環境対策（仮囲い、雨水排水計画、使用した消火用水等廃棄物に触れた汚水の処理計画）
④ 掘削廃棄物が発生する場合の処理条件の検討	「Ⅰ.7 廃棄物を現場外へ搬出する場合の留意事項」を参照のこと。
⑤ コストダウンの検討	・建設発生土を用いた覆土を行う等の現地資材等の有効利用 ・可燃性廃棄物のみを除去することによる火災発生防止 ・対策工の段階施工（対策をステップバイステップで実施し、ステップ毎の効果やその後の対策の必要性を判断しながら行うもの）　等
⑥ 数量の算出	火災対策工における数量の算出は、一般的な土木工法の例によることができる。数量算出項目の一例を、以下に示す。 ・工事の資材（覆土材、モニタリング機器、スプリンクラー等） ・仮設工事の資材（仮囲い、架台、足場、送水管、排水処理設備等） ・客土量（覆土工の場合） ・掘削廃棄物量（撤去を伴う工法の場合）等
⑦ ランニングコストの検討	火災対策工におけるランニングコストには、撤去工およびモニタリング等の機器を用いる工法を除き、定期的な巡回監視費用を見込む。 モニタリング工の場合は、モニタリング機器の定期的な点検整備、消耗品交換や機器の更新、電気代等の維持管理費を見込む。
4) 対策工のコスト算定の方法	「巻末資料6．対策工の効果・コストの算定に関する資料」を参照のこと。
5) ライフサイクルコストの検討	ライフサイクルコストの検討は、火災対策工の場合、長期間のランニングコストを要する対策工が無いために、検討には該当しない。

4 水質汚染対策工

（1）対策工の選定にあたっての基本的な考え方

不法投棄等に起因して、周辺の公共用水域や地下水が汚染されることにより支障が生じている場合や支障のおそれの度合いが大きい場合には、水質汚染対策工を講ずる必要がある。

不法投棄等現場における水の流れは、堆積廃棄物の表層を流れる「表流水」と堆積廃棄物および地中に浸透して「地下水」となる二つの系統に大別できるが、それぞれに対応策が異なることや、不法投棄等により生じる水質汚染は堆積廃棄物の種類により多種の汚染が発生しうることに留意して対策を選定する必要がある。

また、大規模な不法投棄等現場では、雨水浸透防止工（表面キャッピング工等）と地下水対策（遮水壁工等）を施したうえで浸出水処理を行うなど、複合的な対策が必要となることが多く、これらの対策を合理的に組合せることが肝要となる。

（2）対策工の検討フロー

図12に水質汚染対策工の検討フローを示す。

```
1. 対策工選定のための基本条件整理
①対策工選定のための支障等の度合いや現場特
  性の整理
②支障発生メカニズムの分析・把握
③支障等が生じうる範囲の検討
④処理施設の立地状況等の把握
⑤その他対策の検討における留意事項の整理
```

↓

```
2. 対策工の概略選定
①支障等の度合いによる対策工の想定
    1) 撤去工
    2) 雨水集排水工
    3) 集水工および水処理施設設置工
    4) 表面キャッピング工
    5) 遮水壁工
    6) 透過性浄化壁工
    7) 揚水井設置工
    8) バリア井戸設置工
    9) モニタリング工
    10) その他
    →表25、図13 参照
②支障発生メカニズムに応じた対策の概略選定
    →表27、図14等 参照
③対策の実施範囲の検討
```

↓

```
3. 対策工の詳細選定
①対策工実施時の効果・コストの検討
②情報公開・住民からの意見聴取
③対策工の決定（総合評価）
    →p28第1章 不法投棄等と調査・対策の概要 Ⅵ.
     2参照
```

図12 水質汚染対策工の検討フロー

（3）対策工選定のための基本条件

　初期確認調査で把握された支障等の度合いや現場および周辺の状況を整理するとともに、対策工を想定した事前調査を行って、支障発生メカニズム（水質汚染の経路等）について分析、把握する。水質汚染対策工は、水質汚染の経路や想定される汚染拡散の範囲が把握できれば適切な対策を講ずることができるため、基本条件の整理にあたっては、こうしたことを判断できるようにするための現場特性の把握や系統的な水質データ整理等が特に重要になる。なお、対策工を想定した事前調査の内容は、既刊の「調査マニュアル」を参照されたい。

① 支障等の度合いや現場特性の整理
 ・ 初期確認調査等により把握された支障等の度合いの状況についての整理
 ・ 初期確認調査による現場および周辺状況、水質汚染状況（表流水汚染／地下水汚染等）の整理（p34表7参照）
 ・ 表流水、地下水に関する汚染範囲や汚染源特定のための当該現場および周辺河川等での水質分析（水質モニタリング）
 ・ 汚染されたまたは汚染のおそれのある地下水の流向、水路・河川の下流域までの流路の把握
 ・ 地下水および河川等での水利用（飲用井戸、農業用水等）についての状況整理
 ・ ボーリング調査等による堆積廃棄物層下の土壌の汚染状況の把握
 ・ 汚染源が特定できる場合や、投棄規模が小さい場合等で廃棄物撤去を考える場合には、現場のスペースや勾配等による施工の可能性の把握
 ・ その他、支障発生メカニズムに関する事項

② 支障発生メカニズムの分析・把握
 ・ 水質汚染の発生メカニズム（水質汚染の発生源、水質汚染の経路や想定される汚染範囲等）について、水質モニタリングデータや、必要に応じて地下水流動シミュレーション等により分析・把握する。
 ・ なお、水質汚染物質は廃棄物の特性等により時系列で変化していくため、継続的なモニタリングを行ってデータを蓄積、分析することも対策立案上重要となる。

③ 支障等が生じうる範囲の検討
 支障が生じうる範囲について、②で把握した水質汚染の発生メカニズムやモニタリングデータや地下水流動シミュレーション等によって検討する。

④ 処理施設の立地状況等の把握
 ・ 廃棄物を撤去する場合に撤去廃棄物を処理できる中間処理施設、最終処分場の立地状況、受入条件、受入単価等の整理（p41表14、p42表15参照）

(4) 対策工の概略選定
1) 支障等の度合い別の対策選定の考え方と例

表25に水質汚染対策における支障等の度合いに応じた対策選定の考え方と対策の具体例を示す。また現場での対策工の適用イメージを図13に示す。

表25 水質汚染対策における支障等の度合いに応じた対策の具体例

支障等の度合い	対策の基本的方向性	対策の例 （複数の対策を組み合わせることが合理的な場合もある）
A：支障あり （現時点で既に支障が発生している場合）	現に発生している支障への対応	① 迅速な応急措置 ・吸着剤・中和剤散布　等 ② 支障除去等措置 ・支障を発生させている廃棄物（汚染源）の撤去　等 ③ 周辺環境側での対応 ・汚染された水利用に対する制限・補償　等
B：支障のおそれあり （支障のおそれの度合いが比較的大きい場合）	支障の発生の防止	① 支障の発生可能性の調査 （「調査マニュアル」：2-3初期確認調査　参照） ② 支障発生防止方策の検討（対策工の選定） ③ 支障発生防止措置 ・支障発生の要因となる部分の廃棄物の撤去（部分撤去） ［表流水対策］ ・雨水集排水工 ・集水工および水処理施設設置工 ・表面キャッピング工　等 ［地下水対策］ ・遮水壁工 ・透過性浄化壁工 ・揚水井および水処理施設設置工 ・バリア井戸設置工　等 ④ 周辺環境側での対応 ・モニタリング　等 （表流水・地下水モニタリング：現場周辺部）
C：支障のおそれが小さい （支障のおそれがあるがその度合いは比較的小さい場合）	継続監視 （モニタリング、現地調査）	○ 不法投棄等現場のモニタリングの継続、支障等の状況の定期的な確認 ・表流水水質モニタリング：現場内 ・地下水水質モニタリング：現場内 ・定期的な支障等の状況の確認 ・巡回監視等（周辺環境側） ・表流水水質モニタリング：現場周辺（周辺環境側） ・地下水水質モニタリング：現場周辺（周辺環境側） 等
D：支障等なし （現時点で支障のおそれがない場合）	情報管理	・当該事案の支障等の状況に関する定期的な情報の蓄積（情報管理）

□迅速な応急措置
　　（例：吸着剤・中和剤散布　等）
□支障除去等措置
　　（例：支障を発生させている廃棄物の
　　　　撤去　等）

□支障発生防止措置
　　（例：支障発生の要因となる廃棄物の
　　　　撤去（部分撤去）、
　　　　集水工・水処理施設設置工、
　　　　表面キャッピング工　等）

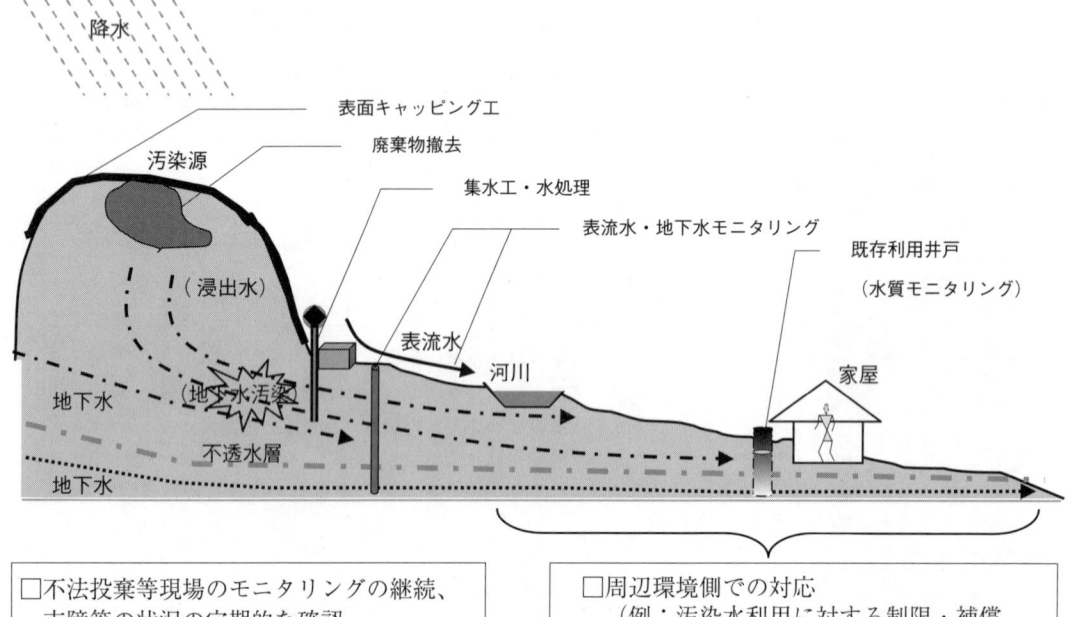

□不法投棄等現場のモニタリングの継続、
　支障等の状況の定期的な確認
　　（例：表流水・地下水モニタリング　等）

□周辺環境側での対応
　　（例：汚染水利用に対する制限・補償、
　　　　モニタリング　等）

図13　水質汚染を支障の要素とする不法投棄等現場での対策工の適用イメージ

　不法投棄等現場の水質汚染経路の概要は、図13のとおり堆積廃棄物に触れた表流水や浸出水により周辺の田畑等に汚染が広がるケースの他、浸出水等により地下水汚染が生じるケース、それらが河川にまで達するケース等がある。不法投棄等現場やその周辺での浸出水の水質や水量、地下水の流向・流速、河川の流路等を把握し、汚染経路等の支障発生メカニズムについて検討する。

2）不法投棄等の廃棄物種類と発生する水質汚染の例

　これまでの支障除去等支援事業での例から、不法投棄等された廃棄物種類と生じた水質汚染の関係を表26に示す。
　ただし、水質汚染原因物質は、多くの堆積廃棄物に含まれる可能性があり、不法投棄等現場において種々雑多な堆積廃棄物がある場合は、汚染原因の廃棄物を正確に抽出することは難しいのが現状である。

表26　不法投棄等の廃棄物種類と生じた水質汚染（過去の支障除去等支援事業による例）

不法投棄等の廃棄物種類	対応して生じた水質汚染（原因物質等）
焼却灰	重金属類、ダイオキシン類等
ばいじん	重金属類、ダイオキシン類等
無機性汚泥	重金属類、フッ素、ホウ素等
廃プラスチック類 （シュレッダーダスト）	重金属類等
建設混合廃棄物	重金属類、BOD、COD、硝酸性窒素等
汚泥	重金属類、VOC、BOD、COD、硝酸性窒素等
木くず、紙くず、繊維くず	BOD、COD、硝酸性窒素
廃油	VOC（ベンゼン等）
廃酸、廃アルカリ	重金属類等

3）支障発生メカニズムに応じた適用可能な対策工の抽出

　表流水汚染と地下水汚染の各々について想定される水質汚染要因とその把握方法、適用可能となる対策の例を表27に、また、図14に表流水対策工および地下水対策工のイメージ図を示す。

　このような例を参考に、水質汚染要因の特定や適用可能な対策の抽出を行う。

表27 水質汚染の現象別の適用できる対策の例

現象による区分 / 対策の考え方	水質汚染要因	要因の把握方法等	適用できる対策の例
（1）表流水の水質汚染	廃棄物中の汚染物質（有機分、重金属類、VOC等）が、表層を流れることで周辺の公共用水を汚染	周辺河川、用水を分析して基準と比較し判別する。	・雨水の廃棄物との接触を防止・地下浸透の防止等（雨水集排水工、表面キャッピング工） ・汚染した表流水を集水し浄化（集水工・水処理施設設置工） ・水質汚染の要因となる廃棄物を除去（撤去工）
（2）地下水の水質汚染 A：現場周辺への汚染拡散あり	廃棄物中の汚染物質（有機分、重金属類、VOC等）が、地下浸透により地下水を汚染	周辺地下水を分析して基準と比較し判別する。	・雨水や地下水の廃棄物との接触を防止・汚染水の拡散防止等（遮水工（表面・鉛直）、バリア井戸設置工） ・水質汚染の要因となる廃棄物を除去（部分撤去工）
B：現場周辺への汚染拡散なし			・雨水や地下水の廃棄物との接触を防ぎながら廃棄物をその場に保管（表面キャッピング工） ・汚染した地下水の移動拡散時に汚染物質等を吸着等浄化（透過性浄化壁工） ・汚染した地下水を揚水し浄化（揚水井設置工・水処理施設設置工） ・水質汚染の要因となる廃棄物を除去（部分撤去工）

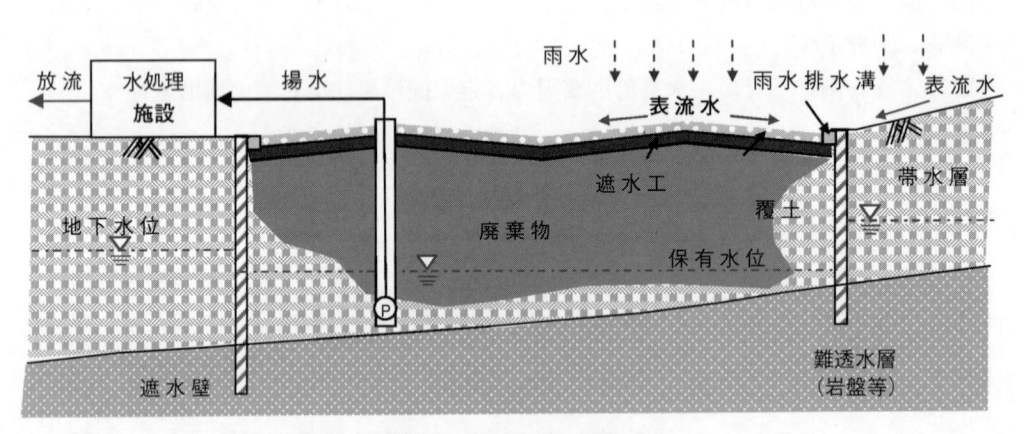

図14 表流水対策工および地下水対策工のイメージ図

《参考：浸出水や地下水の流れと対策検討時の留意事項について》
ⅰ）浸出水量の計算式について

　地下水や表流水の汚染が確認されて、その汚染経路を検討するにあたっては、不法投棄等現場への雨水、地下水等の流入量と、不法投棄等現場からの浸出水としての流出量の水収支を把握したうえで、汚染物質の流出、拡散について、現地計測結果と照らし合わせながら検討していくことになる。

　また、汚染された浸出水の水処理施設（以下「水処理施設」という）を検討するときには、不法投棄等現場からの浸出水量に応じて、必要となる水処理施設の規模が設定されることになる。

　浸出水量の計算式には、以下に例示する合理式や時間遅れを考慮した水収支モデル等がある。なお、流出計算式にはこれら以外にも種々あり、「水理公式集、（社）土木学会」や「河川砂防技術基準（案）同解説調査編、（社）日本河川協会」も参考とするなどして、現場に適した解析方法を選定する必要がある。

① 合理式による方法

　合理式では浸出水量Qは次のとおりに算定される。時間的な浸出水量の変化は、単位時間毎に降水量を変化させて連続的に計算していくことより算定される。

$$Q = C/1,000 \times I \times A \quad \cdots\cdot\cdot \quad 2式$$

　ただし、

　Q：日浸出水量［m³/日］（流出解析では、流出量となる）
　I：日降水量［mm/日］
　C：浸出係数（流出解析では、f：流出係数を用いる）
　A：埋立地集水面積［m²］
　（降水量［m³/日］＝I・A/1,000となる）

② 時間遅れを考慮した水収支モデルによる方法

　廃棄物最終処分場において、保水や蒸発を考慮して降水、浸出水等の水収支を時間軸でみる方法として、3式に示す水収支モデルがある。3式では、廃棄物層への浸透水と廃棄物層からの浸出水の間の時間遅れをR（流出抵抗）により表現している。

　なお、3式は、周囲に雨水排水設備（側溝等）を設け、法面や底面を遮水した廃棄物最終処分場で用いられるものであり、不法投棄等現場で、周辺からの表面流入（2式で浸出係数Cの代わりに流出係数を用いる合理式等から求められる）や地山側から廃棄物層への地下水の流入や流出がある場合には、別途これらを考慮して水収支を算定する必要がある。

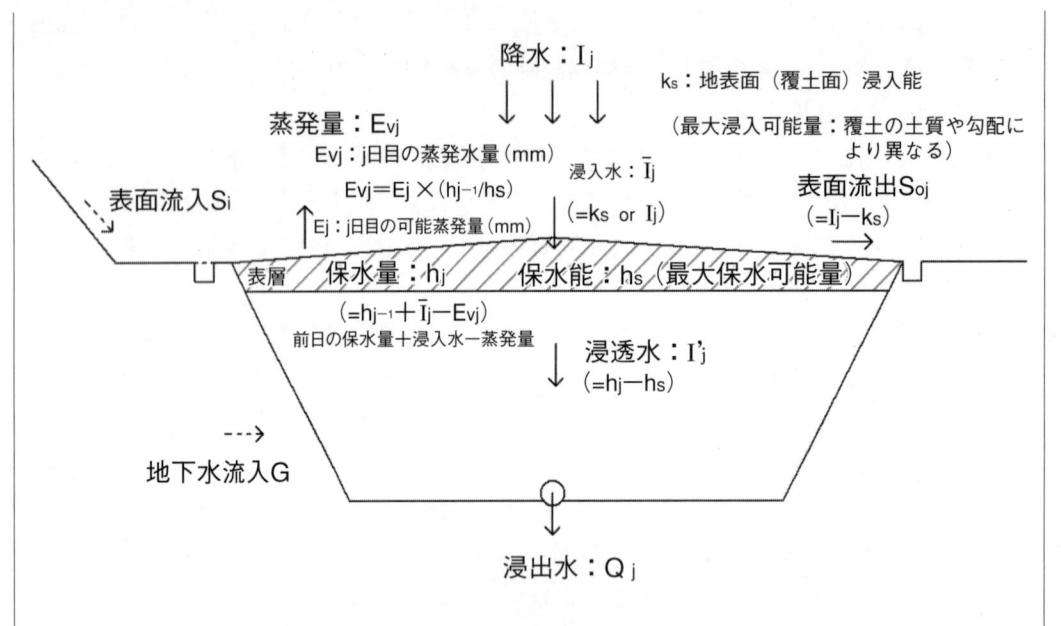

図15 埋立地の水量収支モデル

図中記載:
- 降水：I_j
- 蒸発量：E_{vj}
  - E_{vj}：j日目の蒸発水量(mm)
  - $E_{vj} = E_j \times (h_{j-1}/h_s)$
  - E_j：j日目の可能蒸発量(mm)
- 表面流入 S_i
- 浸入水：$\bar{I}_j$ $(= k_s \text{ or } I_j)$
- k_s：地表面（覆土面）浸入能（最大浸入可能量：覆土の土質や勾配により異なる）
- 表面流出 S_{oj} $(= I_j - k_s)$
- 表層 保水量：h_j $(= h_{j-1} + \bar{I}_j - E_{vj})$ 前日の保水量＋浸入水－蒸発量
- 保水能：h_s（最大保水可能量）
- 浸透水：I'_j $(= h_j - h_s)$
- 地下水流入 G
- 浸出水：Q_j

$$Q_j = Q_{j-1} \times e^{-1/R} + \frac{A}{1,000}\{I'_j - (I'_j - I'_{j-1}) \times R \times (1 - e^{-1/R}) - I'_{j-1} \times e^{-1/R}\} \cdots\cdots 3式$$

ただし、

- Q_j ：日浸出水量 [m³/日]
- A ：埋立区画の面積 [m²]
- I_j ：j日目の降水量 [mm/日]
- I'_j ：j日目の浸透水量 [mm]
  ($h_j > h_s$ の時 $I'_j = h_j - h_s$)（$h_j \leq h_s$ の時 $I'_j = 0$）
- h_s ：表層（覆土層）保水能 [mm]（覆土の性質や覆土厚により異なる）
- h_j ：j日目の表層保水量 [mm]
- R ：流出抵抗（日）（埋立面積や埋立高さ等により異なる）

3式の出典：「廃棄物最終処分場整備の計画・設計要領、(社)全国都市清掃会議編」

③ 合理式の各パラメータと浸出水量の抑制方法

2式では、集水面積（A）、降水量（I）、浸出係数（C）が基本的なパラメータであり、これらの値が大きくなれば浸出水量（Q）も応じて増加する。

1）A：集水面積

集水面積は、現場を含む集水流域（現場および現場の上流域）となる。集水面積に比例して浸出水量が増加するため、水処理量を少なくするためには、可能な限り集水面積を減少させる必要がある。具体的には、以下の方法によるこ

とになる。
- 現場周囲に雨水排水溝を整備し、周囲からの雨水の浸入を防止
- 遮水壁により地下水浸入を防止
- 廃棄物の部分撤去による集水面積の縮小

2) I：降水量

水処理施設の計画時等における降水量の想定方法には、過去の実績降水を用いる方法が一般的であり、可能な限り現場近傍の観測所データを用いることが基本になる。データに欠測が多い、また観測期間が短い場合は、データの蓄積が豊富な観測所データを使用する。

「廃棄物最終処分場整備の計画・設計要領、（社）全国都市清掃会議編」では、廃棄物最終処分場の計画に使用する降水量データは、埋立期間と同じ期間（年数）のデータを使用することを原則としている（埋立期間が15年以下のときは15年の期間のデータ）。不法投棄等現場においては、対策実施期間や周辺への影響等を考慮して、合理的な期間の降水データを用いる必要がある。

ただし、不法投棄等の対策現場では、廃棄物処分場のように埋立により廃棄物量が増えるわけではなく、徐々に浸出水質も安定化することが見込めることから、過大な計画降水をとらないように留意する必要がある。

3) C：浸出係数

浸出係数を小さくすることにより、浸出水量を抑制できる。浸出係数はキャッピング等により小さくすることが可能である。浸出係数は、キャッピング方法により異なり、施工性、維持管理性、経済性等を考慮して、キャッピングの方法を定める必要がある。キャッピング方法別の浸出係数の目安を表28に示す。ただし、実際の浸出係数の設定にあたっては、現場特性やキャッピングの実施面積を考慮して、各現場に応じた数値を検討することが重要である。また、維持管理段階においても、当初設定した係数の妥当性の検証、および浸出水量を抑制するための適正な排水勾配、必要な遮水機能の確保のための管理も重要となる。

表28 キャッピング方法と浸出係数（参考）

キャッピング方法	C
露出している廃棄物（C_1）	0.5～0.9程度（※1）
覆土（C_2）	$C_2 ≒ C_1 × 0.6$（※1）
アスファルト舗装、遮水シート	0.0～0.3（※2）
ブルーシート（仮設）	0.2～0.4（※2）

（※1）：「廃棄物最終処分場整備の計画・設計要領」における地域毎の年平均浸出係数の目安（不法投棄等現場では、最終処分場と埋立条件が同一でない場合が多いが、参考として最終処分場での浸出係数を示した。C_2は最終覆土に難透水性土壌を用いて締固めを行い、勾配をつけ雨水排除を行うことでこれまでの実績から大略0.4程度削減できることから得られている。なお、ここでの最終処分場覆土厚の標準は50cm）

（※2）：これらはこれまでの不法投棄等現場での検討で使用された値であるが、現場条件、施工条件等を考慮したうえで設定する必要がある。また、ブルーシートは目標とする浸透係数を確保するためには、定期的な張替えが重要である。

ⅱ）浸出水量と関連施設について

① 浸出水量と施設規模

　浸出水量は時間とともに変化するため、浸出水調整設備（調整池等）を設けることにより時間あたりの最大水処理量を抑制（水処理量の平準化）することができる。敷地条件等を考慮のうえ浸出水調整設備の設置を検討する必要がある。ただし、調整池の必要容量は時間単位の浸出水量と計画最大水処理量の差の積分値となるため、ピークが立った浸出水波形に対しては少ない調整池容量でも大きな効果が得られるが、長雨型の波形に対しては計画最大水処理量を小さくとると巨大な調整池が必要となる。

　このため、水処理施設と浸出水調整設備の規模の最適な組み合わせについて、敷地条件等を考慮のうえ、建設費、維持管理費のコスト計算により設定することが必要になる。

② 浸出水調整設備（調整池等）の規模

　浸出水調整設備は、浸出水量の抑制により施設規模を縮小できるため、ⅰ）③に示した各種の浸出水量抑制方策について検討する必要がある。また、浸出水の調整池容量は、計画最大水処理量を上回る浸出水が長期間継続するようなケース（長雨時）で、とくに大きな容量が必要となるため、このような長雨時には、作業を停止し全面ブルーシートで被覆する計画とするなどして、浸出水量を抑制することが合理的な規模設定につながる。

　また、大雨時の計画水処理量を上回る浸出水については、大規模な現場では現場上流側へポンプ送水することにより一時的に浸出水量を抑制（平準化）するこ

とができ、こうしたことにより調整池容量を抑制する工夫も可能である。
③ キャッピング等による対策による表面流出水量増加への対応
　キャッピング等により雨水の浸透を抑制する場合、浸透しなくなった水が表流水となって流下するため、不法投棄等現場からの雨水排水量は逆に増加する。このため、下流河川等への影響を河川管理者や下水道（雨水）管理者に確認し、別途防災調整池の必要性やその規模の検討を行う必要がある。
④ 水処理施設の放流水質と施設規模
　水処理施設の検討にあたっては、処理する浸出水等の水質（計画流入水質）と放流水質を定めて適切な規模を設定することになる。
　計画流入水質は、廃棄物最終処分場での不適正処理事案のように浸出水の水質を直接調べることが可能な場合を除いて、現場内でのボーリングや試掘等により採取した水質や周辺の水質モニタリング結果から設定することになる。なお、新規にボーリングを設置した直後等の初期調査時には、高濃度の汚濁物質が確認されることがあるため、一定期間モニタリングを実施し、水質変化を確認して計画流入水質を設定することが望ましい。ただし、ダイオキシン類については、水処理施設で処理水質の即時常時監視は出来ないことから、事前に現場の廃棄物や汚染土壌により試験原水を作成し、ダイオキシン類濃度と浮遊微粒子（SS）や濁度との相関をみて、SSや濁度の目標処理水質を満足するように設備の設計や運転を行っていることが多い。
　放流水質は、最終処分場の維持管理基準[注)]に適合することを基本に、水利用等の周辺環境への影響や処理設備に要するコスト等を考慮して定めることが必要となる。
　水処理施設の規模については、前述した浸出水量の抑制方策により浸出水の総量を抑制し、最適な規模を設定する必要がある。また、廃棄物最終処分場の不適正処理事案で、既存の水処理施設がある場合には、そうした既存施設の活用によって新規施設規模を抑制することも可能である。
　図16に浸出水量計算から水処理施設の規模と処理フロー設定までの検討フローを示す。

注) 一般廃棄物の最終処分場及び産業廃棄物の最終処分場に係る技術上の基準を定める省令（昭和52年3月14日総理府・厚生省令第1号、最終改正：平成18年11月10日環境省令第33号）

ⅲ) 浸出水量の検証

　ⅰ) に示した浸出水量の計算では、一般に、2式のC（浸出係数）、3式のR（流出抵抗）、廃棄物層への地下水流入量（G）等のパラメータが未知数となるため、計算結果と実際との乖離が生じうる。このため、水処理施設稼働後には、浸出水の発生量が当初計算どおりであるかの確認・検証を行うことが重要である。
　図17に、計算結果から得られる浸出水量と実績値のイメージ図を示す。図17では、

実績の浸出水は、当初計算されたものよりも降水に対する反応がよいことが推測される。

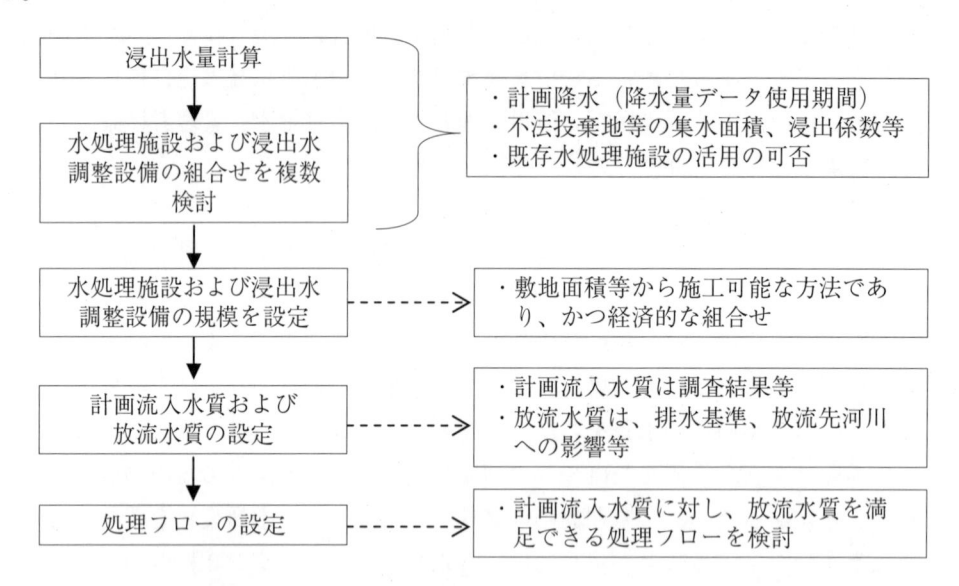

```
┌─────────────────┐
│  浸出水量計算    │
└────────┬────────┘
         │            ・計画降水（降水量データ使用期間）
┌────────▼────────┐  ・不法投棄地等の集水面積、浸出係数等
│水処理施設および浸出水│  ・既存水処理施設の活用の可否
│調整設備の組合せを複数│
│検討              │
└────────┬────────┘
         │
┌────────▼────────┐  ・敷地面積等から施工可能な方法であ
│水処理施設および浸出水│--> り、かつ経済的な組合せ
│調整設備の規模を設定  │
└────────┬────────┘
         │
┌────────▼────────┐  ・計画流入水質は調査結果等
│計画流入水質および    │--> ・放流水質は、排水基準、放流先河川
│放流水質の設定       │    への影響等
└────────┬────────┘
         │
┌────────▼────────┐  ・計画流入水質に対し、放流水質を満
│処理フローの設定     │--> 足できる処理フローを検討
└─────────────────┘
```

図16　浸出水量計算から水処理施設の規模と処理フロー設定までの検討フロー

このように、浸出水計算は、実績値に基づいて毎年検証を行って計算パラメータの修正を行い（図17の場合は、3式のRの低減等）、計算精度の向上を図る必要がある。検証結果は、現場からの揚水計画へ反映させるとともに、必要に応じて追加対策の検討等（キャッピング面積の追加等）にも重要なものとなる。

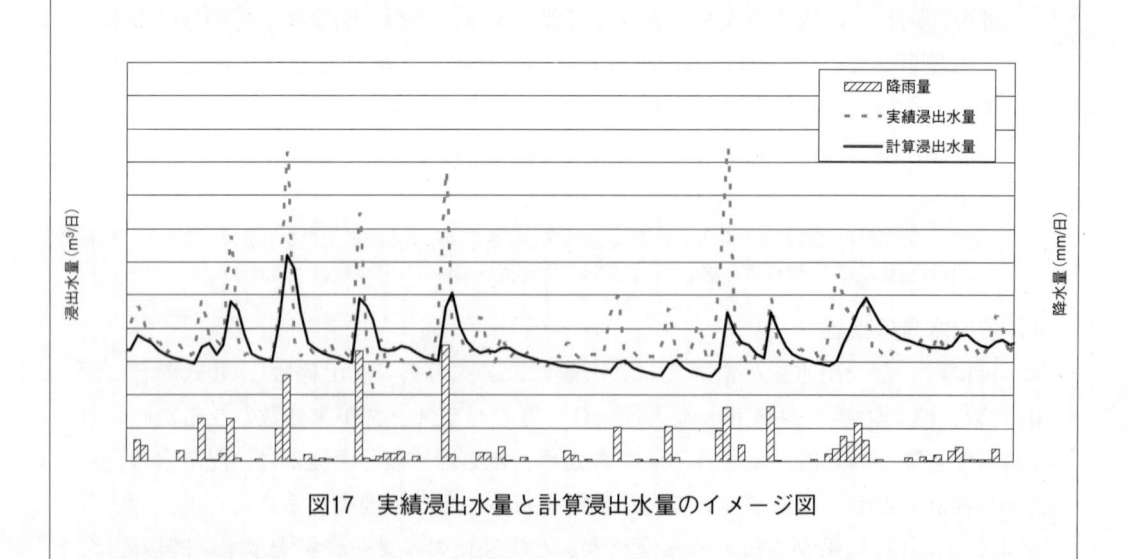

図17　実績浸出水量と計算浸出水量のイメージ図

ⅳ）不均質な廃棄物層中での水の流れと浄化対策検討時の留意事項について

　廃棄物層での全体的な水の浸透量については、表28に示した浸出係数や、実際の降雨量と浸出水量から帰納的手法によりみることができる。これに対して、廃棄物層内における水（流体）の移動については、4式（ダルシー則、流れが層流の場合）のように記述されるが、廃棄物層内の流路（水みち）や、その流量まで考えると、解析は容易ではない。

$$\nabla \cdot (\rho_p \frac{K_p}{\mu_p} \nabla \Psi_p) = \frac{\partial}{\partial t}(\phi \rho_p S_p) \qquad \cdots\cdots\cdots \text{4 式}$$

　ここに、K_pは現場廃棄物中の流体の比透水（通気）係数［㎡］（K_pは水やガス等の廃棄物層内に存在する流体の移動しやすさ（易動性）を表すパラメータであり、流体性状や飽和度によって異なる。飽和状態であれば一般的な透水係数に相当する。）、μ_pは粘性係数［Pa・s］、ρ_pは密度［kg/㎥］、Ψ_pはポテンシャル［Pa］、ϕは間隙率［-］、S_pは飽和度［-］である。添え字 p は、流体相の諸量であることを示し、廃棄物層内に液体、気体の2相流体が存在し相互に影響を及ぼす場合、それぞれの流体相［$p=water, gas$］について上式が適用される。左辺は廃棄物層内を移動する流体相の移流項であり、ポテンシャル勾配$\nabla \Psi_p$に係数を乗じた形となる。右辺は貯留項であり、単位時間あたりの流体質量の変化量を表す。

　不法投棄等現場における廃棄物層内部では、浸出水、空気、廃棄物から発生した埋立ガスや熱などの複雑な物質移動現象が生じている。長い年月をかけて堆積した地層と異なり不均質性が顕著である場合が珍しくない。廃棄物層内部の不均質性は、場所毎の透水（通気）性、間隙の大小などが4式中の係数に反映されている。このため、廃棄物層内部の水の流れを把握するには、これらの係数の空間分布を詳細に把握し、廃棄物層内部の物質移動現象を明らかにすることが重要となるが、廃棄物層の全体にわたって不均質性を直接知ることは一般に困難である。

　廃棄物層内部の不均質性を把握する方法のひとつとして、廃棄物層内の多数の地点でのポテンシャル（Ψ_p）の長期間の連続計測と数値解析による方法が考えられる。このポテンシャルは、大気圧の変動、浸出水やガスの流体の移動、熱の発生、熱の移動等に対して変化し、廃棄物層の不均質性を反映した測定可能なデータである。前述した多数の測定データを再現する4式の数値解が得られた時の各係数の組合せ（空間分布）を求めることによって不均質性を把握することが可能となる。

　例えば、不法投棄等現場の浄化促進対策として、注水による浄化促進を考える場合には、廃棄物層の不均質性により、水が間隙の比較的大きな特定の流動経路を選択的に移動し、廃棄物層全体の均質な浄化を困難にすることが知られている。このため、上述したような十分な現場計測や解析等によって廃棄物層の不均質性を把握したうえで、浄化効果を高める対策案（揚水井の最適配置等）を検討することが必要となる。

4）対策工の概略選定にあたっての留意事項
① 水質汚染は、廃棄物の有する溶出特性に大きく依存している。
　また、汚染は、
　　ⅰ）廃棄物→水質汚染（公共用水域汚染）
　　ⅱ）廃棄物→土壌汚染→水質汚染（地下水汚染）
の2つの経路パターンで拡大するため、発生源対策と経路の遮断が対策選定上のポイントとなる。また、ⅱ）のパターンの場合は、土壌汚染対策についても併せて検討していく必要がある。
② ⅰ）の経路パターンでは、浸出水を発生させないよう雨水等を表面遮水により遮断する、あるいは廃棄物に含まれる原因物質を直接的に公共用水域に流入させないための流出防止策をとることができる。
③ ⅱ）の経路パターンでは、地下水経路の遮断（遮水工等）により、汚染の拡大（支障等の発生）を防止できる。ただし、廃棄物層からの浸出水等による土壌（廃棄物層下の地山等）汚染の拡大により支障等の度合いが高くなる懸念がある場合には、必要に応じて地下水の原位置での汲み上げや浄化を行うことになる。
④ 上記のような原位置での対策を行う場合は、水質汚染は視覚的に支障を捉えにくいため、水質モニタリングによる対策工の実施効果の把握が重要となる。そのためには対策工選定前の事前調査により、監視すべき水質項目と地点の的確な設定が重要となる。
⑤ 浸出水等の水処理は、不法投棄等の規模が小さい場合には、長期トータルコストが廃棄物を撤去する場合よりも大きくなるため、管理体制を含めて十分な比較検討が必要となる（長期的なコストの比較例をp121に示す）。
⑥ この他、p101～《参考：浸出水や地下水の流れと対策検討時の留意事項について》を参照。

5）対策工の範囲の検討
　対策の範囲は、汚染経路の解析結果等をもとに、支障除去等が可能となる最小の範囲とすることが基本となる。水質汚染を発生させている廃棄物の位置が特定できる場合は、この範囲で廃棄物の撤去を行うことになる。一方、水質汚染原因の廃棄物の位置が特定できない場合は、廃棄物の埋設範囲全体を対象に対策を考える必要がある。
　表流水対策として、例えば表面キャッピング工を行う場合は、廃棄物の埋設範囲で行うことになるが、不法投棄等現場の上流側からの雨水浸透防止措置やキャッピング面への雨水の排水措置が必要になる。
　地下水対策の場合は、汚染拡散範囲と対策工の効果の検討を慎重に行う必要があるが、その検討フローの例を図18に示す。
　地下水対策として、例えば遮水壁工を行う場合は、地下水の量や流向を勘案して、

汚染水の周辺への流出を阻止できる範囲に遮水壁や揚水井を設置することになる。例えば谷筋の不法投棄等現場であれば下流端へ遮水壁を設置することになるが、大雨や地下水の流向変化等により汚染水が外部へ流出することもあり得るため、綿密な雨水・地下水シミュレーション等による検証が必要である。なお、大規模な撤去工を行う場合は撤去作業時の汚染水拡散防止措置として遮水壁工や水処理施設の検討が必要となる。

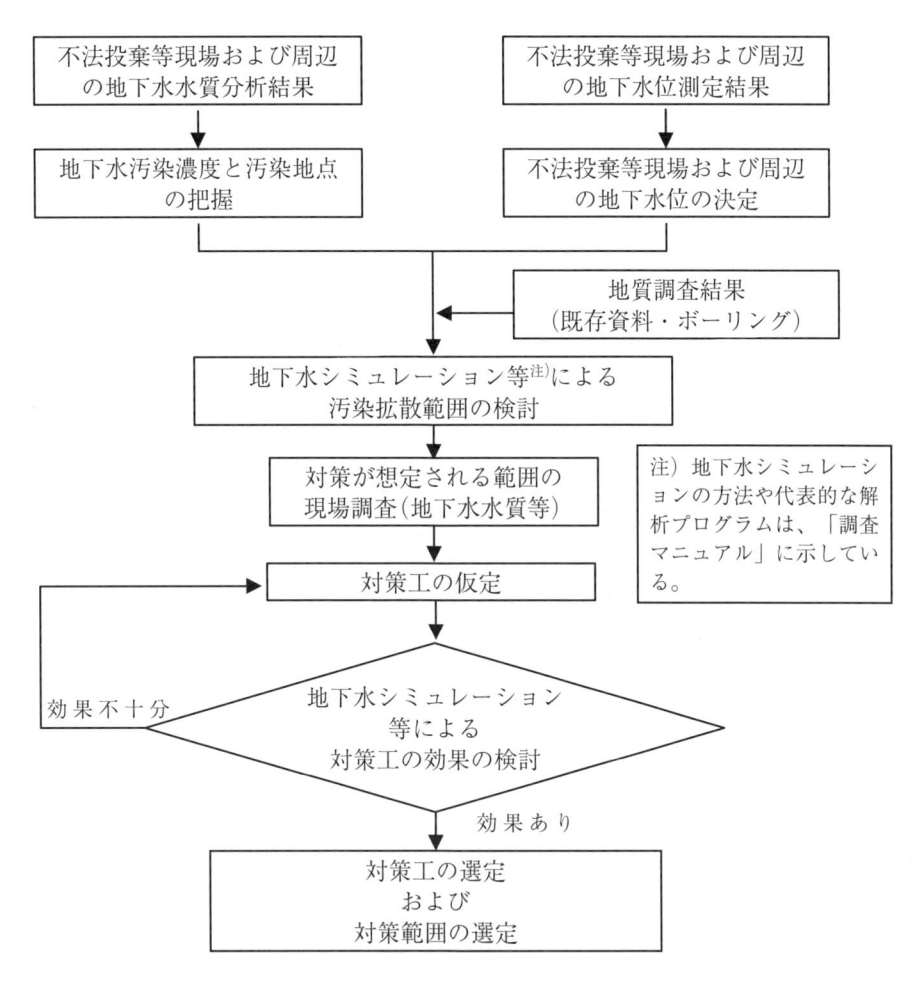

```
┌─────────────────────┐        ┌─────────────────────┐
│ 不法投棄等現場および周辺 │        │ 不法投棄等現場および周辺 │
│ の地下水水質分析結果    │        │ の地下水位測定結果     │
└──────────┬──────────┘        └──────────┬──────────┘
           ↓                              ↓
┌─────────────────────┐        ┌─────────────────────┐
│ 地下水汚染濃度と汚染地点 │        │ 不法投棄等現場および周辺 │
│ の把握               │        │ の地下水位の決定      │
└──────────┬──────────┘        └──────────┬──────────┘
                                          │         ┌──────────────┐
                                          │←────────│ 地質調査結果   │
                                          ↓         │(既存資料・ボーリング)│
┌─────────────────────┐                  └──────────────┘
│ 地下水シミュレーション等注)による │
│ 汚染拡散範囲の検討          │
└──────────┬──────────┘
           ↓
┌─────────────────────┐        ┌──────────────────┐
│ 対策が想定される範囲の   │        │ 注）地下水シミュレー │
│ 現場調査(地下水水質等)  │        │ ションの方法や代表的な│
└──────────┬──────────┘        │ 解析プログラムは、「調査│
           ↓                   │ マニュアル」に示してい│
   ┌──→ ┌──────────┐           │ る。             │
   │    │ 対策工の仮定 │           └──────────────┘
   │    └─────┬────┘
   │          ↓
   │    ╱──────────╲
   │   ╱ 地下水シミュレーション╲
効果不十分 ←     等による       ╲
   ╲    対策工の効果の検討    ╱
    ╲──────────╱
           │効果あり
           ↓
    ┌──────────┐
    │ 対策工の選定 │
    │   および    │
    │ 対策範囲の選定│
    └──────────┘
```

図18　地下水汚染の場合の対策範囲と対策工検討フローの例

6）各対策工の概要

　代表的な水質汚染対策工である撤去工、集水工および水処理施設設置工、表面キャッピング工、遮水壁工、透過性浄化壁工、揚水井設置工、バリア井戸設置工の概要、目的、適用条件等を表29～表37に示す。各対策の当該現場への適用性の検討のための参考とするとよい。

表29　撤去工

工法	撤去工	
施工概念図	（施工概念図：水質汚染に影響を与えている部分の廃棄物の撤去、残置部、廃棄物、地山、水質汚染）	
目的・効果	水質汚染を抑制することを目的として、水質汚染の要因となっている部分の廃棄物を部分撤去するもの。	
適用条件	技術的条件	・掘削した廃棄物の受入先が確保できること（廃棄物としての汚染水等の受入先確保を含む）。 ・堆積廃棄物上部に適当な作業場所が確保できること。 ・廃棄物等の仮置きヤード、資材置き場等の作業場所のスペースが確保できること。
	周辺環境条件	・周辺環境に対し影響を与えないよう施工できること（工事中の濁水処理、地下水モニタリング等）。 ・廃棄物等の掘削中に有害ガス・悪臭の発生等その他の支障等による二次影響に対して周辺環境への保全措置を講じて作業できること。
工法の使用実績	あり	
大規模構造物の設置	なし	
関連する工法・技術	巻末資料7．支障除去等対策に適用可能な技術例 NO.1～NO.16（選別破砕工）	

表30　雨水集排水工

工法	雨水集排水工
施工概念図	![施工概念図：廃棄物の台形断面に遮水シートが被せられ、左右から表流水が流れ込み、両脇に雨水集排水工が設置されている図]
目的・効果	不法投棄等廃棄物周辺の表流水（雨水）を集排水することで、廃棄物との接触を防止し、水質汚染を防止（汚水発生を抑制）する。
適用条件　技術的条件	・廃棄物周辺からの表流水を確実に集水し場外へ排水できること。また、集排水工の内側の廃棄物と接触した汚水が発生する場合には、その汚水が集排水工へ流入しないよう対策を講じること（廃棄物の表面遮水工なども有効）。 ・廃棄物周辺の地表を表面遮水工等で雨水の流出率を増加させた場合には場内等に設置する雨水調整池などで貯留・排水の調整を行う。 ・廃棄物周辺部の付帯工事等により雨水排水が濁水となる場合には、その濁水の処理を適切に行う。 ・対策工の後も廃棄物が残るため事後の管理が必要である。
工法の使用実績	あり
大規模構造物の設置	なし
関連する工法・技術	—
備考（設計時の検討事項）	1．対象集水区域の設定 2．廃棄物の表面遮水の検討 3．許容放流量の確認および防災調整池の規模の設定 4．濁水処理施設の設置の検討

表31 集水工および水処理施設設置工

工法	集水工および水処理施設設置工
施工概念図	（降水、廃棄物、排水側溝、水処理施設、受水槽、処理水を示す概念図）
目的・効果	汚染した表流水を集水し浄化することを目的として、集水工および水処理施設設置工により、水質汚染を防止する。
適用条件　技術的条件	・不法投棄等現場からの表流水の水質変動が比較的小さく、長期的に予想される水質が安定していて水処理施設で処理可能な範囲であること。 ・排水側溝、水処理施設、受水槽が適切に配置でき、集水できること。 ・水処理施設を長期にわたり運営ならびに維持管理することが可能なこと。 ・対策工の後も廃棄物が残るため事後の管理が必要である。
工法の使用実績	あり（「Ⅲ．2 福井県敦賀事案」に実例を示す）
大規模構造物の設置	なし
関連する工法・技術	巻末資料7．支障除去等対策に適用可能な技術例 NO.37～NO.38
備考（設計時の検討事項）	1．必要水処理量の設定、2．浄化レベルと放流先の検討、 3．水処理方式の選定、4．水処理施設諸元の検討、5．集水設備の検討 6．施設から発生する廃棄物の処理検討

表　浄化対象物と水処理方式

浄化方法		浄化対象物	懸濁物質(SS)	BOD	重金属類	硝酸性窒素	アンモニア	VOC	ダイオキシン類	塩分
水処理方式	一般的処理	沈砂	○		△[※1]			○[※1]	○[※1]	
		生物処理（曝気、回転円盤等）	○	○	△		○			
		凝集沈殿法	○	○[※1]	○[※1※3]			○[※1]	○[※1]	
		生物的脱窒素		△[※2]		○				
		濾過（砂濾過、活性炭）	○	△[※3]						
	高度処理	キレート処理			○					
		酸化処理（オゾン、化学酸化）	○	○		○	○	△	○	
		膜分離[※4]	○	○	○	○	○	○	○	○

○：効果がある
△：一部効果がある
※1：沈殿に伴う沈殿物に付着している固形の成分が分離されることによる効果
※2：脱窒作用で硝酸塩が分解されることによる BOD 低下
※3：水溶性の成分には効果が薄い。
※4：膜分離には、様々な種類の膜があるため、膜の種類により効果が異なる。
　　（主な膜として、MF 膜、UF 膜、RO 膜等がある）

表32　表面キャッピング工

工法	表面キャッピング工	
施工概念図	（廃棄物を遮水シートで覆う断面概念図）	
目的・効果	廃棄物による水質汚染原因物質や廃棄物の表面流出等を表面キャッピング（覆土や遮水シート）で施工することにより、水質汚染を防止する。 （また、本工法は、廃棄物層底部に十分な不透水層等が存在し廃棄物による汚染の地下浸透がない場合には、廃棄物を水から遮断・隔離することが可能となる。）	
適用条件	技術的条件	・現場条件として、一般に廃棄物層より地下水位が低く地下水等に廃棄物が接触しない場合に有効である。 ・不法投棄等現場をキャッピング材で確実に覆うことが可能な施工形状等を確保できること。 ・不法投棄等現場への降水を適切に遮水、集水、排水できること。 ・堆積廃棄物からのガス発生や火災等が生じる場合には、キャッピング材損傷等のおそれがあるため、留意する必要がある。 ・対策工の施工後も廃棄物が残るため事後の管理が必要。
工法の使用実績	あり（他工法と併用）	
大規模構造物の設置	なし（ただし、防災調整池等を設置する場合あり）	
関連する工法・技術	巻末資料7．支障除去等対策に適用可能な技術例 NO.31～NO.36	
備考 （設計時の検討事項）	1．排水量の設定 2．排水ルートおよび排水先の設定 3．表面キャッピング材の選定 4．工法の詳細検討	

表　キャッピング材と特徴

キャッピング材	特徴
アスファルト	・アスファルトによる表面キャッピングで、追随性がよい。
合成ゴム	・合成ゴムによるキャッピングで展延性に富む。
合成樹脂	・ポリエチレン（LDPE等）やオレフィン系、ウレタン系等の樹脂によるシートで耐候性に優れる。
モルタル	・セメント吹き付けによるキャッピングで、追随性がよい。
ベントナイト混合土	・ベントナイトと土を混合して転圧施工した表面キャッピング層でベントナイトの水膨潤により高遮水性を有する。
客土	・覆土によるキャッピングで、降水の確実な地下浸透は防げないが、簡易に施工することができる。

表33 遮水壁工(1)

工法		遮水壁工
施工概念図		
目的・効果		不法投棄等現場へ降水する雨水や地下水の廃棄物との接触を防ぎ、汚染水の周辺への拡散防止を目的として、廃棄物を遮水壁で隔離し、水質汚染を防止する。 遮水壁の種類として、シート壁、鋼矢板、地中連続壁、ソイルセメント固化壁、グラウト壁等がある。
適用条件	技術的条件	・ 地中に適当な不透水層が存在し、不透水層（透水係数$1.0×10^{-6}$以下、厚さ5m以上 相当）が現場の地盤より著しく深くないこと（概ね40mまで） ・ 遮水壁により自然地下水と浸出水を遮断し汚染の拡散を防止できること。 ・ 遮水壁による遮水効果を地下水モニタリング等で確認できること。 ・ 遮水壁を施工する地中に遮水壁の施工に障害となる転石、岩盤等の障害物が存在しないこと。 ・ 対策工の後も廃棄物が残るため事後の管理が必要である。
工法の使用実績		あり（「Ⅲ．2福井県敦賀事案」に実例を示す）
大規模構造物の設置		なし
関連する工法・技術		巻末資料7．支障除去等対策に適用可能な技術例 NO.22～NO.30

表34　遮水壁工（2）

工法	遮水壁工
備考 (設計時の検討事項)	1．対策範囲の設定 2．遮水壁の深さ・配置の検討 3．遮水壁工法の選択 表　主要な遮水壁方法と特徴ならびに適用条件 | 工法	工法の概要	適用条件
---	---	---
シート工法	掘削機で掘削を行いながら遮水シートを設置する。	・砂質層、粘性土層等の地盤に適用（N値[注]）10程度）。 ・設置深さは30m程度。
鋼矢板工法	鋼矢板をオーガやハンマー等を用いて設置する。	・N値30〜50程度の地盤に適用。 ・設置深さは25m程度まで。 ・腐食の可能性のある場所では腐食対策が必要となる。
地中連続壁工法	地中に壁状の溝を掘削し、コンクリートを打設する。	・掘削ができれば施工できるため、幅広い地盤に対応できる。 ・設置深さは50m〜150m。地中壁の耐久性がよい。
ソイルセメント固化壁工法	オーガ等で削孔し、セメント・モルタル等と地盤を混合し連続した固化壁を構築する。	・硬岩を除く地盤に対応可能。設置深さは40m程度。 ・強度は、現場の地質特性に依存するためケースごとの検討が必要。
グラウト工法	地盤を掘削しながら薬液注入、もしくは高圧噴流で薬液を注入して地盤の透水係数を低下させる。	・岩盤を除くあらゆる地盤に対応できる。設置深さは、30m程度。 ・薬剤の種類によっては土壌環境への配慮が必要。	 注）N値：地盤の硬軟や支持力等を推定する動的なサウンディング方法。標準貫入試験時に、63.5kgのドライブハンマーを75cm自由落下させ、レイモンドサンプラーを30cm貫入させるのに必要な打撃回数のこと。例えば、関東ローム層のN値は3〜5程度、軟弱な沖積粘性土は0〜2程度である。中高層建築物の基礎は、一般にN値30〜50以上を支持層としている。

表35　透過性浄化壁工

工法	透過性浄化壁工
施工概念図	（施工概念図：地下水の流れ → 廃棄物 → 透過性浄化壁 → 浄化された地下水、不透水層）
目的・効果	汚染した地下水が周辺域に移動拡散する時の化学物質の浄化吸着等を目的として、不法投棄等現場の地下水流向の下流側地中において透過性浄化壁を設置し、地下水質汚染を防止する。
適用条件　技術的条件	・廃棄物中の化学物質については、透過性浄化壁が浄化可能なレベルの比較的低い濃度であること。 ・周辺（主として現場下流側）の地盤が掘削可能なこと。 ・一定の深度に不透水層が存在し地下水の流れにより拡散する化学物質を透過性浄化壁で捕捉できること。 ・透過性浄化壁の透水係数が、周辺地盤より高く設定できること。 ・化学物質の負荷量に応じて浄化材料の充填・交換が可能なこと。 ・対策工の施工後も廃棄物が残るため事後の管理が必要。
工法の使用実績	あり（「Ⅲ．3　宮城県村田事案」に計画例を示す）
大規模構造物の設置	なし
関連する工法・技術	－
備考 （設計時の検討事項）	1．地下水条件の検討 2．対象物質と濃度の設定 3．浸透水の水量の推定 4．透過性浄化壁の設計 表　透過性浄化壁に用いられる浄化材料と対象物質 | 浄化材料	目的	対象物質
---	---	---
鉄粉	対象物質の反応・分解	VOC
微生物	対象物質の分解	硝酸性窒素
活性炭	対象物質の吸着	BOD、重金属類
合成鉱物	対象物質の吸着	重金属類、フッ素、ほう素	

表36 揚水井設置工

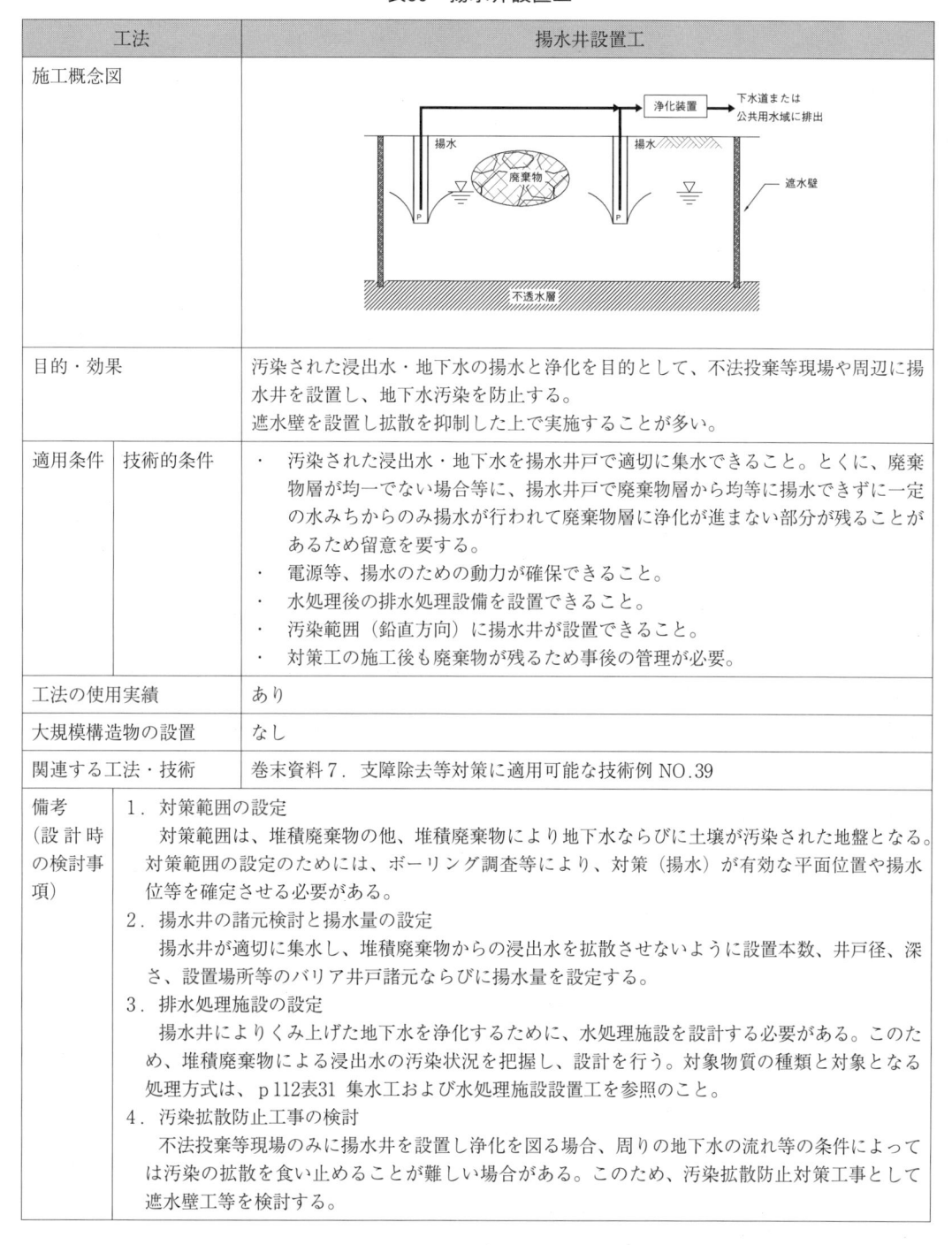

工法	揚水井設置工
施工概念図	
目的・効果	汚染された浸出水・地下水の揚水と浄化を目的として、不法投棄等現場や周辺に揚水井を設置し、地下水汚染を防止する。 遮水壁を設置し拡散を抑制した上で実施することが多い。
適用条件 技術的条件	・ 汚染された浸出水・地下水を揚水井戸で適切に集水できること。とくに、廃棄物層が均一でない場合等に、揚水井戸で廃棄物層から均等に揚水できずに一定の水みちからのみ揚水が行われて廃棄物層に浄化が進まない部分が残ることがあるため留意を要する。 ・ 電源等、揚水のための動力が確保できること。 ・ 水処理後の排水処理設備を設置できること。 ・ 汚染範囲（鉛直方向）に揚水井が設置できること。 ・ 対策工の施工後も廃棄物が残るため事後の管理が必要。
工法の使用実績	あり
大規模構造物の設置	なし
関連する工法・技術	巻末資料７．支障除去等対策に適用可能な技術例 NO.39
備考 （設計時の検討事項）	１．対策範囲の設定 　対策範囲は、堆積廃棄物の他、堆積廃棄物により地下水ならびに土壌が汚染された地盤となる。対策範囲の設定のためには、ボーリング調査等により、対策（揚水）が有効な平面位置や揚水位等を確定させる必要がある。 ２．揚水井の諸元検討と揚水量の設定 　揚水井が適切に集水し、堆積廃棄物からの浸出水を拡散させないように設置本数、井戸径、深さ、設置場所等のバリア井戸諸元ならびに揚水量を設定する。 ３．排水処理施設の設定 　揚水井によりくみ上げた地下水を浄化するために、水処理施設を設計する必要がある。このため、堆積廃棄物による浸出水の汚染状況を把握し、設計を行う。対象物質の種類と対象となる処理方式は、p112表31 集水工および水処理施設設置工を参照のこと。 ４．汚染拡散防止工事の検討 　不法投棄等現場のみに揚水井を設置し浄化を図る場合、周りの地下水の流れ等の条件によっては汚染の拡散を食い止めることが難しい場合がある。このため、汚染拡散防止対策工事として遮水壁工等を検討する。

表37 バリア井戸設置工

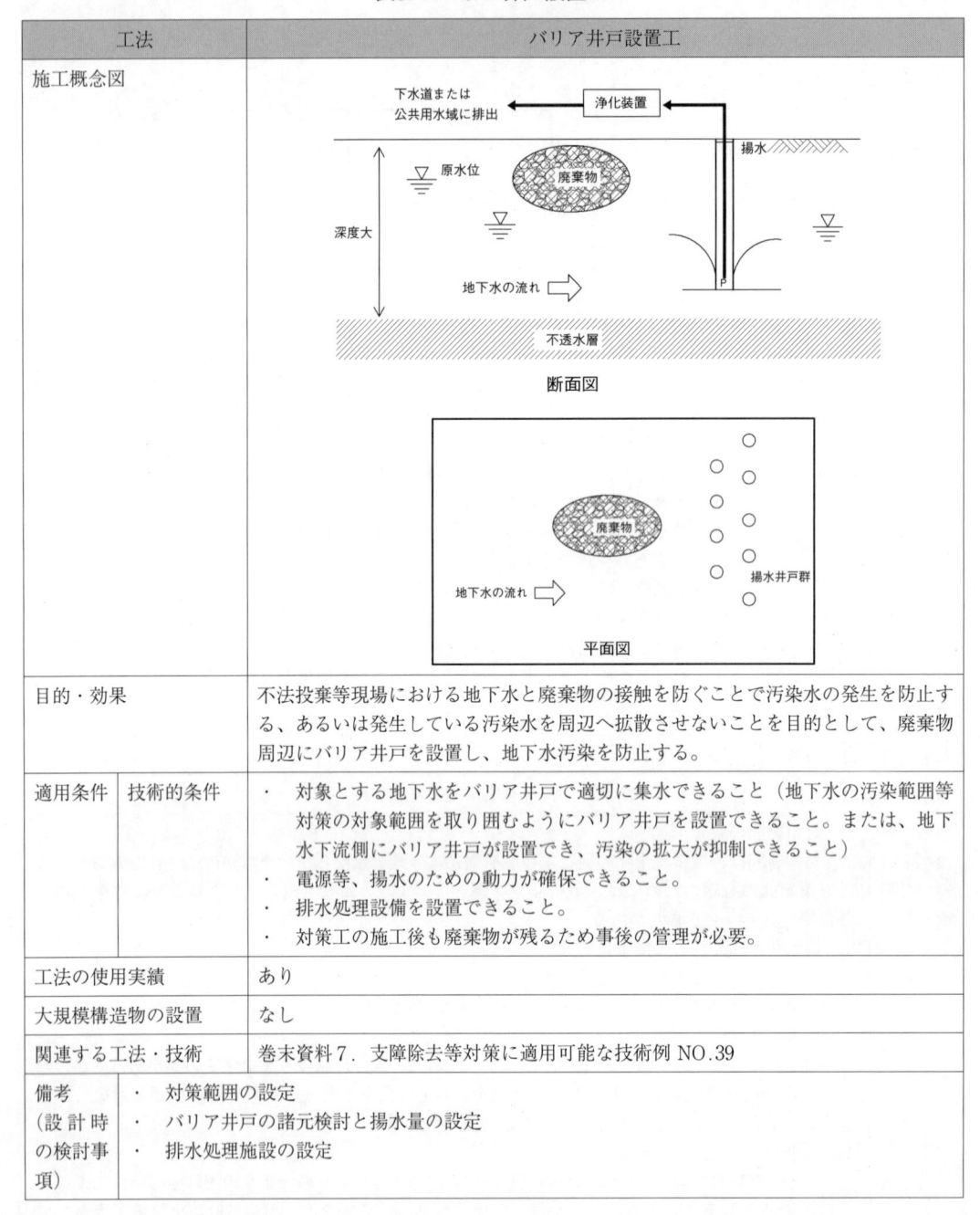

工法	バリア井戸設置工
施工概念図	断面図 平面図
目的・効果	不法投棄等現場における地下水と廃棄物の接触を防ぐことで汚染水の発生を防止する、あるいは発生している汚染水を周辺へ拡散させないことを目的として、廃棄物周辺にバリア井戸を設置し、地下水汚染を防止する。
適用条件　技術的条件	・ 対象とする地下水をバリア井戸で適切に集水できること（地下水の汚染範囲等対策の対象範囲を取り囲むようにバリア井戸を設置できること。または、地下水下流側にバリア井戸が設置でき、汚染の拡大が抑制できること） ・ 電源等、揚水のための動力が確保できること。 ・ 排水処理設備を設置できること。 ・ 対策工の施工後も廃棄物が残るため事後の管理が必要。
工法の使用実績	あり
大規模構造物の設置	なし
関連する工法・技術	巻末資料７．支障除去等対策に適用可能な技術例 NO.39
備考 （設計時の検討事項）	・ 対策範囲の設定 ・ バリア井戸の諸元検討と揚水量の設定 ・ 排水処理施設の設定

（5）対策工の詳細選定

対策工の詳細選定は、（4）で行った概略選定により抽出された適用可能性の高い対策工について、それぞれの対策工の効果や長期的なトータルコスト、周辺住民や作業員の安全確保等を考慮して詳細検討を行い、必要に応じて情報公開・住民からの意見聴取を踏まえるなどして、総合評価により対策工を選定する。

なお、対策工の詳細選定の方法は、第1章 概要編の「Ⅵ．2 効果・コストの検討と対策工の評価」に示している。また、効果・コストの算定にあたって参考となる資料を、「巻末資料6．対策工の効果・コストの算定に関する資料」に示す。

また、水質汚染対策工の詳細選定にあたって必要となる検討と各々で留意すべき事項を表38に示す。

特に地下水対策で対策範囲の特定に留意を要することや、浄化のための水処理施設を設置する工法で長期的な施設管理が必要になる等、水質汚染対策特有の視点による検討が必要になる。

表38 水質汚染対策工の詳細選定時の留意事項

詳細選定項目	内容
1）前提条件 ① 設計の前提条件の整理	水質汚染対策工設計の際の前提条件として、堆積廃棄物中の化学物質の存在と、化学物質の拡散ルート（表流水・地下水）の把握が重要となる。そのため、不法投棄等現場周辺の地形を的確に把握すること、特に高低差を把握することが重要となる。 また、地下水の対策にあたっては、周辺の地層と地下水位が重要なデータとなるため留意する。
② 対策範囲の検討	水質汚染対策工における対策範囲の設定は、表流水においては、汚染水の拡散ルートの遮断、地下水においては汚染範囲の特定と拡散の防止が基本的な検討事項となる。 そのため、表流水対策では、不法投棄等現場の雨水の排水ルートをまとめ、適切な対策範囲を決定する必要がある。 また、地下水対策では、以下が重要となる。 ・ボーリング調査により得られた柱状図より現場の地質断面図を作成し、透水性の地層と不透水性の地層を把握する。 ・ボーリング井戸の水位の高低差より地下水の流れを把握する。 ・ボーリング井戸の水質分析結果より対策範囲を特定する。 （地下水調査の方法は、「調査マニュアル」に掲載）
2）効果の検討	「巻末資料6．対策工の効果・コストの算定に関する資料」を参照のこと。
3）コスト算定の考え方 ① 工法の必要事項の検討	必要事項の検討項目として、以下の内容等がある。 ・雨水対策による、汚染水の発生抑制の検討 ・地下水汚染範囲の拡散防止対策の検討 ・対象となる物質に対応した浄化方法の検討 ・水処理施設を設置する場合は、水量・水質の季節変動を考慮した調整設備の検討
②施工方法の検討	施工方法の検討項目として、以下の内容等がある。 ・遮水工法の検討 ・表面キャッピング工の活用による浸出水の発生抑制

		・仮設工の必要性の検討（仮設道路等）
③	安全確保、作業内容の確認	安全確保、作業内容の確認事項として一般的な土木の作業標準が参考になる。また、以下の点に留意する。 ・安全な休憩場所の確保ならびに車両・重機の動線確保 ・掘削工事等に伴う濁水処理の検討 ・工事に伴う周辺環境対策（仮囲い、雨水排水計画、汚水の処理計画）
④	掘削廃棄物が発生する場合の処理条件の検討	「Ⅰ．7　廃棄物を現場外へ搬出する場合の留意事項」　を参照のこと。
⑤	コストダウンの検討	・表面キャッピングによる雨水排水と汚水の分離処理（水処理量の抑制） ・既存水処理施設の活用（「Ⅲ．2　福井県敦賀事業」に具体事例を掲載） ・地下水シミュレーションによる適切な対策範囲の設定 ・対策工の段階施工(対策をステップバイステップで実施し、ステップ毎の効果やその後の対策の必要性を判断しながら行うもの：「Ⅲ．3　宮城県村田事案」に具体事例を掲載）　等
⑥	数量の算出	水質汚染対策工における数量の算出は、一般的な土木工法の例によることができる。数量算出項目の一例を以下に示す。 ・工事の資材（キャッピング材、モニタリング機器、揚水井戸、鋼矢板等） ・仮設工事の資材（仮囲い、架台、足場、工事用排水処理施設等） ・水処理施設を設置する場合、必要水処理量（日量および対象物質濃度） ・掘削廃棄物量（撤去を伴う工法の場合）等 水処理施設のようなプラント機器の場合は、装置が複雑でメーカーごとの特徴があるため数量を算出せずに仕様書により見積図書を徴収し工事費を算定することが多い。このような場合は、水処理施設の検討は、数量の算出に代わり、水処理施設の性能諸元を決定する。
⑦	コストの算出	図面発注・数量積算によらない水処理施設等は、別途見積仕様書作成による事前見積徴収を複数社に対して行う等により算定する。
⑧	ランニングコストの検討	水質汚染対策工では、撤去工を除き長期的な維持管理が必要になる工法が多い。また、水処理施設設置工や、揚水井設置工では、プラント機器の維持管理が必須となり、ランニングコストを計上する必要があるほか、定期的な補修が必要となる。 モニタリングの場合は、モニタリング機器の定期的な点検整備、消耗品交換や機器の更新、電気代等の維持管理費を見込む。 なお、ランニングコストには、定期的な巡回監視費用を見込む必要がある。
4）	対策工のコスト算定の方法	「巻末資料6．対策工の効果・コストの算定に関する資料」　を参照のこと。
5）	ライフサイクルコストの検討	ライフサイクルコストの検討は、表面キャッピング工、原位置覆土等工、揚水循環工、水処理施設設置工、透過性浄化壁工、揚水井設置工等において検討が必要になる。一定の期間におけるランニングコストを計上し、撤去工による場合等とライフサイクルコストを相互に比較できる資料を作成する。(p121 「（6）モデルケースによるケーススタディ」にコスト算定例を示す） ・人件費：表面キャッピング工等…定期点検費用等 ・水処理施設設置工…水処理施設運転人員 ・維持管理費：水処理施設設置工等…電気代、薬剤費、消耗品費、補修費等 ・施設更新費：水処理施設設置工等…施設のリニューアル費 原位置で浄化する工法においては、長期間の浄化により対象汚染物質の濃度減衰が想定されるが、対策工計画時には減衰の予測が困難であるため、減衰期間を仮定してライフサイクルコストを算出する必要がある。

（6）モデルケースによるケーススタディ（長期コスト試算例）

　水質汚染対策で水処理を伴う場合は、多くの場合、水処理が長期になることから、長期的なコスト分析は特に重要となる。実際の不法投棄等現場でのコスト分析の参考となるよう、水処理による場合と廃棄物撤去による場合のモデルケースでの長期的なコスト比較の例を以下に示す。なお、水処理等による場合は、図16に示した検討フローに沿って、浸出水量、水処理施設規模等を概算した。

1）ケーススタディで比較した対策工法および対策期間

　コスト算定（ケーススタディ）の検討ケースは表39のとおり。

表39　水質汚染対策工のコスト算定（ケーススタディ）の検討ケース

検討ケース	仮定した対策の内容	投棄量試算ケース	対策実施期間ケース
1）水処理等（集水・遮水工＋水処理施設設置工）	＜対策の内容＞ 表流水の集水工と地下水の遮水工、および発生する汚水の処理施設設置工を設置するもの。 ＜対策に要する期間＞ 規模別ⅰ～ⅲの各ケースとも対策工の工事期間を含め10年、20年、30年、40年および50年のパターンとした。	ⅰ）20万㎥ ⅱ）5万㎥ ⅲ）0.5万㎥	a）10年 b）20年 c）30年 d）40年 e）50年
2）撤去工	＜対策の内容＞ 全ての廃棄物を現場から撤去するもの。 ＜対策に要する期間＞ 規模別ⅰ～ⅲの各ケースについて、年間の平均撤去量＝4万㎥（200㎥/日×200日稼動/年を想定）として、ⅰは5年間、ⅱは1.25年間、ⅲは0.125年間の対策期間（撤去期間）のパターンとした。		ⅰ　5年 ⅱ　1.25年 ⅲ　0.125年

2）ケーススタディにおける現場条件等

　ケーススタディで仮定した現場条件等は表40のとおり。

表40　ケーススタディで仮定した現場条件等

条件項目	仮定した条件
A　不法投棄等の量	ⅰ）20万㎥、ⅱ）5万㎥、ⅲ）0.5万㎥　の3パターン
B　対策範囲面積	ⅰ）20,000㎡、ⅱ）5,000㎡、ⅲ）1,000㎡ （注：ⅰ～ⅱは平均埋立高を10.0m、ⅲは5.0mと想定して設定）
C　廃棄物内訳	特別管理産業廃棄物相当の混合廃棄物 （注：表42　別表-1のとおりに、「NPO法人最終処分場システム研究協会平成16年度研究成果報告書」をもとに廃棄物構成と撤去単価を設定）
D　廃棄物の撤去単価	36,000円/t～46,000円/tで設定 （注：表42　別表-1のとおりに、廃棄物種類別の撤去費用と構成割合、単位体積重量を与えて、廃棄物種類毎に掘削・選別の費用を求め廃棄物全体の撤去単価を設定）
E　撤去廃棄物の平均単位体積重量	1.041 t/㎥ （注：表42　別表-1のとおり）

3）長期コストの算定条件

コスト算定条件は表41のとおり。なお、ケーススタディで用いた条件の詳細は、表42のとおり。

表41　ケーススタディにおけるコスト算定条件

比較工法	設定内容
1）水処理等 （集水・遮水工 ＋水処理施設設 置工）	・集水＋遮水工施工費：「NPO法人最終処分場システム研究協会平成16年度研究成果報告書」を参考に設定。 ・水処理施設設置費：同上および表42　別表-3をもとに設定 ・水処理施設ランニングコスト（水質分析費、浸出水処理費用、電気代、維持管理委託費）：同上 ・水処理施設新規更新費用は計上していない（期間20年以上の場合においては検討が必要となる場合もあり） ・人件費（残置対策の場合の現場および設備点検）：500万円/年×1名とした。 ・環境モニタリング（不法投棄等現場周辺の表流水および地下水の各2～4地点（計4～8地点）、環境基準項目一式、各年4回実施）：年当り500～1,000万円とした。
2）撤去工	・環境モニタリング費用：年間費用は1）と同じ。 ・廃棄物撤去費用：表40のDのとおり。

表42 ケーススタディで用いた条件の詳細

検討対策工法		1）水処理等			2）撤去工			備考
投棄等量		ⅰ)20万㎥	ⅱ)5万㎥	ⅲ)0.5万㎥	ⅰ)20万㎥	ⅱ)5万㎥	ⅲ)0.5万㎥	
対策不法投棄等廃棄物量	㎥	200,000	50,000	5,000	200,000	50,000	5,000	
平均埋立高	m	10.0	10.0	5.0	10.0	10.0	5.0	
対策範囲（不法投棄等範囲）面積	㎡	20,000	5,000	1,000	20,000	5,000	1,000	③＝①÷②
不法投棄等廃棄物内訳	－	別表-1 参照						別表-1の設定内訳による。（5区分の廃棄物を含む）
不法投棄等廃棄物撤去単価	万円/t	－	－	－	36,000	39,000	40,000	別表-1の設定内訳による。（撤去費用：掘削＋選別＋運搬＋処分含む）
水処理施設規模	㎥/日	40	10	10	－	－	－	別表-2 より
集水工延長	m	700	400	200	－	－	－	対策範囲面積の四方総延長×110%程度
撤去廃棄物平均単位体積重量	t/㎥	－	－	－	1.041	1.041	1.041	
撤去廃棄物重量	t	－	－	－	208,200	52,050	5,205	

（別表-1）仮定した廃棄物の種類と撤去処理費用

撤去廃棄物		構成割合	単位体積重量	見かけ重量	構成割合	撤去費用[※1]	撤去廃棄物1トン当たりの撤去費用（円/t）		
		A	B	C	D	E	F		
		容積%	t/㎥	t	重量%	円/t	20万㎥	5万㎥	0.5万㎥
①	廃油、廃酸入りドラム缶	0 %	1.2	0.000	0.0%	120,000		0	
②	高濃度ダイオキシン含有焼却灰（特管相当）	2 %	1.8	0.036	3.5%	160,000		5,760	
③	汚染土壌（重金属、VOC汚染）	3 %	1.5	0.045	4.3%	65,000		2,925	
④	ダイオキシン類に汚染された建設系混合廃棄物	5 %	1.2	0.060	5.8%	45,000		2,700	
⑤	シュレッダーダスト、汚泥、廃プラ、木くず、コンガラ	90%	1.0	0.900	86.5%	18,000		16,200	
	合計（①〜⑤の混合廃棄物）	100%		1.041	100.0%			27,585	
	上記廃棄物の掘削・選別費用（上乗せ分）（円/㎥）						8,000	11,000	18,000
	撤去費用単価（円/t）						36,000	39,000	46,000

注1）※1の撤去費用については、最終処分場技術システム研究協会の平成16年度研究成果報告書（第3章 不法投棄対策の実例）を参考とした。
注2）現場存置案と全量撤去案の比較を行うために現場内で汚染のポテンシャルが半永久的に残る①の廃油・廃酸入りドラム缶は本検討では含まれないことと仮定した。

（別表-2）浸出水処理量条件

項目	単位	20万m³	5万m³	0.5万m³	備考
不法投棄等面積	m²	20,000	5,000	1,000	表40の設定条件
想定対策面積（集水面積）	m²	24,000	6,000	1,200	不法投棄等面積×1.2 と仮定
平均浸出水処理量（対策前）	m³/日	24	6	1	式①より
平均浸出水処理量（対策後）	m³/日	24	6	1	式②より
浸出水処理施設	m³/日	40	10	10	式③より（最小規模10m³/日で設定）
浸出水貯留施設	m³	4,000	1,000	1,000	式④より
◆計算条件					
A_1（対策前面積）		0			※3
A_2（対策後面積）		20,000	5,000	1,000	
C_1（対策前の浸出水率）※1		0.60			
C_2（対策後の浸出水率）※1		0.35			対策により0.35まで低減したと仮定
I_{AVG}：平均日降水量（平均年間降水量1,250mm/365＝3.42mm/日）					
◆概略施設規模の算定方法		式			
平均浸出水処理量　$Q_0 = 1/1,000 \times I_{AVG} \times (C_1 A_1 + C_2 A_2)$		①			
平均浸出水処理量(対策後)　$Q_0' = 1/1,000 \times I_{AVG} \times C_2 (A_1 + A_2)$		②			
浸出水処理施設　$Q = Q_0 \times 1.5$ ※2		③			
浸出水貯留施設　$V = Q \times 100$日分		④			

※1 「廃棄物最終処分場整備の計画・設計要領」（社）全国都市清掃会議　に目安とされている数値の範囲で設定。
※2 概ね30年確率での最大年間降水量による施設規模にほぼ近似する値として設定。
※3 長期間の計算であり対策時のキャッピングが開口されたときの計算は考慮していない。

（別表-3）浸出水処理施設の処理能力と建設費の関係（発注実績による）

「2004年版　全国都道府県別　ゴミ浸出汚水処理設備建設実績リスト」の規模別の実績データより、処理フローが近い浸出水処理施設のデータを抽出して、規模と建設費の関係を図19のとおりに調べた。実績データの抽出条件・手順は以下のとおり。
・完成年月が直近10年程度（平成7年～17年）
・計画水質項目で、BOD、SS、T-N が設定されている。
・「生物処理（脱窒処理）＋凝集沈殿＋砂ろ過＋活性炭」に近い処理フローを抽出。
・上記条件に基づいて、近似式よりコスト算定式を求めた。

相関式：$y = 65.435 x^{0.5607}$　（x：処理量、y：建設費）

容量	浸出水処理能力	整備コスト
20万m³	40m³/日	518（百万円）
5万m³	10m³/日	238（百万円）
0.5万m³	10m³/日	238（百万円）

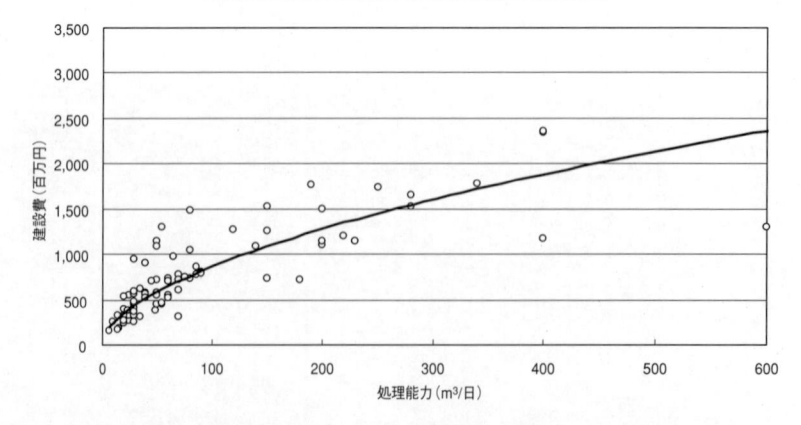

図19　浸出水処理施設の処理能力と建設費の関係（発注実績による）

4）長期コストの試算結果

ケーススタディによる長期コスト算定結果を表43に示す。

試算ケース i （不法投棄量が20万㎥）では、撤去工の場合のトータルコストは、水処理等による場合で50年間対策を実施（水処理を50年間継続）した場合と概ね同等となっている。堆積廃棄物の性状（化学物質濃度等）にもよるが、50年間ではほぼ廃棄物が無害化・安定化する期間を超過しているものと思われ、このケースでは、撤去工の選択は経済的に不利となる可能性を示唆している。

一方、試算ケース ii （同5万㎥）の場合では、約30年間の対策実施期間の場合で水処理等の対策と撤去工のトータルコストが均衡している。このため実際には廃棄物の場外搬出条件（受入先での処理処分単価等）により、撤去工の選択が経済的に有利な場合も不利な場合もあることが想定される。

試算ケース iii （同0.5万㎥）の場合では、撤去工が、水処理等の対策で10年間の対策実施期間の場合よりも相当安価となる試算結果となっている。

なお、本試算はモデルケースによる試算であり、廃棄物下層の地山部分の土壌汚染を見込んでいないことや総事業費算定における借入れ時の金利負担等を考慮していない等、条件を表40～表42のとおりにした場合の試算結果であることに留意を要する。

また、本試算では、p28第1章Ⅵ.2に示した対策工の効果についての試算は行っていないが、実際には対象ケースの経済効果等についても可能な範囲で加味して比較検討することが必要になる。

表43　ケーススタディによる長期コスト算定の結果

試算ケース i ）
不法投棄等量20万㎥の場合

工法	単価	数量	水処理等のコスト（単位：百万円） 10年	20年	30年	40年	50年	撤去工（単位:百万円） 5年	備考
									撤去：(年間平均撤去量＝4万㎥ 200㎥/日×200日/年) 注）準備工期間は考慮せず
1 集水＋遮水工施工費※2	5,200円/規模㎡	200,000㎡	1,040	1,040	1,040	1,040	1,040	400	文献による管理型処分場の規模別建設単価(6,500円/規模㎡)の80%掛けとして設定した※1。
2 水処理施設設置費※3	5,000円/規模㎡	200,000㎡	1,000	1,000	1,000	1,000	1,000	400	左記算定は、管理型処分場の埋立容量規模ベースによる。（参考値として、別表-3の浸出水処理施設実績（規模・40㎥/日）による推定建設費=約5.2億円）
3 水処理施設維持管理費※4	500円/規模㎡・年	200,000㎡	1,000	2,000	3,000	4,000	5,000	400	撤去工案は工期が短期であるので、表面遮水および移動式テント（対策範囲を4分割）の浸出水発生防止設備費用のみで水処理コストは見込んでいない。
4 人件費	500万円/年	1年	50	100	150	200	250		水処理施設設置工の場合は対策設備等の維持点検費用を見込んでいる。
5 環境モニタリング費用	1,000万円/年	4回/年	100	200	300	400	500	50	環境モニタリング費=不法投棄等現場周辺の表流水および地下水の各4地点（計8地点）について、環境基準項目等を年4回実施を想定した。
6 廃棄物撤去費用	36,000円/t	208,200t	－	－	－	－	－	7,495	
費用合計			3,190	4,340	5,490	6,640	7,790	8,745	
廃棄物1㎥当りの費用（千円）			16	22	27	33	39	44	
撤去工に対する費用の相対指数			36.5%	49.6%	62.8%	75.9%	89.1%	100.0%	

試算ケースⅱ)
不法投棄等量5万m³の場合

工法	単価	数量	水処理等のコスト (単位:百万円)					撤去工 (単位:百万円)	備考
			10年	20年	30年	40年	50年	1.25年	撤去:(年間平均撤去量=4万m³ 200m³/日×200日/年) 注)準備工期間は考慮せず
1 集水+遮水工施工費※2	9,600円/規模m³	50,000m³	480	480	480	480	480	100	文献による管理型処分場の規模別建設単価(12,000円/規模m³)の80%掛けとして設定した※1。
2 水処理施設設置費※3	12,000円/規模m³	50,000m³	600	600	600	600	600	100	左記算定は、管理型処分場の埋立容量規模ベースによる。(参考値として、別表-3の浸出水処理施設実績(規模・10m³/日)による推定建設費=約2.4億円)
3 水処理施設維持管理費※4	500円/規模m³・年	50,000m³	250	500	750	1,000	1,250	100	撤去工案は工期が短期であるので、表面遮水および移動式テント(対策範囲を4分割)の浸出水発生防止設備費用のみで水処理コストは見込んでいない。
4 人件費	500万円/年	1年	50	100	150	200	250		水処理施設設置工の場合は対策設備等の維持点検費用を見込んでいる。
5 環境モニタリング費用	500万円/年	4回/年	50	100	150	200	250	6	環境モニタリング費=不法投棄等現場周辺の表流水および地下水の各2地点(計4地点)について、環境基準項目等を年4回実施を想定した。
6 廃棄物撤去費用	39,000円/t	52,050t	-	-	-	-	-	2,030	
費用合計			1,430	1,780	2,130	2,480	2,830	2,336	
廃棄物1m³当りの費用(千円)			29	36	43	50	57	47	
撤去工に対する費用の相対指数			61.2%	76.2%	91.2%	106.2%	121.1%	100.0%	

試算ケースⅲ)
不法投棄等量0.5万m³の場合

工法	単価	数量	水処理等のコスト (単位:百万円)					撤去工 (単位:百万円)	備考
			10年	20年	30年	40年	50年	0.125年	撤去:(年間平均撤去量=4万m³ 200m³/日×200日/年) 注)準備工期間は考慮せず
1 集水+遮水工施工費※2	28,000円/規模m³	5,000m³	140	140	140	140	140	40	文献による管理型処分場の規模別建設単価(推定35,000円/規模m³)の80%掛けとして設定した※1。
2 水処理施設設置費※3	50,000円/規模m³	5,000m³	250	250	250	250	250	40	左記算定は、管理型処分場の埋立容量規模ベースによる。(参考値として、別表-3の浸出水処理施設実績(規模・10m³/日)による推定建設費=約2.4億円)
3 水処理施設維持管理費※4	500円/規模m³・年	5,000m³	25	50	75	100	125	40	撤去工案は工期が短期であるので、表面遮水および移動式テント(対策範囲を4分割)の浸出水発生防止設備費用のみで水処理コストは見込んでいない。
4 人件費	500万円/年	1年	50	100	150	200	250		水処理施設設置工の場合は対策設備等の維持点検費用を見込んでいる。
5 環境モニタリング費用	500万円/年	4回/年	50	100	150	200	250	0.63	環境モニタリング費=不法投棄等現場周辺の表流水および地下水の各2地点(計4地点)について、環境基準項目等を年4回実施を想定した。
6 廃棄物撤去費用	40,000円/t	5,205t	-	-	-	-	-	208	
費用合計			515	640	765	890	1,015	329	
廃棄物1m³当りの費用(千円)			103	128	153	178	203	66	
撤去工に対する費用の相対指数			156.6%	194.6%	232.6%	270.7%	308.7%	100.0%	

注1)※1文献:小野雄策他 廃棄物学会誌 vol.18 no.6 pp370-381, 2007
注2)※2の遮水工施工費については、「小野雄策他 廃棄物学会誌 vol.18 no.6 pp370-381, 2007」より埋立容量20万m³の管理型処分場の土木工事費(水処理施設工事費除く)を引用した。
注3)※3の水処理施設設置費については、同上文献より管理型最終処分場(陸上埋立)の埋立容量20万m³の管理型処分場の水処理施設工事費を引用した。
注4)※4の水処理施設維持管理費については、同上文献より 管理型最終処分場(陸上埋立)のLCCより200円~800円/m³・年を参考に平均値500円/m³・年を設定した。ただし人件費は含まず。

5 有害ガス・悪臭対策工
(1) 対策工の検討にあたっての基本的な考え方

不法投棄等現場から発生する有害ガス・悪臭により周辺住民の健康被害等の支障が生じている場合や支障のおそれの度合いが大きい場合には、有害ガス・悪臭防止対策を講ずる必要がある。

有害ガス・悪臭には様々な種類があり、その特性（有害性、挙動等）も異なることから、対策の検討に際しては、有害ガスや悪臭物質の種類を特定したうえで、人体への影響等による有害性や影響範囲を検討して適切な対策を講ずることが重要である。

(2) 対策工の検討フロー

図20に有害ガス・悪臭対策工の検討フローを示す。

```
┌─────────────────────────────────────────┐
│ 1．対策工選定のための基本条件整理         │
│ ①対策工選定のための支障等の度合いや現場特 │
│   性の整理                                │
│ ②支障発生メカニズムの分析・把握           │
│ ③支障等が生じうる範囲の検討               │
│ ④処理施設の立地状況等の把握               │
│ ⑤その他対策の検討における留意事項の整理   │
└─────────────────────────────────────────┘
                    ↓
┌─────────────────────────────────────────┐
│ 2．対策工の概略選定                       │
│ ①支障等の度合いによる対策工の想定         │
│     1）覆土工                             │
│     2）機能性覆土設置工                   │
│     3）ガス処理設備設置工                 │
│     4）モニタリング工                     │
│     5）その他                             │
│      →表44、図21　参照                   │
│ ②支障発生メカニズムに応じた対策の概略選定 │
│      →表47、表48等　参照                 │
│ ③対策の実施範囲の検討                     │
└─────────────────────────────────────────┘
                    ↓
┌─────────────────────────────────────────┐
│ 3．対策工の詳細選定                       │
│ ①対策工実施時の効果・コストの検討         │
│ ②情報公開・住民からの意見聴取             │
│ ③対策工の決定（総合評価）                 │
│      →p28第1章 不法投棄等と調査・対策の概要│
│       Ⅳ．2参照                           │
└─────────────────────────────────────────┘
```

図20　有害ガス・悪臭対策工の検討フロー

第2章　対策工と技術　127

（3）対策工選定のための基本条件

初期確認調査で把握された支障等の度合いや現場および周辺の状況を整理するとともに、対策工を想定した事前調査を行って、支障発生メカニズム（有害ガス・悪臭の原因物質等）について分析、把握する。なお、対策工を想定した事前調査の内容は、既刊の「調査マニュアル」を参照されたい。

① 支障等の度合いや現場特性の整理
- 初期確認調査等により把握された支障等の度合いの状況についての整理（有害ガス・悪臭は、風向、天気、季節等の気象条件による変化が大きいことや、受容性に関する個人差が大きいことから、支障等の判断には継続的かつ詳細な調査、ヒアリングを行う等、慎重に実施する）
- 初期確認調査による現場特性（周辺の住宅の立地状況、風向等）の整理（p34 表7参照）
- 有害ガス・悪臭の発生状況（現場および周辺のガス種別の濃度分布等）や廃棄物内部の温度分布の把握
- その他、支障発生メカニズムに関する事項
- 有害ガスは、労働安全衛生法などにより物質ごとにその有害性・危険性が区分され、特定の作業場において規制物質と管理濃度（p207「巻末資料1．表10 有害ガスの有害性の目安」 参照）が定められているので確認する。一方、悪臭は、悪臭防止法により公害の観点から規制地域と基準（p208「巻末資料1．表11 悪臭物質濃度基準、表12 臭気指数許容限度」 参照）が定められているので確認する。

② 支障発生メカニズムの分析・把握
①の調査結果から有害ガス・悪臭の発生要因（原因となっている廃棄物種類やその埋立場所、ガス等の発生経路等）により、有害ガス・悪臭の発生メカニズムについて分析・把握する。

③ 支障等が生じうる範囲の検討
支障が生じうる範囲について、②で把握した支障発生メカニズムや必要に応じて汚染拡散計算を行うなどして検討する。

④ 処理施設の立地状況等の把握
有害ガス・悪臭の発生場所を特定できる場合等で廃棄物撤去を考える場合は、撤去廃棄物を処理できる中間処理施設、最終処分場の立地状況、受入条件、受入単価等の整理（p41表14、p42表15参照）

（4）対策工の概略選定

1）支障等の度合い別の対策選定の一般的な考え方

表44に有害ガス・悪臭対策における支障等の度合いに応じた対策選定の考え方を示す。

また現場での対策工の適用イメージを図21に示す。

表44　有害ガス・悪臭対策における支障等の度合いに応じた対策の具体例

支障等の度合い	対策の基本的方向性	対策の例 （複数の対策を組み合わせることが合理的な場合もある）
A：支障あり （現時点で既に支障が発生している場合）	現に発生している支障への対応	① 迅速な応急措置 ・立入禁止措置 ・覆土工（＋ガス抜き管設置工） ・薬剤散布 ・ガス処理施設設置工　等 ② 支障除去等措置 ・有害ガス・悪臭の発生源となっている廃棄物の撤去等 ③ 周辺環境側での対応 ・立入禁止措置 ・周辺住民等の退避 ・土地利用に対する制限・補償　等
B：支障のおそれあり （支障のおそれの度合いが比較的大きい場合）	支障の発生の防止	① 支障の発生可能性の調査 （「調査マニュアル」：2-3初期確認調査 参照） ② 支障発生防止方策の検討（対策工の選定） ③ 支障発生防止措置 ・支障発生の要因となる部分の廃棄物の撤去（部分撤去） ・機能性覆土設置工 ・ガス処理設備設置工　等 ④ 周辺環境側での対応 ・モニタリング　等 （有害ガス・悪臭物質：現場周辺部）
C：支障のおそれが小さい （支障のおそれがあるがその度合いは比較的小さい場合）	継続監視 （モニタリング、現地調査）	○ 不法投棄等現場のモニタリングの継続、支障等の状況の定期的な確認 ・ガス濃度計設置 ・定期的な支障等の状況の確認 ・臭気強度・臭気濃度計による測定（周辺環境側） ・定期的な悪臭物質の測定（周辺環境側）　等
D：支障等なし （現時点で支障のおそれがない場合）	情報管理	・当該事案の支障等の状況に関する定期的な情報の蓄積（情報管理）

□迅速な応急措置
　（例：立入禁止措置、
　　覆土工（＋ガス抜き管設置工）、
　　薬剤散布、ガス処理施設設置工　等）
□支障除去等措置
　（例：支障を発生させている廃棄物の
　　撤去　等）

□支障発生防止措置
　（例：支障発生の要因となる廃棄物の
　　撤去（部分撤去）、
　　機能性覆土設置工、
　　ガス処理施設設置工等）

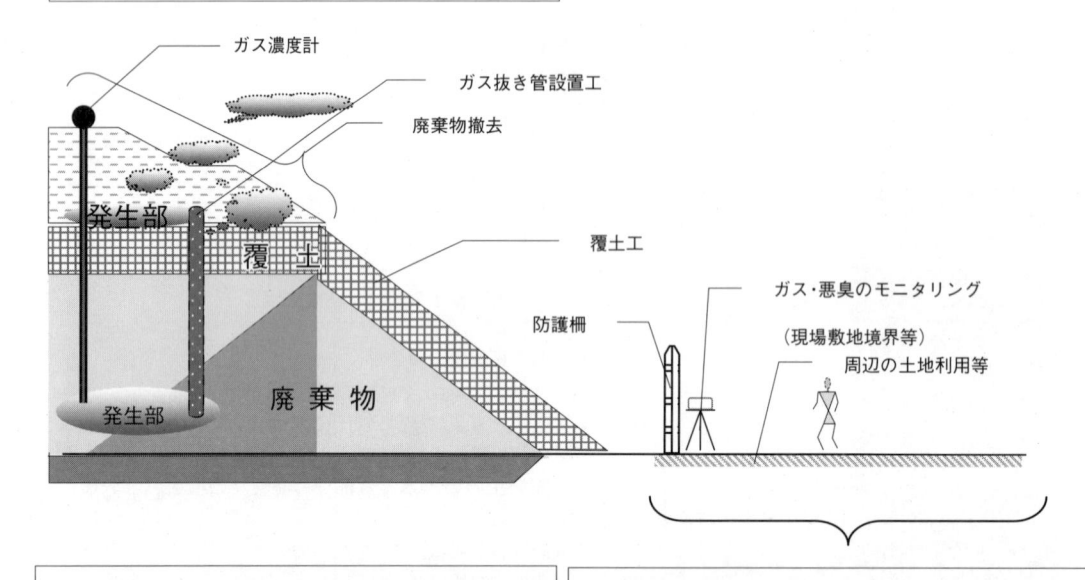

□不法投棄等現場のモニタリングの継続、
　支障等の状況の定期的な確認
　（例：ガス濃度計設置　等）

□周辺環境側での対応
　（例：立入禁止措置、土地利用に対する
　　制限・補償、モニタリング　等）

図21　有害ガス・悪臭を支障とする不法投棄等現場への各対策の適用イメージ

２）有害ガス・悪臭の原因物質と特徴

　検知管等による測定結果から有害ガス・悪臭の発生要因を推定する際の参考に、有害ガス・悪臭の分類とそれぞれの原因物質を表45に、発生要因の模式図を図22に示す。

　また、表46には、有害ガス等の種類別の特徴を示す。

　対策の基本としては、発生するガスや臭気の種類により、有機溶剤等に起因するVOC（Volatile Organic Compounds：揮発性有機化合物）等、廃棄物中の成分が生物分解され生成する硫化水素、有機性物質等の分解に伴い発生する可燃性ガス等（表45参照）のような原因物質を取り除くことが必要となる。

表45 有害ガス・悪臭の分類と原因物質

分類	原因物質	備考
廃棄物そのものが発する有害ガス・悪臭	VOC（ベンゼン等）、硫化水素、アンモニア、PCB等	＜硫化水素発生のメカニズム＞ 1）埋立層中に硫酸イオンと有機物が混在すると硫化水素が発生する。 2）有機物は汚泥、紙、木くず等から供給される。 3）硫酸イオンは地下水や石膏ボード類等から供給される。 4）硫酸イオンと有機物を利用して、微生物が硫化水素を生成する。 5）硫酸イオンが消費される、または有機物が全て分解すると硫化水素の発生は止まる。
腐敗等生分解に伴い発生する有害ガス・悪臭	硫化水素、アンモニア等	
その他要因による有害ガス・悪臭	化学反応（廃石膏ボードの分解）による有害ガス（硫化水素等） 廃棄物の燃焼により発生する有害ガス（一酸化炭素等）	

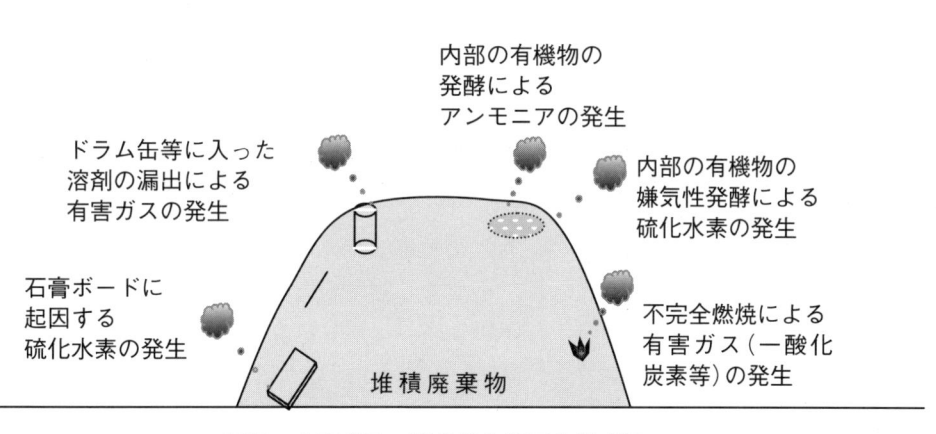

図22 有害ガス・悪臭発生要因の模式図

表46 主な有害ガス・悪臭の特徴

有害ガス・悪臭の種類	特徴	可燃性・爆発性	有害性	臭い
VOC	溶剤系の刺激臭。 毒性があり、粘膜の炎症、皮膚の炎症、頭痛等をもたらす。	○	○	○
硫化水素	刺激臭（温泉地の硫黄臭類似）。 毒性があり、粘膜の炎症、目や呼吸器の刺激をもたらす（労働安全衛生法の作業環境管理濃度5 ppm 未満）。	○	○	○
アンモニア	刺激臭、毒性がある（労働安全衛生法の作業環境管理濃度25ppm 未満）。	○	○	○
一酸化炭素	無臭、不完全燃焼等により発生。 毒性がある（労働安全衛生法の許容限界濃度50 ppm 未満）。	○	○	－
メタン	無臭。嫌気性発酵等により生じる。毒性はない。可燃性ガス。	○	－	－
悪臭物質	悪臭物質の種類により様々な臭気の特徴がある。濃度が低くても不快感のある臭気を生じる。	△（可燃性を有するガスもある）	－	○

3）支障発生メカニズムに応じた適用可能な対策工の抽出

　有害ガス・悪臭のそれぞれの要因と適用できる対策の例を表47に示す。また、表48には、対策工別の目的と特徴の一覧を示す。有害ガス・悪臭の発生要因や現場特性に応じて、適用可能な対策を抽出する。

表47 有害ガス、悪臭別の適用可能な対策の例

現象による区分	要因	要因の把握方法等	想定される対策
（1）有害ガス	・廃棄物の腐敗 ・有臭の廃棄物の投棄 ・堆積廃棄物の不完全燃焼 ・化学反応による有害ガスの発生	ガス分析により有害ガス濃度を測定（簡易法：検知管・ポータブルガスクロ計、公定法：ガスクロマトグラフ法他） （管理濃度・許容濃度等の基準値と対比）	・有害ガスの大気拡散による濃度低下（ガス抜き管設置工等） ・有害ガスの拡散を防止（覆土工） ・有害ガスの吸着（機能性覆土設置工） ・要因となる廃棄物の除去（部分撤去工）
	・特定の有害ガスの要因となる廃棄物		・要因となる廃棄物の除去（部分撤去工）
（2）悪臭	・廃棄物の腐敗 ・有臭の廃棄物の投棄	特定悪臭物質および臭気濃度・臭気強度を測定（環境基準等と対比）	・悪臭物質の大気拡散による濃度低下（ガス抜き管設置工等） ・悪臭物質の拡散防止（覆土工） ・悪臭物質の吸着（機能性覆土設置工） ・要因となる廃棄物の除去（部分撤去工）
	・特定の悪臭物質の要因となる廃棄物（局所的に存在）		・要因となる廃棄物の除去（部分撤去工）

※火災起因により一酸化炭素が発生する場合は、火災対策を講ずる。

表48 対策別の目的と特徴

対策	対策の分類	目的	特徴
覆土工 （ガス抜き工）	封じ込め	覆土でガス・悪臭を封じ込める	ガスが発生している堆積廃棄物を覆土等で封じ込める（ガスが他のところから噴出するおそれもあるため慎重な検討が必要）。
機能性覆土工	吸着・分解	ガス・悪臭物質を多孔質材で吸着、反応性・触媒作用物質で分解	活性炭やゼオライト等の多孔質物質に吸着させる。鉄粉等の反応性/触媒作用を持つ物質で分解させる。
ガス処理設備設置工 （ガス抜き管設置工）	排出 （大気拡散）	ガス・悪臭を抜出し処理、放出する	ガス抜き管を設置し、堆積廃棄物に溜まっているガスを排出する（排出する場合の安全性や環境に留意する必要がある）。
モニタリング	監視	継続監視の実施	支障等が顕著でない場合の継続監視。

《参考：悪臭・有害ガス発生と拡散について》
 ⅰ）有害ガス・悪臭の大気拡散とモデル

　現場から発生した有害ガス・悪臭の成分は、大気と混じりつつ希釈されながら周辺に拡散する。有害ガス・悪臭の拡散は、5式、6式で示されるように発生量（濃度×ガス量）、発生源の高さ、風速に依存し、基本的に発生量が少ないほど、発生源の高さが高いほど、風速が強いほどガスが拡散され周辺への影響は小さくなる。

　現場における有害ガス・悪臭は、発生源が広範囲に分布する場合や、複数の発生源から発生する場合、複数の成分による有害ガス・悪臭が発生する場合などがある。また、有害ガス・悪臭の発生は、気象条件により大きく異なることがあり、風向きや風速が一定でないなど現場の条件は刻々と変化するため、有害ガス・悪臭の予測評価を行うことは難しい面がある。

　環境アセスメント等において有害ガス・悪臭の影響を予測する場合は、煙突からの排気ガスの拡散理論モデルを用いることが多い（発生源を煙突と見立てて適用）。参考に、有風状態において用いられているプルームモデルと、無風状態または微風状態で用いられるパフモデルの概略を紹介する。詳細については、「廃棄物処理施設生活環境影響調査指針　環境省大臣官房廃棄物・リサイクル対策部（平成18年9月）」を参照されたい。

 ⅱ）プルームモデル

　プルームモデルは、発生源から定常的に発生する化学物質が一定の風速により風下に流れることを前提とした場合に着地濃度（計算点の濃度）を求めるモデルであり、基本式を5式に示す。平たん地で風下に向かって連続して拡散される定常状態の悪臭濃度の予測値を求める場合に適する。

$$C = \frac{Q}{\sqrt{2\pi}(\pi/8)R\sigma_z U} \cdot \left[\exp\left\{-\frac{(z-H_e)^2}{2\sigma_z^2}\right\} + \exp\left\{-\frac{(z+H_e)^2}{2\sigma_z^2}\right\}\right] \cdot 10^6$$

・・・・5式

　C ：計算点の濃度（ppm または mg/m³）
　R ：煙源と計算点の水平距離（m）
　z ：計算点の高さ（m）
　Q ：煙源発生強度（m³N/s または kg/s）
　U ：煙突実体高での風速（m/s）
　He：有効煙突高（m）
　σ ：拡散パラメータ（パスキルギフォード図を用いて設定することが多い）

出典：廃棄物処理施設生活環境影響調査指針、環境省大臣官房廃棄物・リサイクル対策部（平成18年9月）

5式は、計算点の臭気濃度（C）は発生強度（Q）に比例し、煙源と計算点の水平距離（R）および風速（U）に反比例するものである。また、exp関数部分は、煙突高さ（臭気の場合は発生源の高さ）による補正を示しており、煙突高さ（He）と計算点の高さ（z）の差があるほど臭気濃度が低くなることを示している。このため、有害ガス・悪臭対策として発生強度の抑制の他、現場で可能であれば風防対策や、発生源と支障が生じているポイントの水平距離や高低差をとることが対策になり得ることが示されている。

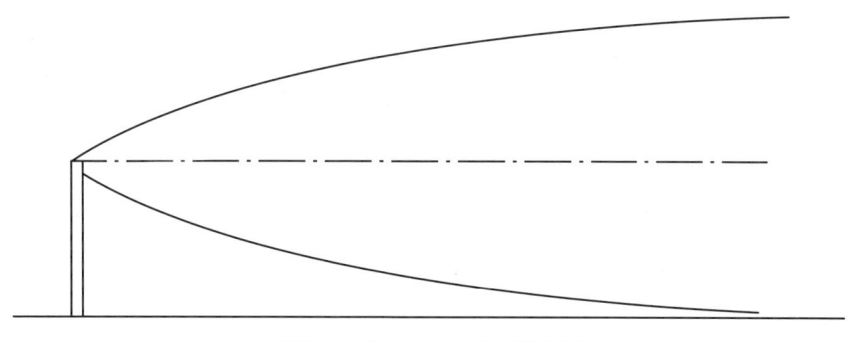

図23　プルームモデル模式図

ⅲ）パフモデル

パフモデルは、発生源において瞬間的に臭気のガス塊が発生したと仮定し、ガスの拡散が空間的に一様であることを前提としたモデルである。空間的に均質に拡散することを前提としているため、無風時もしくは弱風時における悪臭濃度の予測値を求めるのに適する。6式に、無風パフ式を示す。

$$C = \frac{Q}{2\pi^{3/2}\gamma} \cdot \left\{ \frac{1}{R^2+(\alpha/\gamma)^2(H_e-z)^2} + \frac{1}{R^2+(\alpha/\gamma)^2(H_e+z)^2} \right\} \cdot 10^6$$

・・・・6式

　　C　：計算点の濃度（ppm または mg/m³）
　　R　：煙源と計算点の水平距離（m）
　　z　：計算点の高さ（m）
　　Q　：煙源発生強度（m³N/s または kg/s）
　　He　：有効煙突高（m）
　α、γ：拡散パラメータ（Pasquill 安定度階級分類法などにより設定）

出典：廃棄物処理施設生活環境影響調査指針、環境省大臣官房廃棄物・リサイクル対策部（平成18年9月）

6式は、5式と同様に発生強度（Q）に比例するが水平距離（R）は二乗で効いている。

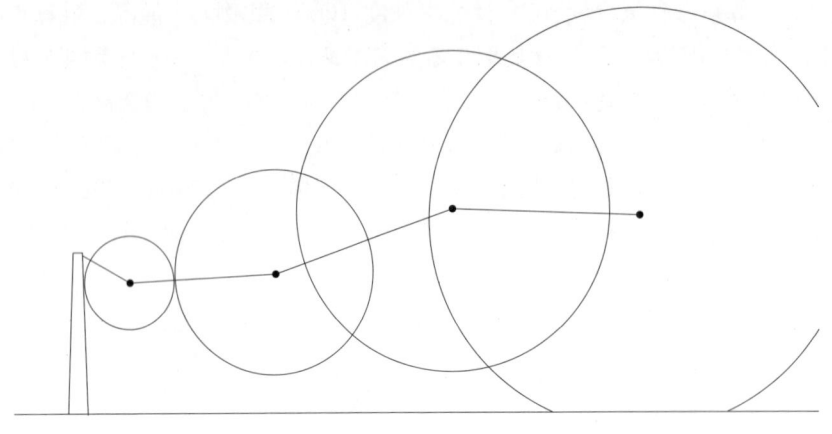

図24　パフモデル模式図

図の出典：茅野政道、原子力と大気拡散研究、日本原子力学会誌 Vol.32 No.11（1990）

4）対策工の概略選定にあたっての留意事項
① 有害ガス・悪臭発生状況に応じた対策の検討
・ 有害ガスおよび悪臭物質は、時間の経過とともに要因物質が変化することもあり、投棄された時期や周辺環境（地形や地下水等の状況）を考慮し、発生ガスだけを対象にするのではなく、発生の可能性があるガスを公定法の他、検知管、ポータブルガス計等を用いながら適宜計測し、対策を検討する必要がある。
・ 有害ガスの発生が疑われる現場では、硫化水素等の危険なガスが突発的に発生する場合もあり、ガス抜きの実施や作業環境測定を綿密に行う等の安全体制をとることを前提にする必要がある。
② 悪臭に対する対策立案時の留意事項
・ 悪臭対策の目安として、悪臭防止法に定める基準があり悪臭防止法の基準と規制地域は、都道府県が定めている（p 208「巻末資料１．表11　悪臭物質濃度基準」参照）。そのため、対策工の概略選定にあたっては、以下の点に留意する。
  ⅰ）悪臭防止法の規制地域では、悪臭防止法の基準を遵守する。
  ⅱ）悪臭防止法の規制地域外では、規制はないが現状を勘案して規制値を参考に目標とする臭気指数を定める。
・ 悪臭は、臭気強度に示されるように感覚的に投棄場所の周辺住民に感知される。また、単一の臭気でなく複合的な"臭い"として存在し、また時間とともに臭気源が変化することからも工場系等の臭気対策のように機械設備的な脱臭処理対策が容易でないことに留意が必要である。
③ 撤去工による場合の留意事項
・ 原因廃棄物の撤去は全てのガスや臭気の対策に有効であるが、撤去工事には一斉に高濃度のガス・臭気が発生することが多いために作業環境対策や周辺環境対策と

しての拡散防止策（養生テントやガス処理）を要する場合がある。
- 特に撤去工事においては、ガス対策のために囲いやテントによる半閉鎖空間内での作業となることから作業者の死亡事故にもつながる硫化水素等有毒ガスの対策と酸欠防止策が重要である。そこで作業中にも、硫化水素、有害な有機ガス（VOC等）、一酸化炭素等の対策としての換気設備、ガス処理設備、および緊急時の空気呼吸器等、環境対策設備・装備の整備が必須である。

5）対策工の範囲の検討

対策の範囲は、支障除去等が可能となる最小の範囲とすることが基本であり、有害ガスを発生させている廃棄物の位置が特定できる場合は、この範囲で廃棄物の撤去を行うことになる。一方、有害ガスや悪臭の原因となる廃棄物の位置が特定できない場合は、覆土等による対策工と有害ガスの発生を抑制するための最小限の廃棄物撤去とのコスト、効果の比較となる（p185に示すⅢ.4　埼玉県三芳事案が対策工の選定や対策工の範囲の検討にあたって参考になる）。

6）各対策工の概要

代表的な有害ガス・悪臭対策工である、覆土工、機能性覆土設置工、ガス処理設備設置工の概要、目的、適用条件等を表49～表52に示す。各対策の当該現場への適用性の検討のための参考とするとよい。

表49 覆土工

工法	覆土工
施工概念図	(廃棄物の上に覆土を施す断面図)
目的・効果	悪臭物質や有害ガスの拡散防止を目的として、廃棄物表面への覆土工により、有害ガス・悪臭を抑制する。 同工法は不法投棄等現場と外部環境とを遮断することによる有害ガス・悪臭物質の封じ込め的な技術であるが、以下の効果が期待される場合がある。 ・　有害ガス、悪臭物質の覆土への吸着。 ・　覆土に存在する微生物によるガス・臭気成分分解作用による土壌脱臭効果。
適用条件　技術的条件	・　堆積廃棄物上部に作業場所が確保できること。 ・　廃棄物に安定した覆土の施工が可能であり、施工後も覆土が適正に維持できること。 ・　覆土による空気の低減が硫化水素やメタン等のガスの発生を助長する場合には、ガス抜き管設置工等の併用を検討する。 ・　対策工の施工後も廃棄物が残るため事後の管理が必要。
工法の使用実績	あり
大規模構造物の設置	なし
関連する工法・技術	巻末資料7．支障除去等対策に適用可能な技術例 NO.31～NO.36（キャッピング工法）

表50　機能性覆土設置工

工法	機能性覆土設置工（酸化鉄、活性炭混合覆土）
施工概念図	（廃棄物の上に機能性覆土を設置する断面図）
目的・効果	有害ガス・悪臭物質の吸着を目的として、覆土に酸化鉄や活性炭・ゼオライト等の機能性材料を混合することで、ガスの封じ込めや化学反応による無害化を促進させ、有害ガス・悪臭物質を抑制する。 機能性覆土の施工方法には、客土に機能性の材料を混合する方法と、層状に配置する方法がある。
適用条件　技術的条件	・　事前調査により支障等の原因となりうる（発生している）ガスの種類が特定できていること。 ・　堆積廃棄物上部に作業場所が確保できること。 ・　廃棄物に安定した覆土の施工が可能であり、施工後も覆土が適正に維持できること。 ・　対策工の施工後も廃棄物が残るため事後の管理が必要。
工法の使用実績	あり（「Ⅲ．3　宮城県村田事案」に実例を示す）
大規模構造物の設置	なし
関連する工法・技術	Ⅲ．4　埼玉県三芳事案（鉄粉混入土による覆土） 巻末資料7．支障除去等対策に適用可能な技術例 NO.20
備考 （設計時の検討事項）	1．対象範囲と覆土厚さの設定 2．覆土に混合させる材料の例 3．必要覆土量 表　覆土に混合させる材料別の適用できる有害ガス・悪臭成分 {下表参照}

混合させる材料	適用できる有害ガス・悪臭成分	備考
鉄粉	硫化水素、亜硫酸ガス	硫化水素との反応によるトラップ。
活性炭	硫化水素、亜硫酸ガス、アンモニア、VOC、悪臭成分	各種ガスに対応した様々な種類の活性炭がある。
ゼオライト	硫化水素、亜硫酸ガス、アンモニア、VOC、悪臭成分	

表51 ガス処理設備設置工（1）

工法		ガス処理設備設置工（ガス抜き管設置工併用）
施工概念図		
目的・効果		有害ガス・悪臭の排除・処理を目的として、廃棄物内部からガスを抜くためのガス処理設備（ガス抜き管併設）を設置し、火災（発火）を抑制する。 ・ 廃棄物内に有孔管を埋設し、発生するガスを自然または強制排気し、廃棄物内部のガスを排除する。 ・ ガスの無害化、脱臭には、酸化鉄脱臭、触媒脱臭、洗浄脱臭（スクラバー）、生物脱臭（土壌脱臭等）および活性炭吸着等が用いられる。
適用条件	技術的条件	・ 対象とするガス成分に有効なガス処理方式を選択できること。 ・ 廃棄物層にある程度空隙があり廃棄物内部のガスを吸引できること。 ・ ガス抜き管が確実に施工できること。 ・ ガス処理設備の動力が確保できること。 ・ 対策工の施工後も廃棄物が残るため事後の管理が必要。
工法の使用実績		あり
大規模構造物の設置		なし
関連する工法・技術		巻末資料7．支障除去等対策に適用可能な技術例 NO.18～NO.19

表52 ガス処理設備設置工（2）

工法	ガス処理設備設置工（ガス抜き管設置工併用）

備　考（設計時の検討事項）

表　処理対象ガスとガス処理設備に用いる反応材

ガス処理設備に用いる反応材	処理対象ガス	備考
鉄粉	硫化水素、亜硫酸ガス	・化学反応による無害化のため定期的な鉄粉の交換が必要
活性炭	硫化水素、亜硫酸ガス、VOC、アンモニア、悪臭成分	・吸着による無害化・脱臭のため定期的な活性炭の交換が必要
ゼオライト	硫化水素、亜硫酸ガス、VOC、アンモニア、悪臭成分	・吸着による無害化・脱臭のため定期的なゼオライトの交換が必要
触媒	硫化水素、VOC、アンモニア、一酸化炭素、悪臭成分	・触媒を加温するための電源が必要 ・ガスの種類により使用される触媒が異なる場合がある
スクラバー（水洗、酸・アルカリ洗浄）	硫化水素、亜硫酸ガス、アンモニア、悪臭成分（水溶性のもの）	・水溶性ガスにのみ効果がある ・水の定期的な交換が必要 ・ガスの種類に応じて、水洗、酸洗浄、アルカリ洗浄を選択する
生物脱臭	硫化水素、亜硫酸ガス、アンモニア、悪臭成分	・冬季は脱臭能力が低下する ・施設が大がかりになる
薬液（界面活性剤・腐食質等）	硫化水素、亜硫酸ガス、VOC、アンモニア、悪臭成分	・薬液により無害化・脱臭できるガスが異なる ・定期的な薬液交換が必要
オゾン	硫化水素、亜硫酸ガス、VOC、アンモニア、一酸化炭素、悪臭成分	・広範囲な無害化・脱臭が可能であるが、オゾン自体に毒性があるため濃度制御が難しい
プラズマ	硫化水素、亜硫酸ガス、VOC、アンモニア、一酸化炭素、悪臭成分	・広範囲な無害化・脱臭が可能であるが、価格が高い
光触媒	硫化水素、亜硫酸ガス、VOC、アンモニア、一酸化炭素、悪臭成分	・反応効率が低いため、多量のガスや高濃度ガスには向かない
燃焼	硫化水素、亜硫酸ガス、VOC、アンモニア、一酸化炭素、悪臭成分	・脱臭効果は大きいが、施設が大がかりとなる ・脱臭用の燃料が必要である

（5）対策工の詳細選定

対策工の詳細選定は、（4）で行った概略選定により抽出された適用可能性の高い対策工について、それぞれの対策工の効果や長期的なトータルコスト、周辺住民や作業員の安全確保等を考慮して詳細検討を行い、必要に応じて情報公開・住民からの意見聴取を踏まえるなどして、総合評価により対策工を選定する。

なお、対策工の詳細選定の方法は、第1章 概要編の「Ⅵ．2　効果・コストの検討と対策工の評価」に示している。また、効果・コストの算定にあたって参考となる資料を、「巻末資料6．対策工の効果・コストの算定に関する資料」に示す。

また、有害ガス・悪臭対策工の詳細選定にあたって必要となる検討事項と各々で留意すべき事項を表53に示す。

表53　有害ガス・悪臭対策工の詳細選定時の留意事項

詳細選定項目	内容、留意事項
1）前提条件 ① 設計の前提条件の整理	有害ガス・悪臭対策工設計の際の前提条件として、発生ガスの種類と濃度、想定される発生原因をつかむことが重要となる。特に発酵に伴うガスの発生が想定される場合、発生ガス量が徐々に増加する可能性もある。 また、ガスの種類によりガス処理設備や有効な覆土材が異なるため、ガスの成分と濃度の条件整理を実施する。
② 対策範囲の検討	対策範囲は、堆積廃棄物の特にガスが噴出している場所を基本として設定するが、覆土等の工法の場合、有害ガスや悪臭は、ガス抵抗の低いところから噴出する特徴がある。覆土工のような囲い込みの工法の場合は、堆積廃棄物全体を覆うように範囲を検討する。 ガス処理施設設置工では、ガスを吸引除去するため、濃度が高いと想定される場所を対象として実施することになる。
2）効果の検討	「巻末資料6．対策工の効果・コストの算定に関する資料」を参照のこと。
3）コスト算定の考え方 ① 工法の必要事項の検討	・発生する有害ガス・悪臭の種類、発生量、濃度の検討 ・発生する有害ガス・悪臭に対応した、ガス処理設備、機能性覆土材の検討
② 施工方法の検討	・仮設工の必要性の検討（仮設道路、テント等） ・工事により生じるガスの対策検討 ・作業員の安全を確保しながら施工できる方法の検討
③ 安全確保、作業内容の確認	安全確保、作業内容の確認事項として一般的な土木の作業標準が参考になる。また、以下の点に留意する。特に作業員の安全確保と、工事の際に近隣に広がるおそれのある有害ガス・悪臭対策に留意する。 ・安全な休憩場所の確保 ・掘削工事等に伴い発生するガスの安全対策（適切なマスクの装備等） ・工事に伴う周辺環境対策（仮囲い、雨水排水計画、廃棄物に触れた水の処理計画、有害ガス・悪臭対策）
④ 掘削廃棄物が発生する場合の処理条件の	「Ⅰ．7　廃棄物を現場外へ搬出する場合の留意事項」を参照のこと。

	検討	
⑤	コストダウンの検討	・有害ガス・悪臭の濃度に応じた計画 ・覆土工による土壌脱臭効果の検討 ・対策工の段階施工（対策をステップバイステップで実施し、ステップ毎の効果やその後の対策の必要性を判断しながら行うもの）　等
⑥	数量の算出	有害ガス・悪臭対策工における数量の算出は、一般的な土木工法の例によることができる。数量算出項目の一例を、以下に示す。 ・工事の資材（覆土材、モニタリング機器等） ・仮設工事の資材（仮囲い、架台、足場等） ・ガス処理施設を設置する場合、必要ガス処理量（種類、日量、ガス濃度） ・掘削廃棄物量（撤去を伴う工法の場合）　等 ガス処理施設は、有効なガス処理機器の選定や活性炭の寿命、触媒の適正等、メーカー毎の特徴がある。このため、数量を算出せずに仕様書により見積書を徴収し工事費を算定することが多い。この場合のガス処理施設の検討は、数量の算出に代わり、ガス処理施設の性能諸元を決定する。
⑦	コストの算出	「巻末資料6．対策工の効果・コストの算定に関する資料」を参照のこと。 （図面発注・数量積算によらないガス処理施設等は、別途見積仕様書作成による事前見積徴収を複数社に対して行う等により算出する）
⑧	ランニングコストの検討	ガス処理施設を設置する工法では、プラント機器の維持管理が必須となり、ランニングコストを計上する必要があるほか、定期的な補修が必要となる。
4)	対策工のコスト算定の方法	「巻末資料6．対策工の効果・コストの算定に関する資料」を参照のこと。
5)	ライフサイクルコストの検討	ライフサイクルコストの検討は、ガス処理設備設置工において検討が必要になる。 一定の期間におけるランニングコストを計上し、撤去工による場合等とライフサイクルコストを相互に比較できる資料を作成する。

6 複合的な支障等の場合の対策工の選定

　1～5に支障要素別に対策工の選定方法を記載したが、実際の不法投棄等現場では、複数の支障要素が生じている場合が多い。このような事案では、個別に支障発生メカニズムを分析するなどして適切な対策を選定する必要あるが、参考として表54に、これまで取り上げてきた対策工毎に効果がある支障要素（高有害性廃棄物は表2、崩落は表10、火災は表19、水質汚染は表27、有害ガス・悪臭は表47から抽出）を整理した。

　複合的な支障等がある場合の対策工選定の際の参考とするとよい。

表54　対策工法別の効果が見込まれる支障要素

対策工	対策の概要	高有害性廃棄物	崩落	火災	水質汚染	有害ガス・悪臭
撤去工	廃棄物の除去	○	○	○	○	○
原位置処理工	不法投棄等現場付近で中間処理（無害化等）を行い現地に埋め戻す	○				
覆土工	覆土することにより廃棄物と外部を隔離する	○※		○		○
擁壁工・押さえ盛土工	崩壊・すべり土塊の支持		○			
法面保護工	浸食防止・斜面保護		○			
落石防護工・待受式擁壁工	落石を防止／落石後の拡散を抑止		○			
注水消火工	不完全燃焼等が発生している廃棄物に直接注水し消火する			○		
雨水集排水工	現場周辺の表流水（雨水）を集排水し廃棄物との接触による水質汚染を防止する等	△	△		○	△
集水工および水処理施設設置工	汚染水を集水し浄化放流				○	
表面キャッピング工	廃棄物表流水面を遮水材で被覆し雨水の浸透を防止	△	△		○	△
遮水壁工	地下水の隔離により汚染水の拡散を抑制				○	
透過性浄化壁工	地下水の浄化				○	
揚水井設置工	汚染水を汲み上げ浄化、返送・循環し汚染物質を洗い出す				○	
バリア井戸設置工	不法投棄等現場周辺の地下水水位を下げ拡散を抑止				○	
機能性覆土設置工	ガス・悪臭物質を多孔質材で吸着、反応性・触媒作用物質で分解					○
ガス処理設備設置工	ガス・悪臭を抜出し処理、放出する					○
モニタリング工	継続監視の実施	○	○	○	○	○

注）対策工の効果が見込まれる支障の要素：○効果あり（表2、表10、表19、表27、表47に挙げた工法）
　　△廃棄物と雨水との接触を抑制することにより、高有害性廃棄物の溶出の抑制、廃棄物重量の水分による増加を防ぐことによる崩落危険度の抑制、有害ガス・悪臭の発生抑制の効果がある。
※適用できる廃棄物に制限あり（p54表4　産廃特措法基本方針における対策　ウ　参照）

7 廃棄物を現場外へ搬出する場合の留意事項
(1) 撤去廃棄物の受入先の検討

　支障除去等対策においては全体対策費に占める廃棄物処理費の割合が高くなる事案が多い。一方、安易に安価な処理先を選定した場合には処理先等での再度の不適正処理の懸念が生じることから、図25に示す方法を参考に、適正かつ経済的な廃棄物受入先を選定する必要がある。

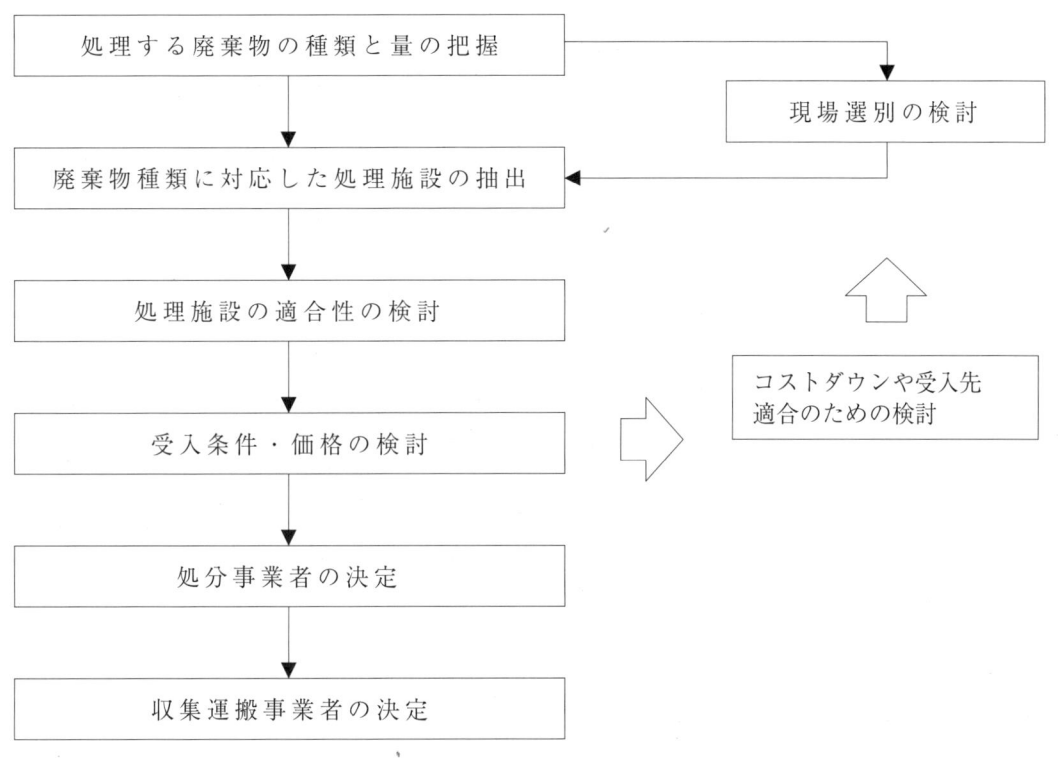

```
┌─────────────────────────┐
│ 処理する廃棄物の種類と量の把握 │─────────┐
└─────────────┬───────────┘         │
              │                       ▼
              │           ┌─────────────────────┐
              │           │   現場選別の検討     │
              ▼           └─────────────────────┘
┌─────────────────────────┐         ▲
│ 廃棄物種類に対応した処理施設の抽出 │◄────────┘
└─────────────┬───────────┘
              ▼
┌─────────────────────────┐
│   処理施設の適合性の検討   │
└─────────────┬───────────┘         ▲
              ▼               ┌──────────────────┐
┌─────────────────────────┐  │ コストダウンや受入先 │
│   受入条件・価格の検討   │⇒│  適合のための検討   │
└─────────────┬───────────┘  └──────────────────┘
              ▼
┌─────────────────────────┐
│    処分事業者の決定     │
└─────────────┬───────────┘
              ▼
┌─────────────────────────┐
│   収集運搬事業者の決定   │
└─────────────────────────┘
```

図25　廃棄物を搬出する場合の受入先の検討フロー

(2) 処理する廃棄物の種類と量の把握
1) 搬出する廃棄物の分類

　搬出する廃棄物について、試掘等による調査結果に基づき、廃棄物処理法の区分により以下の例にならって分類する。

- 安定型廃棄物（コンクリートくず、ガラス・陶磁器くず、金属くず、ゴムくず、廃プラスチック類）
- 木くず、紙くず
- 有機性汚泥
- 無機性汚泥
- 焼却灰
- 建設混合廃棄物

- 一般廃棄物（家庭ごみ等）
- 食品残渣等
- 感染性廃棄物
- 溶剤・硫酸ピッチドラム缶等
- 廃棄物により汚染された土壌等（廃棄物混じり土を含む）

2）廃棄物の量の算定

　搬出する廃棄物量は、廃棄物処理施設での受入単価が重量ベースになっていることが多いことから、廃棄物の重量算定が必要になる。測量図等から撤去する部分の体積を求め、それに試掘やボーリング等で求められた廃棄物の組成（種類別の比率）と、各々の単位体積重量を乗じて、廃棄物種類毎の重量を算定することになる。また、廃棄物の運搬にあたっては、掘り起こしたときの体積によりダンプトラックの延べ必要台数が決まるため、掘削に伴う見掛け体積の増加割合（かさの増加率：一般に「ふけ率」といわれる）を廃棄物の試掘結果等から推測する必要がある。

　この単位体積重量やふけ率の算定にあたっては、これまでの支障除去等支援事業で、設計時に見誤り、廃棄物量を過小に算定してしまった事例が少なくない。

　また、不法投棄等の現場では、廃棄物層を挟んで中間覆土的な層が存在することがある等、一般に廃棄物の堆積状態が不均一である。このため、試掘に加え、ボーリング等による層別のサンプリング等によって的確な算定を行うことや、類似事例での単位体積重量やふけ率を参考とするなどして、廃棄物全体量の推定を慎重に行う必要がある（表55）。

　例えば、表55の青森・岩手県境事案（青森県側）の堆肥様物の堆積時（地山ベース）の単位堆積重量は、表中の数値から

　　1.2×（1.3～1.4）＝1.5～1.7 t/m³

となり、高い値となっていることがわかる。

表55　掘削に伴う体積変化率と単位体積重量の例

廃棄物の種類		ふけ率 （掘削時の体積変化率）	単位体積重量 （掘削後：t/m³）	摘　要
堆肥様物 ・焼却灰系	堆肥様物	1.2	1.3～1.4	青森・岩手県境事案 （青森県側）実績
	焼却灰主体		0.8～1.4	
	RDF主体		0.9～1.2	
混合廃棄物	可燃物主体	1.5	0.45	豊田市（枝下）事案実績
	不燃物主体 （ふるい下物：20mm以下）	1.5	1.0	豊田市（枝下）事案実績

（3）処理が可能な廃棄物処理施設の抽出

表56に主な廃棄物の種類と処理が可能な廃棄物処理施設を示す。本表を参考に搬出予定の廃棄物に対応する周辺に所在する処理施設を抽出する。

表56　堆積廃棄物の種類と処理が可能な処理施設

処理施設		コンクリートくず	ガラス・陶磁器くず	金属くず	ゴムくず	廃プラスチック類	木くず・紙くず	有機性汚泥	無機性汚泥	焼却灰	建設混合廃棄物	一般廃棄物（家庭ごみ等）	食品残渣等	感染性廃棄物	溶剤	硫酸ピッチ等	廃棄物により汚染された土壌
処分場	安定型処分場	○	○	○	○	○											
	管理型処分場	○	○	○	○	○	○	○	○	○	○	○	○				○
	遮断型処分場	○	○	○	○	○	○	○	○	○	○	○	○				○
中間処理施設	破砕施設	○	○		△	○	○				△						
	固形燃料化施設					○	○	○					△				
	堆肥化施設						△	△					○				
	焼却施設				○	○	○				○	○	△	○	△		△
	溶融施設				○	○	○				○	○		△	○	△	
	中和施設														○		
	脱水施設							△	△								
	ばい焼施設			△	△	△	△	○	○								
汚染土壌処理施設注2																	○

注1：○は基本的に処理が可能な施設、△は個別の施設条件により受入が可能な施設。
注2：土壌汚染対策法に基づく汚染土壌は、都道府県知事等より許可を受けた汚染土壌処理施設へ搬入する（許可制度は平成22年4月1日に施行される改正土壌汚染対策法で規定）。廃棄物処理施設が汚染土壌処理の許可を有する場合もある。
注3：廃棄物処理施設の所在については、都道府県等の産業廃棄物指導部局や産業廃棄物協会等に照会（ホームページでも検索可能）すること等で確認できる。

（4）施設の調査

（3）より抽出した処理施設について、個別に電話等でヒアリングを行い施設の受入条件を把握する。把握すべき内容は、以下のとおりである。

［p41〜42に「廃棄物搬出先施設検討のチェックシート」を示している］

・　施設の位置
・　許可証の有効期限
・　許可の種類・品目・処理量（廃棄物処理業許可証を確認する）

- 施設の現在受入可能量（日量）
- 受入標準単価
- その他受入条件（受入物の発生エリア、受入物性状、荷姿等）
- 施設の搬入受付時間

また、処理施設から次のような廃棄物の条件提示を求められることが多い。

- 廃棄物の分析結果（環境省告示第13号）、含水率、熱しゃく減量
- 廃棄物のサンプル
- 日受入量ならびに受入期間
- 廃棄物の取り扱いに係る注意事項
- （リサイクル施設の場合）元素分析結果等

（5）廃棄物の現場選別の検討

　不法投棄等現場から搬出される廃棄物は、混合廃棄物であることが多いが、混合廃棄物で搬出する場合は処理費が高くなる（あるいは受入不能となる場合もある）。

　現場での選別は、受入施設の対象が広がることや、搬出量が多い場合（通常1万トン程度以上といわれている）にはコストダウンにつながる。現場選別を行う場合は、適切な選別・分別ならびに前処理について計画する。

　現場における選別には、以下の方法がある。

- 手選別：作業員の人手により選別を行う。手選別コンベアによる選別と、重機を併用した土間選別（ヤード選別）とに分類される。
- 篩い選別：一定の大きさの篩いを用意し、篩いの目の大きさにより選別を行う。機器は、振動篩い選別機、トロンメル等がある。特に土砂と廃棄物の選別には目の細かいトロンメルが用いられる。少量の選別の場合、重機アタッチメントのトロンメルもある。
- 風力選別：廃棄物に風を当て、飛ぶ距離により選別を行う。主にビニール片、紙布、木片等の比重の小さい軽量物を選別する場合に用いられる。
- 磁気選別：磁石により、鉄を選別する。コンベアに設置するタイプと重機（バックホウ・クレーン等）に取り付けるタイプがある。
- 渦電流選別：電磁石による作用で、アルミ等の非鉄金属を選別する。

現場選別の留意事項として、以下が挙げられる。

- 選別すべき対象物の明確化：「何をどのように選別すれば、どの施設に受け入れられるのか」、「選別後物の処理先は確保できるのか」を確認する。
- 手選別作業性：手作業による選別で取り除けるかの検討を行う。取り除けない場合、重機を併用した選別を検討する。
- 水分：水分については、水濡れ、含水が多いものは、選別の障害となる。特に篩選別の目詰まり、手選別作業員の作業性の低下、風力選別の選別効率の低下等が挙げら

れる。このため、現場上部からの掘削、掘削時の石灰等混合による改質、土間での自然乾燥等を適宜検討する。
・ その他：廃棄物と土砂（覆土等）が互層で埋め立てられている場合には、スライス掘削を行う等により廃棄物と土砂を適当な単位深度毎に掘り下げて廃棄物と土砂を別々に場内保管し、その土砂を場外搬出する前に適当な単位量ごとに有害性の分析を行い、一部の健全な土砂は場内埋土利用する等場外搬出廃棄物量の軽減に努める。

（6）受入施設の選定

（1）～（5）を踏まえ、掘削廃棄物の処理条件を決定し、処理施設の選定を行う。選定にあたっては、経済性や安全性から自治体が管理運営する一般廃棄物処理施設の活用について優先的に検討すべきであり、次に産業廃棄物処理施設の検討を行う。また、処理単価が高額な廃棄物については、広域に適切かつ経済的に処理できる施設を抽出する必要がある。受入施設の選定にあたっての留意事項には、表57の項目等がある。

なお、当財団では、産業廃棄物処理業の優良性評価制度に基づき基準適合事業者の情報提供を実施しているので参考にするとよい。

表57　受入施設の選定にあたっての留意事項等

検討項目	条件と留意事項
①処理対象廃棄物と当該地域における廃棄物処理施設の立地有無	処理の対象とする廃棄物の種類とその処理方法（埋立処分、中間処理（焼却等）、その他処理方法）と、当該地域周辺（当該の都道府県内）で稼動する廃棄物処理施設の施設区分（最終処分場、中間処理施設、その他）のマッチングについての整理を行う。
②廃棄物処理施設（撤去廃棄物の受入れ可能先施設）の所在地	現場に近い施設が候補になるが、処理単価が高額な廃棄物については、広域に適切かつ経済的に処理できる施設を抽出する必要がある。 処理施設が他県となる場合は、その搬入量（年間等）により事前届出、事前協議が必要となることがあるために、搬出時期を考慮して余裕を見た届出協議を行うことを考える。
③処理施設における取扱い廃棄物の品目、受入廃棄物性状等	処理施設における許可品目、処理単価（廃棄物品目別）、受入可能量、受入条件を把握する。この際、施設により独自基準（塩素量、混在物等による受入制限）を設けている場合があるため、留意する。また、処理施設側の受入可能時期、搬入形態（荷姿、車両規格等）も処理施設選定の判断材料になる。
④運搬距離、運搬ルート	現場から受入先までの距離を把握し、運搬費用を積算する。 車両の通行制限箇所、運搬ルート上の関係自治体、国道・県道・市町村道等運搬時の了解の得やすさ、交通量等が運搬ルート選定の判断材料になる。実際の撤去時には、収集運搬業者の登録状況整理が効率的な運搬につながる場合もある。

（7）収集運搬事業者の検討

受入先が決定後、収集運搬業者を選定する。収集運搬業者は、以下のいずれかの条件の事業者を選定する。
・ 発地と着地の自治体における当該品目の収集運搬許可を有する事業者

・　発注者（自治体）が委託する事業者

　なお、不法投棄等現場の支障除去等を行政代執行により行う場合は、収集運搬について廃棄物処理法の許可は不要であるが、事業の性格上、許可を取得している産業廃棄物処理業者に委託することが望ましい。

（8）搬出までの適切な管理

　特別管理産業廃棄物については屋内保管が原則であるために、掘削後の長期的な現場内保管が困難となる場合が多い。そのため搬出先施設との入念な協議（搬出機材、梱包材、運搬資材、運搬頻度）による現場側での搬出までの適正管理が重要である。

（9）運搬、処分にあたっての留意事項

　撤去する廃棄物が適正に運搬、処分が行われるよう、排出事業者は産業廃棄物管理票の交付等により、廃棄物の引き渡し、処分の確認を行う必要がある。また、搬出先の中間処理施設や最終処分場の稼働状況等をチェックする等適正処理の確認を行う必要がある。

　運搬および処分等に携わる者は、廃棄物処理法で規定された産業廃棄物の収集運搬、処分等の基準にしたがって、廃棄物を適正に処理する。例えば、運搬時には廃棄物が飛散、流出しないようにし、収集運搬に伴う悪臭、騒音、振動によって支障が生じないような必要な措置を講ずる必要がある。

　なお、廃棄物を都道府県等の外へ搬出する場合には、受入側の都道府県等へあらかじめ連絡して行う必要があるが、受入側の都道府県等によっては条例等により廃棄物の事前受入協議制をとっているところがあるため、その場合には事前協議が必要になる。

Ⅱ．対策工の実施

選定した支障除去等対策工を適切かつ経済的に実施するための留意事項について、対策実施前（設計等）、対策実施中（周辺環境および作業安全への配慮等）、対策実施後（モニタリング）に分けてその要点を記載した。記載事項を参考にするなどして、各段階での留意事項を念頭において、全体的な対策実施工程を立案し、適切かつ経済的に対策工を実施する。

1 対策工の設計等の対策実施前の留意事項

対策工の設計にあたっては、選定した対策工の目的とする支障除去等の効果を得ることのできる的確な設計が必要であることはもとより、経済性や周辺環境、作業安全に配慮した設計が必要になる。特に、経済性については設計を適切に行うことにより相当の費用削減を図れるため、十分な検討が必要である。また、廃棄物の現場内処理を行う場合の施設設置許可等の該当確認や関係機関との事前協議もこの段階で必要になる。

（1）対策工の設計にあたっての基本的考え方

① 支障除去等の目的に合致した経済的な設計の実施

支障除去等対策工は、不法投棄等によって周辺等で発生している生活環境保全上の支障やそのおそれをすみやかに除去するものであり、一般の建設工事のように長期利用を前提とした構造物を築造するものとは基本概念が異なる。このため、設計段階においても、支障除去等の目的を達成できる範囲で、過大な設計にならないように厳に留意する必要がある。特に、支障除去等対策工の設計にあたっては、土木工事のように設計規定が整備されていないことから、土木等の既存の規定を参考に設計することになるが、既存の設計規定に単に準じるのではなく、支障除去等対策工の目的を考えて、定数や安全率等のとり方を検討する等、目的に対して過大な設計にならないように留意する必要がある。

② 既存施設および現場で活用できる廃棄物や資材の有効活用

支障除去等を経済的に実施するためには、既存施設を極力活用することが有効である。既存施設の活用は、不法投棄等現場で長期間の維持管理を必要とする構造物の設置を抑制できる面からも好ましい。

例えば水質汚染対策工において、既存の水処理施設がある場合には、既存水処理施設を活用したうえで、支障除去等のための不足分を新規施設で補完するといった考え方をとるべきである。また、土留工を考える場合に、コンクリート構造物の建設の代わりに、現地の廃棄物を詰めたフレコンバックによる土留めを行う等、現地で調達できる資材の活用も重要な観点である。

さらに、廃棄物の場外搬出を行う場合には、既存の自治体の焼却施設の活用ができれば、安全かつ経済的に処理できることから、こうした検討も重要になる。

（2）現場に適した経済的な工法・技術の導入

　支障除去等対策工事では、定型的な工法・技術が未だ十分には確立されていない状況にあるため、既存の廃棄物処理技術や土木技術、あるいはこういったものをベースに応用・開発された技術から、現場に適した工法・技術を適宜選択していくことになる。

　支障除去等対策工事で適用可能な主な工法、技術をp240〈巻末資料〉「7．支障除去等対策に適用可能な技術例」に示す。このなかには、施工条件や経済性も示しているため、こういった資料を参考としたうえで、施工等業者からの提案や場合によっては専門家の意見を踏まえるなどして、適切かつ経済的な工法・技術を採用した設計を行う。

　なお、対策工の設計にあたって、例えば地盤強度等の合理的な設計のためのデータが不十分な場合や追加調査によってコストの削減が図れる場合には、既刊の「調査マニュアル」を参考にして対策工設計のための補足調査を実施する。

（3）経済的、効果的な工程計画の作成

　工程計画の作成にあたっては、工程の支配的要因を踏まえたうえで、支障除去等の目的が達成できる範囲で経済的な工程計画を作成する必要がある。

　工程の支配的要件としては、廃棄物の場外搬出を行う場合は廃棄物受入施設の処理能力（保守点検による施設休止等の条件を含む）が第一に挙げられるが、この他にも現場掘削能力、運搬車両台数の規制（地元協定による等）、地域における雨期や積雪期による工事規制等が挙げられる。

　これら制約条件を踏まえたうえで、例えば、必要な工事機械（前処理を行う選別機等）について、安価に現場に持ち込める機械の種類や能力、台数を考慮した工程を組む等、ミニマムコストになるよう工程を計画することが必要である。

（4）廃棄物処理にかかわる設計時の留意事項

　① 精度の高い掘削廃棄物量の算定と廃棄物処理費の抑制

　　　廃棄物を掘削し現場外へ搬出する場合に、設計段階で掘削廃棄物の重量を少なく見積もってしまい、結果的に対策費が増大している事案が多い。また、廃棄物の撤去、処理が伴う場合には、全体事業費のうち場外搬出に伴う廃棄物処理費の占める割合がもっとも高くなることが多い。

　　　こうしたことから、設計段階において掘削廃棄物量を精度高く算定したうえで、廃棄物の処理費を抑制するための検討を行うことは極めて重要である。

　　　掘削廃棄物量の算定方法や廃棄物処理費の抑制方法は、p145「Ⅰ．7　廃棄物を現場外へ搬出する場合の留意事項」に示した。これらを参考にするなどして適切な設計を行う。

　② 工事に伴い発生する廃棄物の発生抑制および適正処理

　　　支障除去等工事に伴って、濁水処理後の発生汚泥、集じん機等の交換フィルター、

養生テントの解体材、その他土木資材の使用に伴って、廃材や汚染物等が廃棄物として発生する。これらの廃棄物の発生抑制や資材の転用等を考慮した設計を行うことにより、廃棄物の発生量を抑制する。また、どうしても発生するものについては、適正処理ができるよう、設計段階で廃棄物量に見込むことが必要になる。

（5）対策実施時の有害物の流出・飛散防止等に配慮した設計

選別施設や保管施設等の設計に際しては、水質、悪臭、騒音・振動の地域規制や上乗せ基準等から環境保全目標値を整理したうえで、廃棄物の流出・飛散防止等に配慮した設備等の設計を行う。

現場内の選別施設では、廃棄物の水分量低減のための石灰混合処理や篩い選別を行うことが多いため、粉じん、臭気、騒音・振動抑制のための飛散防止テント等を設置して作業を行うことが多い。テントの規格は作業動線を考慮した十分な作業スペースが得られるようにするとともに、適切な作業環境維持、および臭気等が外部へ漏洩しないために負圧を維持するための十分な能力を備えた換気設備を付帯すること、風圧や積雪荷重に耐えられる強度を有すること等が必要である。

また、現場選別等に伴って廃棄物を現場内で一時的に保管する場合は、廃棄物の飛散流出防止、地下浸透防止といった廃棄物処理法で規定された「産業廃棄物の収集運搬、処分等の基準」等に準拠した構造とすることが基本となる。

（6）現場内処理を行う場合等の施設設置許可、建築確認申請等の該当確認

現場内に破砕施設や選別等のための施設を設置する場合は、施設の規模や処理方法、建屋の有無、設置（稼働）期間等の諸条件により、廃棄物処理法の廃棄物処理施設の設置許可の対象となる場合があるため、当該地域の廃棄物行政機関（都道府県等）との事前調整・協議が必要である。

廃棄物処理施設に該当する場合には、生活環境調査の実施等が必要になり、現地調査や予測評価（影響の分析）のための期間を要することから、早い段階での該当確認が必要となる。建築確認申請についても同様である。

（7）関係機関との事前協議

支障除去等対策工事の実施にあたっては、周辺の自治会や水利権者（漁協、農業関係者等を含む）をはじめ、警察や消防等への事前連絡や事前協議が必要になる。

また、廃棄物を当該都道府県等の外へ搬出する場合は、受入れ側の都道府県等の廃棄物担当部課への連絡や、場合によっては事前受入協議が必要となる。この場合、協議に1～2ヶ月を要することから、搬出計画策定時に考慮する必要がある。

2 対策工実施時の留意事項

　支障除去等の対策工事は、汚染物質や有害ガス・臭気等を発生する廃棄物を扱うことから、対策工事実施中は、周辺環境への影響の監視、作業者の安全性の監視、さらに場内の一時仮置きや対象となる廃棄物の適正管理等が重要となる。

　これまでの不法投棄等事案をもとにした対策実施時の留意事項について、周辺環境管理（二次汚染防止のための環境監視）、作業環境管理（作業者の労働衛生・安全管理）、廃棄物の適正管理等の別に整理した。

（1）周辺環境管理
① 事前評価

　工事実施時に環境管理を行うためには、工事実施前の環境状況（バックグラウンド）を事前に把握する必要がある。事前評価の手順は次のとおり。

ⅰ）不法投棄等現場周辺の環境の現況（バックグラウンド）の環境項目（濃度等）を把握して、工事実施時に比較対照し評価できるようにする。

ⅱ）施工時には影響のあると予想される環境項目のモニタリングを行うための測定計画を事前に策定する。

ⅲ）対策工の環境影響が著しく大きいと考えられる場合には、工事内容を当該自治体の環境関連部課等との協議により、環境影響の事前評価が必要になる場合がある。なお、環境評価にあたっては、四季を考慮した測定が求められる等、長期間の調査が必要になる場合があることに留意を要する。

② 二次汚染の発生防止と周辺環境対策

　対策工事が周辺環境へ与える影響は大きいことから、支障等の特徴を把握したうえで、以下に示すような二次汚染の発生抑止に留意して工事を実施することが重要である。

- 掘削・撤去等作業時の粉じん（掘削土砂粒子等の発じん）の飛散による周辺環境（特に土壌環境）の汚染
- 掘削・撤去等作業時の汚染物質を含む濁水の的確な管理による表流水の汚染防止、また汚染地下水拡大防止のための遮水工事実施中における化学物質の地中への押し込みや廃棄物層底盤の不透水層の破損による地下水汚染
- 掘削・撤去等作業時の掘削廃棄物から発生する有害ガスや悪臭物質の周辺環境への拡散
- 掘削した廃棄物の現場での破砕や選別等の作業による騒音・振動の周辺環境への影響

　上記の留意事項に配慮した周辺環境対策例を表58に示す。

表58 対策工事における周辺環境対策（例）

①大気・土壌汚染防止対策	1）防じん対策 ・ 掘削作業時の現場内散水 ・ 破砕・選別機械等のボックス化 ・ 排出ガス対策型建設機械の使用 ・ 掘削箇所での飛散防止テント設置と集じん換気による作業 ・ 防じんフェンス等や周辺囲いの設置 ・ 場内散水（掘削箇所、場内道路等） ・ 洗車設備の設置（工事車両による場外への汚染拡散防止） 2）地下水汚染防止対策による土壌汚染防止 ・ 以下②の2）のとおり
②水質汚染対策	1）表流水対策 ・ 敷設遮水シートを剥がしながら掘削する場合、掘削エリアの極小化により汚水発生量を抑制 ・ 発生汚水の適切な水処理（SS除去や濁度管理(注)、重金属類の処理、VOC・硫化水素等の曝気処理等） 注）濁水中に廃棄物由来のダイオキシン類が含有される場合に、設計段階で廃棄物（焼却灰等）を含む試験濁水を作成し濁度と公定法による原水と処理水のダイオキシン類濃度の関係を求めておき、施工段階で処理水のダイオキシン類濃度を濁度により現場管理することも可能となる。 2）地下水対策 ・ 工事範囲周囲の矢板等による遮断 ・ 工事範囲内外の地下水制御（揚水等）
③発生ガス・悪臭対策	・ 敷設遮水シートを剥がしながら掘削する場合、掘削エリアの極小化によりガス・臭気発生量を抑制 ・ 掘削箇所での飛散防止テント設置と脱臭設備併設による作業 ・ 即日覆土の代替材（フォーム材、不織布材、泥状ゼオライト等）による掘削表面被覆 ・ 掘削廃棄物の容器内保管（フレコン梱包、屋内保管）、速やかな場外搬出 ・ 天候や風向を考慮した作業の実施（工事場所と周辺の住居位置等との位置関係を考慮し風上での作業をできるだけ控える等）
④騒音・振動対策	・ 現場条件を考慮した施工方法・施工機械の選定 ・ 低騒音・振動型機械の使用、アイドリングストップ ・ 防音フェンスの設置（テント内作業を含む） ・ 廃棄物運搬車両の運行経路、運行時間、運行台数等の配慮
⑤全般	上記の環境管理のための環境モニタリング。 ・ 大気、土壌、水質、悪臭、騒音・振動測定等の定期的な実施 ・ 基準値超過や環境負荷量増加がみられた場合、原因追及とその解消 ・ 調査・評価結果の周辺住民への情報開示

（2）作業環境管理

1）作業環境管理項目

対策実施時の作業環境管理項目として、以下のようなものが挙げられる。

・ 現場特性の把握（不安定・危険な状態、作業手順の把握、危険物・有害物の把握等）

- 作業環境基準の策定（屋内作業は労働安全衛生規則を適用、屋外作業は屋内における労働安全衛生規則を準用および「屋外作業場における作業環境管理に関するガイドラインについて」基発第0331018号　平成17年3月　厚生労働省労働基準局長を参考）
- 作業安全手順書（作業マニュアル等）の作成
- 安全教育の実施
- 作業環境の日常管理・定期管理（作業環境測定の実施と評価、記録保管）
- 継続的な作業環境改善と維持
- その他（作業者の健康診断の実施等）

労働安全衛生関連法・規則の体系を図26に示す。作業環境の管理については、①一般的な作業環境管理、②特定の物質について管理基準・評価基準を設け管理区分ごとに評価を行う作業環境管理がある。

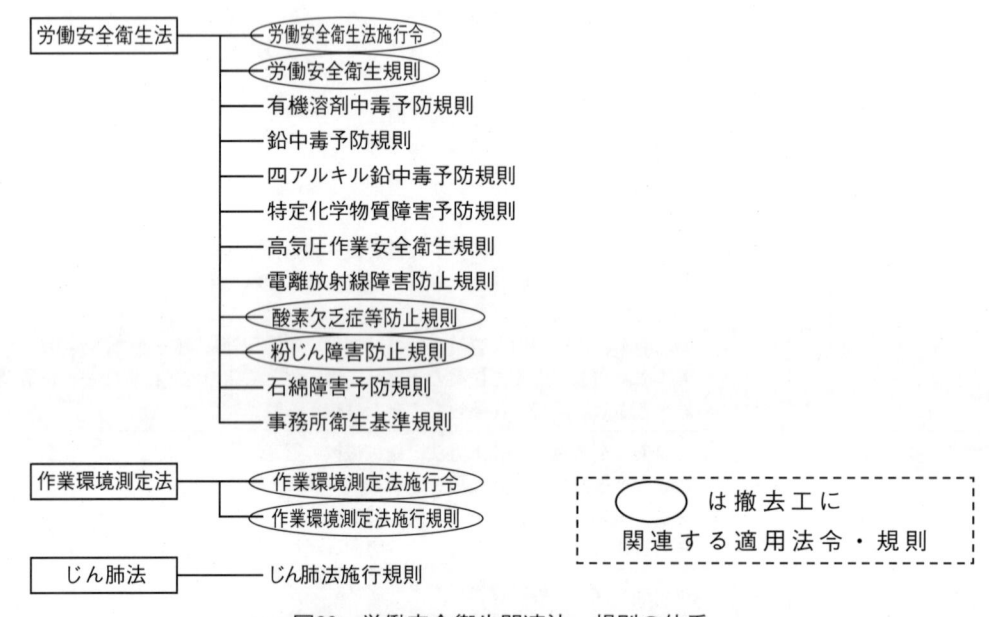

```
労働安全衛生法 ─┬─(労働安全衛生法施行令)
                ├─(労働安全衛生規則)
                ├─ 有機溶剤中毒予防規則
                ├─ 鉛中毒予防規則
                ├─ 四アルキル鉛中毒予防規則
                ├─ 特定化学物質障害予防規則
                ├─ 高気圧作業安全衛生規則
                ├─ 電離放射線障害防止規則
                ├─(酸素欠乏症等防止規則)
                ├─(粉じん障害防止規則)
                ├─ 石綿障害予防規則
                └─ 事務所衛生基準規則

作業環境測定法 ─┬─ 作業環境測定法施行令
                └─ 作業環境測定法施行規則

じん肺法 ─── じん肺法施行規則

 ◯ は撤去工に関連する適用法令・規則
```

図26　労働安全衛生関連法・規則の体系

　対策工事の実施においては通常の土木工事に比較し、有害物質等の危険因子が多いために、工事にかかわる作業者の労働衛生・安全管理の必要性は極めて高い。
　また、不法投棄等現場での対策工事は、労働安全衛生法および規則等で規定する特定作業場には該当しないが、作業における労働衛生・安全管理においては、所管の労働基準監督署へ、既存の化学物質等調査報告書、施工計画書、作業計画書（マニュアル等）を提示のうえ、事前の相談により指導を受けておくことが望ましい。
　なお、不法投棄等現場では、その場で直ちに人体影響の出やすい急性毒性を有するもの

（硫化水素やその他有害ガス等）と、長期暴露の結果等で体内に長期にわたり蓄積して後年に発症する慢性毒性を有するもの（廃石綿やダイオキシン類等）への接触が考えられるが、特に後者については、症状が捉えにくいため暴露防止対策に留意する必要がある。

表59に対策工事における作業環境管理の基本的な考え方（例）を示す。

表59　対策工事における作業環境管理の基本的な考え方（例）

基本方針の優先順序	具体的内容
①有害物質の把握	・既往調査データによる化学物質、高有害性廃棄物等の存在の作業者への周知 ・上記の分布状況の可視化（工事箇所図面への汚染濃度分布の反映）
②発生源対策	・作業者の化学物質等への暴露を極小とするよう掘削箇所等発生源での対策を行う（発じん防止のための散水、ガス吸引等）
③作業方法の改善	・発生源対策を行った後に、掘削方法や飛散防止テント内での重機作業、ガス等処理装置により作業者への暴露を低減する作業方法により作業を行う。 ・テント内作業を行う場合には、換気に留意し、特に夏場の室温（熱）の管理に注意する。またテント内外の境界部では、クリーンルーム等の設置により汚染ゾーンと非汚染ゾーン（一般環境）との汚染物質の漏れがないよう徹底した管理が必要。
④適切な作業環境の管理	・粉じん濃度、ガス（VOC等）濃度、悪臭物質濃度、作業空気中のダイオキシン類濃度等の日常管理を適切な測定機器により行う。 （デジタル粉じん計、複合ガス計、ガス検知管、その他公定法による作業環境測定）
⑤適切な保護具・保護衣の使用	・管理区分に応じて、適切な保護具や保護衣（粉じんマスク、有毒ガス等マスク、ゴーグル、保護手袋、保護作業衣）を着用して作業を行う。 ・保護具は適切に維持管理して必要に応じた交換を行う。
⑥緊急時の体制の確立	・現場内には緊急時に備えた装備と手順を用意する。 ・また、関係組織（病院、消防、警察、労働基準監督署、その他関係自治体等）への緊急連絡体制を事前に確立して連携を保つ。
⑦作業環境管理計画（マニュアル）の作成と実践	・上記の項目を作業環境管理計画として取りまとめる。 ・類似する対策工事現場での作業環境管理の実施事例を参考に現場独自の作業環境管理計画（管理区域の決定、管理基準の設定、適切な保護具の選定、日常的な作業環境測定の実施と評価、作業場所の環境管理の見直しの実施）を作成する。 ・作業者にわかりやすい作業環境管理マニュアルの作成により現場での管理の実践を徹底する。

2）作業環境管理の実施例

作業環境管理における対策の実施例を表60に示す。

表60 作業環境管理における対策の実施例

対　策	具体的内容等
①粉じん対策	・　場内散水 ・　排出ガス対策型建設機械の使用 ・　防じんマスク、防護服の着用
②有害ガスおよび臭気対策	・　防毒マスク、防護服の着用 ・　発生抑制対策（掘削方法等の工夫）の実施 ・　掘削孔への立入禁止 ・　散気・換気対策の実施
③騒音・振動対策	・　低騒音型重機の使用 ・　耳栓等保護具の使用 ・　低振動型の作業機械や使用時間等の厳守
④作業環境測定	・　日常監視測定（検知管、粉じん計、ガス計、警報機等） ・　定期監視測定（日常管理項目の公定法チェック、機器校正のために行う併行測定） ・　個人暴露量調査（粉じん、有機ガス等）
⑤健康診断	・　一般および特殊健康診断の定期的な実施

3）管理濃度等

作業環境評価に関する管理項目（有害ガス等）と管理濃度の目安として表61に参考となる数値を示す。

表61 作業環境管理における管理項目と濃度の例

項　目	管理濃度等	備　考
硫化水素	5 ppm 未満	労働安全衛生法の作業環境評価基準の管理濃度
メタン	1.5％以下	労働安全規則による爆発下限値（5％）の30％以上での作業禁止
一酸化炭素	50ppm 未満	日本産業衛生学会許容濃度等の勧告値
酸素	18％以上	酸素欠乏症等防止規則では、酸素濃度18％以下、硫化水素10ppm 以上の状態を酸欠状態と定義し、この状態での作業を禁止（補足：平成17年4月1日の労働安全衛生法改正により作業環境管理における硫化水素の管理濃度が5 ppm に改定）
粉じん	1 mg/㎥ 未満	1）労働安全衛生法の作業環境評価基準 算定式：E＝3.0/（1.19Q＋1）より作業場所ごとのQを測定し算定 （E：管理濃度、Q：当該粉じんの遊離ケイ酸含有率（％）） 2）じん肺法、粉じん障害防止規則、日本産業衛生学会の許容範囲　1 mg/㎥未満

（労働安全衛生規則等を参考に作成）

特に不法投棄等現場で発生する頻度が高く、酸素欠乏を引き起こす等危険度の高い硫化水素の人体への影響を表62に示した。

硫化水素の発生については、安定型最終処分場においても廃石膏ボード由来の硫化水素の発生や事故例が報告されていることから、建設系廃棄物を主体とする不法投棄等現場では特に発生に留意する必要がある（対策については、Ⅰ.5　有害ガス・悪臭対策工を参

照)。

廃石膏ボード由来の硫化水素の主な発生要因は以下のとおりである。

- 硫酸カルシウム（廃石膏ボード等）等の硫酸塩が存在する場合
- 埋立地内に水が溜まりやすい状況がある場合
- 有機物が存在する場合
- 嫌気的な環境が存在する場合

表62　硫化水素の人体への影響

濃度 ppm	部位別作用・反応		
0.025 0.3 3～5	嗅覚 鋭敏な人は特有の臭気を感知できる（嗅覚の限界） 誰でも臭気を感知できる 不快に感じる中程度の強さの臭気		
5		許容濃度（日本産業衛生学会）	
10		管理濃度（昭和63年労働省告示第79号） 眼の粘膜の刺激下限界	
20～30	耐えられるが臭気の慣れ（嗅覚疲労）で、それ以上の濃度に、その強さを感じなくなる	呼吸器 肺を刺激する最低限界	
50			眼
100～300	2～15分で嗅覚神経麻痺により、かえって不快臭は減少したと感じるようになる	8～48時間連続暴露で気管支炎、肺炎、肺水腫による窒息死	結膜炎（ガス眼）、眼のかゆみ、痛み、砂が眼に入った感じ、まぶしい、充血と腫脹、角膜の混濁、角膜破壊と剥離、視野のゆがみとかすみ、光による痛みの増強
170～300		気道粘膜の灼熱的な痛み 1時間以内の暴露ならば、重篤症状に至らない限界	
350～400		1時間の暴露で生命の危険	
600		30分の暴露で生命の危険	
700	脳神経 短時間過度の呼吸出現後直ちに呼吸麻痺		
800～900	意識喪失、呼吸停止、死亡		
1,000	昏倒、呼吸停止、死亡		
5,000	即死		

出典）「新酸素欠乏危険作業主任者テキスト（中央労働災害防止協会　2007年6月）」を参考に一部改変

（3）安全管理

　不法投棄等現場では、投棄等された廃棄物の内容を事前に完全に把握することは困難であるため、作業時の安全管理に特に留意が必要である。掘削作業等における労働安全管理の主な目的は次のとおりである。

- 工事に伴う斜面の土砂崩落の防止
- 作業員の滑落、転落事故の防止
- 重機作業に伴う事故の防止
- 廃棄物による健康障害の防止

　また、これらの労働安全管理の確保のためには、以下の留意事項の実施が不可欠である。

- 労働安全法令の遵守（廃棄物の取り扱いにあっては室内作業の労働安全衛生規則を準用する）
- 有資格者による施工と管理
- 作業の取り合い、交錯の防止のための適切なミーティングと管理者の指示
- 作業前後の現場確認、建設機械の安全確認、作業員の健康確認
- 作業員の適正な安全装備
- 標準作業の徹底

　安全管理の一例として、土砂災害防止のための労働安全衛生規則の概要を図27に示す。

土砂崩壊災害の防止　　　　　　　　　　　　　　※則＝労働安全衛生規則

- 計画の届け出（安衛法88条）……………有資格者が参画した計画の作成と届け出
- 作業箇所や周辺の調査（則355条）………地山の崩壊や埋設物の損傷などによる危険の防止
- 作業計画の樹立（則355条）……………調査に基づいての作業方法などの決定
- 掘削面のこう配の基準（則356条）………地山の種類に応じた手掘り掘削こう配の順守
- 特別な地山の掘削こう配の基準（則357条）…砂の地山、発破などで崩壊しやすい地山のこう配
- 明かり掘削作業での点検（則358条）………点検者の指名と点検者による点検の実施
- 作業主任者の選任（則359条）……………地山の掘削作業主任者の選任（掘削面高2ｍ以上）
- 作業主任者の職務（則360条）……………作業方法の決定、作業直接指揮など
- 崩壊などの危険の防止（則361条）………明かり掘削作業での土留め支保工の設置など
- 保護帽の着用（則366条）………………飛来・落下による危険の防止
- 照度の保持（則367条）…………………明かり掘削作業での照度の確保
- 崩壊などの危険の防止（則534条）………安全なこう配、土留め支保工の設置、雨水の排除など

図27　（参考）土砂崩落災害防止のための必要措置

（4）施工マニュアルの作成

　支障除去等対策工事では、工事関係者への現場の廃棄物や有害性の高い廃棄物への理解を促進させ安全な工事の実施が必要となることから、「施工マニュアル」等が作成される。

　施工マニュアルの事例として、青森県境不法投棄等事案（撤去工事実施中）の例（撤去マニュアル）を以下に示す（図28）。

なお、施工マニュアルの作成においては、環境法令のみならず特に環境関連事項に関する政令、都道府県等条例に適合した基準等に基づき各種管理を行うことが重要である。

出典）青森県　県境再生対策室　不法投棄等事案のHPより

図28　撤去事業における施工マニュアル

3　対策工事実施後におけるモニタリング

（1）モニタリングの考え方

事業終了後のモニタリングは、全量撤去による場合と残置した場合とで監視すべきモニタリング項目が異なる。全量撤去は汚染等除去後の安全確認（廃棄物底盤面の土壌汚染のない健全性のチェック）が重要であり、これに対し残置した場合は対策後の汚染の拡散防止のための監視となる。

モニタリング計画における要点は以下のとおりである。

・ 対策工事実施後のモニタリング計画は対策工の検討段階から検討しておくことが必要である。環境要素としては、土壌、水質、悪臭（発生ガス）等が代表的であるが対象とした支障等の特性を考慮してモニタリングすべき環境要素を選定する。

・ モニタリングを行う範囲や地点（数）を周辺の自然的環境、社会的環境を考慮して設定する。

・ 的確に対策工の効果や事後の環境影響の有無が評価できるよう十分なモニタリング頻度（回/年等）とモニタリング期間の設定を行う。

・ 事前にモニタリング結果に対する評価基準を設定しておく。

- 水質等は対策実施前の事前のバックグランド濃度を適当期間調査しておくことが必要で、工事期間中、工事期間後に工事による影響のないことや効果の確認を行う。
- 土壌は対策範囲外の周辺域も若干の工事による影響を受けている場合があるので、工事実施段階から標準土壌試料等を用意して工事による暴露等の有無を判定しておく。

（2）モニタリング計画

不法投棄等の事例における対策工事実施後の措置範囲とその周辺のモニタリング範囲のイメージを図29に示す。

モニタリング範囲や地点の設定、水質や土壌における監視対象項目は既往の調査結果や地域の環境特性、周辺住民要望等のコンセンサスを得ながら選定し、必要に応じて関係者に情報公開することが必要である。

不法投棄等の事例における対策工事実施後のモニタリング項目と実施地点・期間を定めるための参考として、表63に不適正処分場の適正化工事の例を示す。

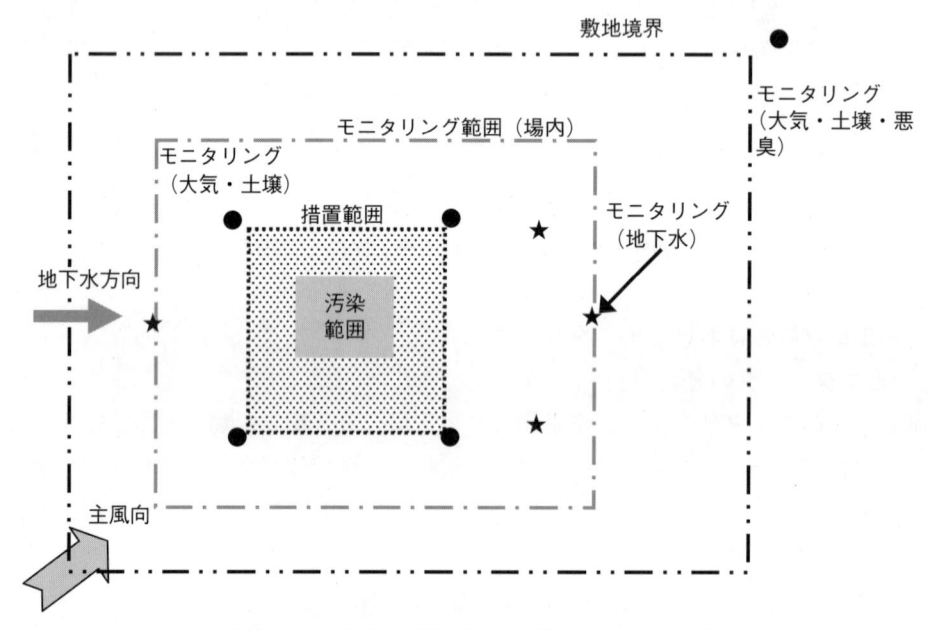

図29 モニタリング範囲および地点のイメージ

表63（1） 不適正処分場の適正化工事における対策工事後のモニタリングの考え方〈参考〉

モニタリング項目	測定項目	測定位置の目安	測定期間・頻度の目安	測定方法
1．土壌	土壌環境基準項目	対策範囲の敷地境界の4方向および卓越風の風下地点	工事実施直前、直後の各1回（標準土壌等により工事中の暴露を行う場合は、暴露期間の設定に留意する）	標準土壌試料の設置と採取による分析（公定法）
2-1．周縁地下水	基準省令[注]第1条第1項第5号に定める排水基準に基づく物質（ただし、当該廃棄物から発生しないことが明らかな物質は除く）	土地の形質の変更を行う地域に近接した廃棄物埋立地跡地の上下流それぞれ1ヶ所以上	工事中は、掘削行為期間が1ヶ月以内の場合は1回以上、2ヶ月以内の場合は2回以上、それ以上の場合は3ヶ月に1回以上の頻度で実施する。工事完了後[*1]は2年間にわたり実施する。その頻度は、3ヶ月に1回以上とする。	基準省令第3条の規定に基づき定める水質検査の方法
2-2．河川水（放流水）	基準省令[注]第1条第1項第5号に定める排水基準に基づく物質（ただし、当該廃棄物から発生しないことが明らかな物質は除く）	形質変更場所に近接する保有水等採取可能箇所又浸透水採水設備において1ヶ所以上[*2]	工事中は、掘削行為期間が1ヶ月以内の場合は1回以上、2ヶ月以内の場合は2回以上、それ以上の場合は3ヶ月に1回以上の頻度で実施する。工事完了後[*1]は2年間にわたり実施する。その頻度は、3ヶ月に1回以上とする。	基準省令第3条の規定に基づき定める水質検査の方法
3．悪臭	悪臭防止法施行令に定める悪臭物質（ただし、当該廃棄物から発生しないことが明らかな物質は除く）および臭気濃度	1年を通して多い風向、または住居等の施設に対して風上および風下の敷地境界それぞれ1ヶ所以上	工事中は1回以上。工事完了後[*1]は2年間にわたり実施する。測定時期は、曇天時と晴天時を含む四季にそれぞれ実施することが望ましい。	悪臭防止法施行規則の定めによる。

参考：「不適正処分場における土壌汚染防止対策マニュアル（案）」環境省　平成19年3月
注）基準省令：一般廃棄物及び産業廃棄物の最終処分場に係る技術上の基準を定める省令　昭和52年制定・平成10年改定
　＊1：支障が生じた場合、または工事前の状況から変化が生じて支障が生じるおそれがある場合に実施する。
　＊2：廃棄物層内に保有水等が流入するおそれがある埋設物を設置する場合は、埋設物内の水質も測定する。

表63（2） 不適正処分場の適正化工事における対策工事後のモニタリングの考え方〈参考〉

モニタリング項目	測定項目	測定位置の目安	測定期間・頻度の目安	測定方法
4．発生ガス（可燃性ガス等）	CH_4、H_2S、CO_2、O_2、VOC（ただし、当該廃棄物から発生しないことが明らかな物質は除く）	掘削行為を伴う形質変更場所ごとに1ヶ所以上	工事中は、携帯用測定器で毎日測定。ただし、ガスが検知された場合は、精密分析を行うことが望ましい。工事完了後[※1]は2年間にわたり実施する。精密分析時期は、曇天時と晴天時を含む四季にそれぞれ実施することが望ましい。	携帯用測定器、検知管による。ガスが検知された場合は、ガス発生量を石けん膜流量計や熱線式流量計等で、ガス濃度をガスセンサー・ガスクロマトグラフ等により測定
5．地盤・構造物変位	変位量（擁壁等、造成斜面、地盤の沈下を測定対象とする）	変位のおそれがある形質変更場所に近接する構造物それぞれ1ヶ所以上	構造物に支障を生ずるおそれがある工事期間において、毎日実施する。変位等が認められない場合にあっては、1週間に1回以上。	目視による。変位が認められた場合は、測量、ひずみ計設置等の手段を用いて、1日1回計測
6．その他（地中温度）	廃棄物層内温度	土地の形質の変更場所に近接する埋立廃棄物内の採取設備またはガス抜き設備等において1ヶ所以上	工事中、工事完了後[※1]の2回以上実施する。測定時期は、外気温との差が異なる夏季および冬季の2季が望ましい。	温度計または温度センサーを用いて測定

参考：「不適正処分場における土壌汚染防止対策マニュアル（案）」環境省　平成19年3月

注）基準省令：一般廃棄物及び産業廃棄物の最終処分場に係る技術上の基準を定める省令　昭和52年制定・平成10年改定
　※1：支障が生じた場合、または工事前の状況から変化が生じて支障が生じるおそれがある場合に実施する。
　※2：廃棄物層内に保有水等が流入するおそれがある埋設物を設置する場合は、埋設物内の水質も測定する。

（3）モニタリング結果の評価と公表

対策前のモニタリング結果や当該地域の一般環境における環境測定結果等との比較により、環境基準等の達成状況等についての評価を行う。

不法投棄等現場の支障除去等は、地域住民をはじめとした関係者の協力により実施されることから、モニタリング結果は、関係各所と連絡や調整を行いながら適切に情報を公開していくことが重要である。

Ⅲ．対策工選定の事例
1　例示した事案

対策工選定の参考になるように、実際の事案を対象に対策工の選定経緯を例示した。例示した事案は、同程度の投棄規模の産廃特措法事案であるが支障の発生メカニズムや支障等の影響範囲の違いによって選定された対策や対策費が異なっている福井県敦賀事案と宮城県村田事案、また、これらより小規模な不法投棄等における経済的な支障除去等事例として、埼玉県が独自基金により支障除去等した埼玉県三芳事案の3事案である。表64に例示事案の概要を示す。

なお、p166以下では、この3事案について、できるだけ本書の検討フローに沿うようにして、対策選定までの経緯を整理している。

表64　例示事案の概要

	福井県敦賀事案	宮城県村田事案	埼玉県三芳事案
現場の施設種類等	管理型産業廃棄物最終処分場、一般廃棄物最終処分場（施設規模：約9万㎡）	安定型産業廃棄物最終処分場（施設規模：約35万㎡）	産業廃棄物処分場（中間処分熱分解）および収集運搬業（積保含む）
投棄量	約119万㎥（違法増設分：110万㎥）	約103万㎥（約67万㎥許可容量超過）	約6.5万㎥
廃棄物内訳	産業廃棄物（汚泥約38万t、シュレッダーダスト約35万t、燃え殻約7万t等）一般廃棄物（焼却残渣、不燃性廃棄物等約35万t）	シュレッダーダスト、燃え殻、ばいじん等	建設系混合廃棄物（ボーリング調査結果から内部は粒径5mm未満の破砕廃棄物が多く、その他はがれき類、ガラス陶磁器くず、廃プラスチック、木くず等）
支障等	処分場から漏出した排水基準を超える浸出液が農業用水や下流域の水源井戸への涵養源となっている木の芽川に流出し、下流域の農作物や井戸水等へ影響を及ぼすおそれが生じた。	最終処分場から発生する硫化水素等の悪臭により近隣住民の健康被害（目や喉への刺激、咳等）が生じた。	1）廃棄物の圧迫により、北側の壁がやや傾き、基礎部分にクラックが入り側道に崩落するおそれが生じた。 2）危険性のある一定量の硫化水素の発生が継続。
選定された対策の概要	1）浸出液の木の芽川への流出防止策 ・遮水壁工 ・浸出液揚水井戸の設置 2）浸出液低減・浄化対策 ・処分場上流域への遮水壁の設置 ・ドレーントンネル設置 ・表面キャッピング工 ・浸出液貯留槽の設置 ・水処理施設の改造（増設） ・処分場内保有水の低減	<第1段階> ・モニタリング ・雨水排水工 ・覆土工 ・多機能性覆土設置工 <第2段階> ・浸出水拡散防止対策 ・透過性浄化壁工＋遮水工 ・暗渠ドレーン工	1）廃棄物の部分撤去工（崩落防止措置） 2）鉄粉混入土による覆土工（硫化水素ガス放出防止対策） 3）多目的井戸の設置（通気、内部モニタリングおよび硫化水素ガス発生防止対策） 4）北側および東側の壁の増設・修繕（立入防止措置）

	・ 空気・水注入による浄化促進		
対策費	計画事業費102億円	計画事業費31億円（浸出水拡散防止対策を除くと約13億円）	事業費：1.3億円

2 福井県敦賀事案
（1）事案の概要
① 場所：福井県敦賀市
② 許可等の状況：
　管理型産業廃棄物最終処分場、一般廃棄物最終処分場
　（施設規模：約9万㎡）
③ 廃棄物の種類：汚泥、シュレッダーダスト、燃え殻等
④ 廃棄物の量：約119万㎥（違法増設分：110万㎥）
⑤ 廃棄物内訳：
　□産業廃棄物
　（汚泥約377千t、シュレッダーダスト約353千t、燃え殻約74千t等）
　□一般廃棄物（焼却残渣、不燃性廃棄物等354千t）
⑥ 不適正処分の内容
　当該地で廃棄物最終処分業を営んできた事業者が、無許可で容量を変更し、届出容量を大きく超える廃棄物の処分を行った。
⑦ 周辺状況（支障等の状況）
　処分場の湧水から排水基準を超過する化学物質が検出され、応急措置を実施した。
　応急措置の結果、一定の効果は確認されたものの、排水基準値を超える浸出液は、依然として木の芽川へ流出していた。
　木の芽川は、農業用水や下流域の水源井戸の涵養源となっていることから、生活環境保全上の支障を生ずるおそれがあった。
⑧ 現地の概要
　図30に現地状況（写真）を示す。

対策実施前の状況

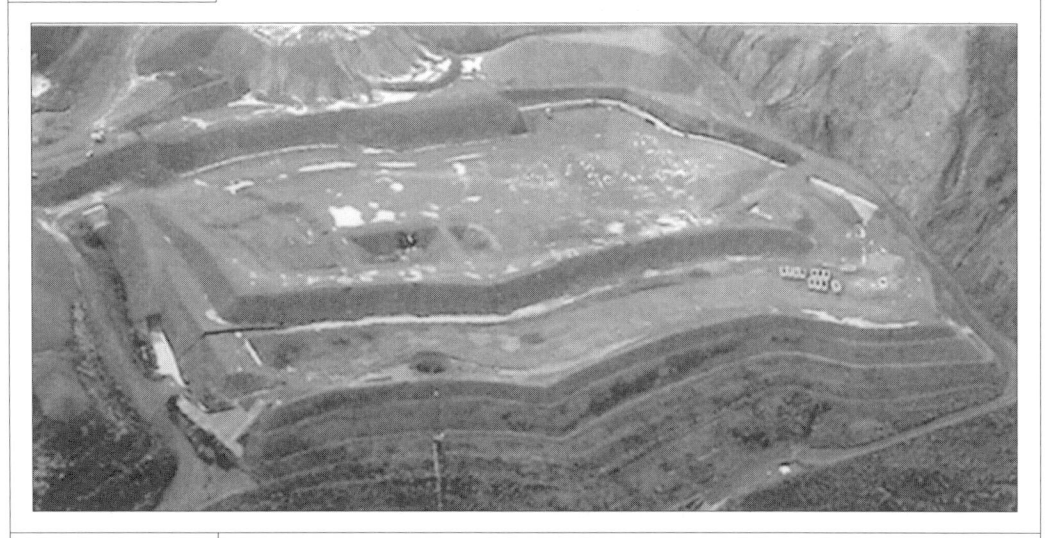

対策実施中の状況

図30 福井県敦賀事業（対策実施前／対策実施中）

（2）対策工の選定フローと選定経緯

表65　本書の検討フローと敦賀事案の検討内容

本書の検討フロー	検討内容
A：事案の発覚／B：基準違反の発見	B：最終処分場の違法増設を確認
第一報調査／初動調査	木の芽川護岸の水質分析 →全窒素、溶解性マンガンが排水基準値を超過し、処分場からの漏水があることを確認
初期確認調査	処分場外の水質検査結果（ビスフェノールＡの確認）および浸出液の漏出等から、応急措置を実施することとした。
応急措置の実施	応急措置を実施 ・ 覆土（処分場内への雨水浸透抑制） ・ 護岸漏水防止対策（遮水壁の設置、揚水井戸および水処理施設の設置） ・ 既存浸出液処理設備の運転継続
応急措置の検証	応急措置の効果検証 ・ 処分場への雨水浸透を抑制 ・ 処分場外観測井戸の汚染物質濃度の低下 ・ ただし、水収支シミュレーション結果から処分場の漏水が続いていることが判明
対策工を想定した事前調査 対策工の概略選定 支障発生メカニズムを踏まえた対策工の選定	対策の基本方針の決定 ① 廃棄物対策 ・ 自然浄化、浄化促進、不溶化、廃棄物撤去 ② 漏水防止対策 ・ 遮水工、水処理施設、処分場内保有水の低下
対策工の詳細選定 効果・コスト検討	廃棄物対策を以下の4種類で検討 ・ 自然浄化 ・ 浄化促進 ・ 不溶化 ・ 掘削撤去	漏水防止対策を以下の4種類で検討 ・ 部分遮水壁＋揚水処理 ・ 部分遮水壁＋揚水処理＋キャッピング ・ 全周遮水壁＋揚水処理 ・ 全周遮水壁＋揚水処理＋キャッピング
対策工評価・選定	対策工の選定 ・ 比較検討により、自然浄化および浄化促進の併用と「全周遮水壁＋揚水処理＋キャッピング」の組み合わせで決定
	対策工実施中（H19～H24）

1）委員会による検討

　平成11年、木の芽川護岸から汚水が流出しているとの地元からの苦情を受け、木の芽川護岸湧水の水質分析を行ったところ、全窒素、溶解性マンガンが排水基準値を超えていた。

　一方、敦賀市や市民団体からは、処分場への廃棄物搬入中止の要望があったことから、翌平成12年、県は搬入中止を事業者に指導し、搬入は中止された（さらに翌平成13年には業の許可取り消しを実施した）。

　ただし、搬入中止後も敦賀市や市民団体等から、以下の要望が提出された。

- 処分場の安全性や漏水対策について調査を行うこと。
- さらに、それらについての対策を実施すること。

　これらの要望を受け、県は、「福井県民間最終処分場技術検討委員会」（以下、委員会という）を設置し、処分場の安全性についての調査・検討を行うこととした。

　委員会は、処分場の安全性について調査・検討を行った。主な報告内容は以下のとおり。

① 浸出液の漏出について
- 処分場内で検出されているビスフェノールAが、処分場外でも高濃度で検出された。また、処分場内外の水質の類似性から、浸出液が処分場外へ漏出していると判断した。
- このため、浸出液の漏出防止対策として、処分場内部への雨水の浸透を削減し、浸出液の漏出削減に効果のある覆土を行う必要があると判断した。

② 浸出液処理施設の機能について
- 既存水処理施設は、設備の変更や当初設計時から水質が変化していることから、当初の処理能力よりも低下している。
- このため、今後の処理水量や水質の変化に応じて、処理能力の確保について検討する。

2）応急措置の実施

　委員会からの報告を受け、応急措置を実施した。応急措置の概要を表66に示す。

表66　福井県敦賀事案における応急措置

①雨水浸透防止		
対策工	内容	備考
覆土工	雨水の浸透抑制に効果のある土（粘土質）を使用し、5％以上の勾配で整形	覆土面積：38,000㎡
調整池設置工	覆土により、雨水が表流水として、急激に木の芽川へ流出することを防止するために雨水調整池を設置	中央集水路：延長195m 調整池：各600㎡（2箇所） 流路溝：379m（東西2箇所）
ガス抜管設置工	覆土により、埋立地から発生するガスが、埋立地内部に滞留することを防止するため、ガス抜管を敷設	ガス抜管：延長504m
②木の芽川護岸漏水防止		
対策工	内容	備考
遮水壁設置工	木の芽川護岸背面部において、処分場から漏出した浸出液を集水するためコンクリート遮水壁と暗渠集水管を設置し漏出水を集水	延長約100m
集水井戸設置工	暗渠集水管で集水した漏出水を集める	・径2mの井戸2箇所 ・径3.5mの井戸1箇所
揚水設備設置工	集水井戸に集められた漏出水を揚水ポンプにより、既存水処理施設西に隣接する新設水処理施設まで圧送する	
水処理施設設置工	集水した漏出水を浄化するための水処理施設を新設	処理能力350㎡/日 アンモニアストリッピング法＋マンガン砂法＋活性炭吸着法
③浸出液処理施設の維持管理		
水処理施設維持管理	処分場内の浸出液を揚水処理し、基準に適合した処理水を放流するため、既設・新設水処理施設の維持管理を継続する	既設：50㎡/日 新設：350㎡/日

　応急措置の確認調査を実施したところ、処分場内への雨水浸透抑制および処分場外観測井戸の汚染物質濃度低下等、一定の効果は確認されたものの、未処理の浸出液が木の芽川に流出していることが判明した。そこで、処分場からの浸出液の漏出防止のためにさらなる対策を講ずることが必要となった。

（3）対策工事を想定した事前調査
　県は、処分場からの浸出液の漏出防止対策の検討等、生活環境保全上の支障を除去する抜本的対策の検討を行うため、環境保全対策協議会を設置した。
　同協議会では、調査結果について次のとおり整理した。
　調査は、処分場内廃棄物の有害性、処分場内外の水質、当該地の地下水流れ（汚染拡散経路等）等把握すべき等の意見等を踏まえて実施された。

1）廃棄物の種類・性状・成分

処分場は、概ね70m～80mの井桁構造で埋立が行われたことから、その井桁構造に併せて、処分場内で12ヶ所のボーリングを行い、廃棄物の種類、性状、成分の分析を行った。その結果は、次のとおり。

① 処分場の廃棄物は主に燃え殻、汚泥、鉱さい、ばいじん、ガラス陶磁器くず、廃プラスチック類（シュレッダーダストを含む）で、全体の約9割を占める。

② 溶出試験では、60試料中2試料で鉛が基準値を超えたが、その他は基準を超えていない。

③ 含有試験では、基準を超えていない。

2）保有水、周辺地下水等の水質

処分場の処理原水、処分場内の観測井戸12ヶ所、処分場周辺の観測井戸25ヶ所、木の芽川護岸で水質検査を行った結果は、次のとおり。

① 処分場内の保有水の水質：健康項目では、水銀、ジクロロメタン、砒素、鉛、ベンゼン、ふっ素およびほう素の7項目が排水基準を超えており、その他の項目では、ダイオキシン類、BOD、SS、全窒素、n-ヘキサン抽出物質、フェノール類、溶解性鉄、溶解性マンガン、銅、亜鉛、大腸菌群数の11項目で排水基準を超過。

② 処分場周辺の地下水水質：鉛、砒素、ダイオキシン類、pH、BOD、SS、全窒素、n-ヘキサン抽出物質、溶解性鉄、溶解性マンガンの10項目で排水基準を超過。

3）地下水流動

処分場およびその周辺の高密度電気探査、観測井戸における地下水位観測および水収支シミュレーションを行った結果は、次のとおり。

① 処分場東側、南側、西側の山体の地下水は、処分場シート下に流下し、処分場北側の木の芽川へ流出している。

② 地下水の木の芽川への流出量は、年間平均で約3,270m³/日と計算される。

③ 処分場直下の北陸トンネルの湧水量は、少量であると考えられる。

④ 処分場から流出した浸出液の影響を受けた地下水は、ほとんどが木の芽川に湧出し、岩盤を通して地下水盆に直接流入することはない。

4）地質・岩盤状況および透水性

弾性波探査、処分場シート下の斜めボーリング3ヶ所、処分場周辺のボーリング15ヶ所およびボーリング孔における現場透水試験を行った結果は、次のとおり。

① 処分場周辺の岩盤は、主に頁岩で、一部に砂岩、チャートが分布し、東側では

ひん岩が貫入している。
②　一部で透水性が高い箇所も認められるが、全体に難透水性岩盤が連続して分布している。

5）保有水、周辺地下水の水位
処分場内および周辺の観測井戸の水位観測を行った結果は、次のとおり。
①　処分場内の保有水位は、標高140～150m付近に位置している。
②　処分場周辺山体の地下水位は、処分場内の保有水位よりも高い位置にある。
③　処分場シート下の地下水位は、標高80～120mでシート下の土砂部分に位置している。

6）処分場の安定性
処分場、えん堤、周辺土砂の土質試験結果に基づき安定計算を行った結果、処分場は、常時・地震時とも安定している。

(4) 対策工の概略選定
1）基本方針の立案
事前調査の結果から、雨水対策や汚水対策が重要であること、また、廃棄物の対策は、長期的なものとなるため、漏水防止対策に廃棄物対策を部分的に組み入れること等が協議会において指摘された。
そこで、支障除去等は、廃棄物対策と漏水防止対策を行うことを基本とし、それぞれ以下の内容について検討を行うこととした。
①　廃棄物対策
・自然浄化、浄化促進、不溶化、廃棄物撤去
②　漏水防止対策
・遮水壁工、水処理施設、保有水の低下

2）埋立廃棄物への対策
廃棄物対策は、4案について検討を行い、汚染拡散リスクとランニングコストの低減が図れる工法として、自然浄化案を基本として採用した。
①　自然浄化
②　浄化促進
③　不溶化
④　掘削撤去
一方、自然浄化を基本として、他工法の長所を組み合わせる等の方法について提言が委員会よりあった。そこで、安定化期間の短縮を図ることを目的として、水と空気の注

入による浄化促進工を併用することとした。

3）漏水防止対策

廃棄物対策で決定した自然浄化と浄化促進工の併用案に基づき、漏水防止対策工の検討を行った。

現場からの漏水防止対策は、遮水壁による浸出液の漏水防止を基本として、鉛直遮水工、表面キャッピング、揚水井の設置、浸出液浄化等を行うこととして、表67に示す4案を検討した。

この4案を比較検討した結果、確実な遮水効果があること、地下水のコントロールがしやすいこと、浸出液処理量がもっとも少ないこと、工事費・ランニングコストのトータルコストがもっとも安価なことから、案Ⅳがもっとも合理的な対策工であるとして選定され、協議会からは、対策内容として、以下の内容がとりまとめられた。

① 漏水対策は、全周を遮水壁で囲み、雨水浸透を抑制するキャッピングを行うこと。
② 廃棄物対策は、自然浄化を中心に、水、空気の注入による浄化促進を図ること。
③ モニタリングについては、その結果を公表すること。

表67　対策工の比較

	案Ⅰ	案Ⅱ	案Ⅲ	案Ⅳ
対策工	・漏水拡散防止（北側） ・保有水位低下 ・処分場北側に遮水壁を設置し、木の芽川への漏水を防止する。 ・処分場内の保有水を揚水し、保有水水位を低下させる。	・漏水拡散防止（北側） ・保有水位低下 ・雨水浸透抑制 ・地下水流入防止（南側） ・処分場北側に遮水壁を設置し、木の芽川への漏水を防止する。 ・処分場内の保有水を揚水し、保有水水位を低下させる。 ・処分場南側に遮水壁を設置し、地下水の流入を防止する。 ・処分場およびその周辺にキャッピングを行い、雨水の流入を防止する。	・漏水拡散防止 ・保有水位低下 ・地下水流入防止（南側および東西側） ・処分場北側に遮水壁を設置し、木の芽川への漏水を防止する。 ・処分場内の保有水を揚水し、保有水水位を低下させる。 ・処分場全周に遮水壁を設置し、地下水の流入を防止する。	・漏水拡散防止 ・保有水位低下 ・雨水浸透抑制 ・地下水流入防止（南側および東西側） ・処分場北側に遮水壁を設置し、木の芽川への漏水を防止する。 ・処分場内の保有水を揚水し、保有水水位を低下させる。 ・処分場南側に遮水壁を設置し、地下水の流入を防止する。 ・処分場およびその周辺にキャッピングを行い、雨水の流入を防止する。
対策工概要図				
特徴	・遮水壁の延長は短いものの、周辺からの地下水流入量が多く、水処理量は大きくなる。 ・平均浸出液量 2,343㎥/日	・南側からの地下水流入を防止し、キャッピングにより雨水浸透を抑制することで、水処理量が低減される。 ・平均浸出液量 439㎥/日	・全周に遮水壁を設けることにより、地下水の流入を防止し、水処理量が低減される。 ・平均浸出液量 605㎥/日	・全周に遮水壁を設けることにより、地下水の流入を防止し、さらにキャッピングにより雨水浸透を抑制することで、水処理量が低減される。 ・平均浸出液量 92㎥/日
工事費 概算	68億円	94億円	105億円	92億円
維持管理費 概算	・ 61億円（10年） ・121億円（20年） ・163億円（30年）	・32億円（10年） ・64億円（20年） ・84億円（30年）	・ 39億円（10年） ・ 79億円（20年） ・106億円（30年）	・17億円（10年） ・32億円（20年） ・41億円（30年）

4）対策工の概要

選定された対策工の概要は、以下のとおりである。

(ア) 浸出液の木の芽川への流出防止策
- 遮水壁の設置による流出防止
- 浸出液揚水井戸の設置

(イ) 浸出液低減および浄化対策
- 処分場上流域への遮水壁の設置による地下水の流入抑制
- ドレーントンネル設置による背面地下水の排除
- キャッピングによる雨水浸透の抑制
- 浸出液貯留槽の設置、水処理施設の改造（増設）
- 処分場内保有水の低減、空気・水注入による浄化促進

■鉛直遮水工
【連続地中壁工】
施工延長：北側L=315m、南側L=450m
【カーテングラウチング工】
施工延長：北側444m、東側504m
　　　　　南側519m、西側387m

木の芽川

■浸出液揚水井戸
φ1,000mm×13箇所

■浸出液貯留槽
貯留容量：10,000m³

■浸出液貯留槽
処理能力：350m³/日

■保有水揚水井戸
φ1,000mm×30箇所

■キャッピング工（舗装）
施工面積：約91,000m²

■キャッピング工（シート）
施工面積：約14,100m²

上流部造成

■ドレーントンネル工
延長：約1,091m

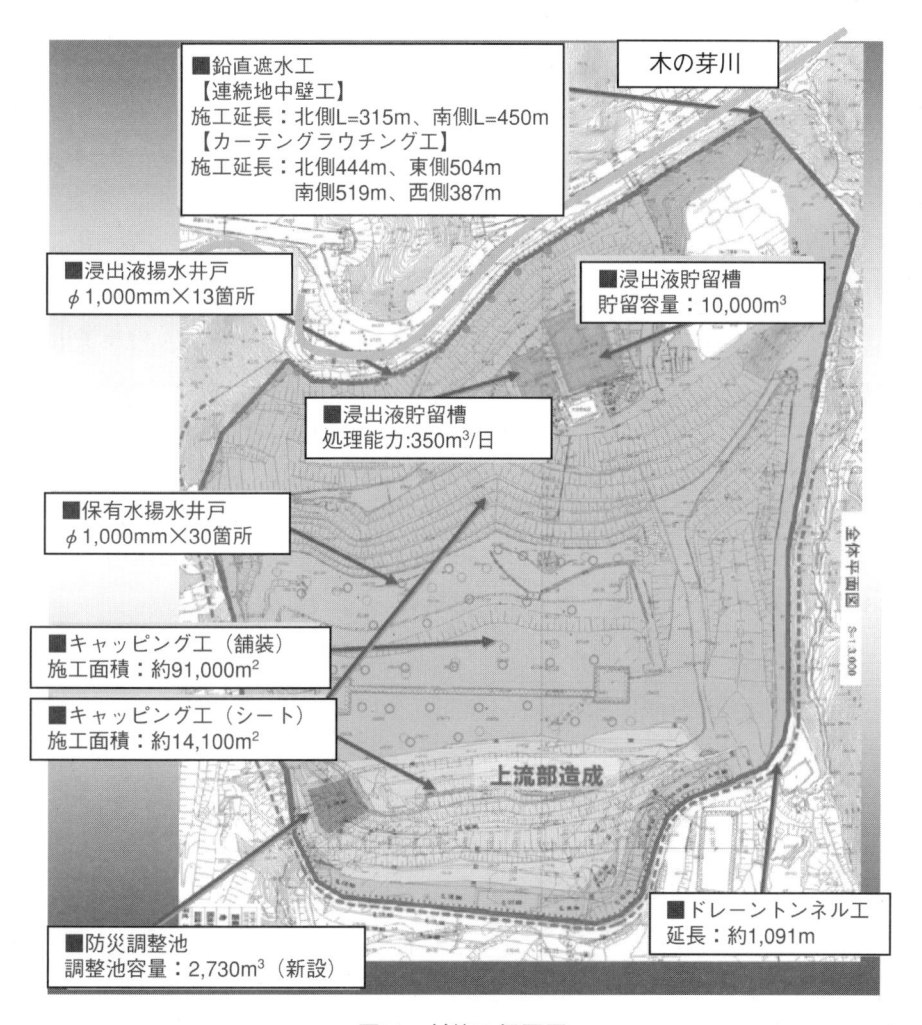

■防災調整池
調整池容量：2,730m³（新設）

図31　対策の概要図

3　宮城県村田事案
　（1）事案の概要
　　① 場所：宮城県柴田郡村田町
　　② 許可等の状況：
　　　安定型産業廃棄物最終処分場
　　　（施設規模：約35万㎥）
　　　産業廃棄物の中間処理（焼却）施設
　　　（施設規模：木くず焼却用焼却能力4.8t/日、廃プラスチック焼却能力0.1t/日）
　　③ 廃棄物の種類：シュレッダーダスト、燃え殻、ばいじん等
　　④ 推定埋立量：約103万㎥（許可容量を約67万㎥超過）
　　⑤ 不法投棄等の状況
　　　本事案は、事業者により安定型産業廃棄物最終処分場において、許可容量および許可区域を超えた埋立てならびに、許可品目外の廃棄物の埋立処分が行われた。
　　⑥ 周辺状況（支障等の状況）
　　　浸透水採取設備において、BOD（380mg/ℓ）および1,2-ジクロロエタン（0.0078mg/ℓ）が地下水等検査項目基準を超過（H12.7）した。
　　　28,000ppmの硫化水素がガス抜き管内で検出（H13.7）。周辺の住民から悪臭の苦情が寄せられた。
　　　現場の地下水位が上昇すると、法面から滲出した浸透水が近くの農業用水路に流れ込んでいた。
　　　現場から発生する有害ガスとその悪臭による近隣住民の生活への支障のおそれおよび処分場内に存在する汚染物質が将来地下水の移動により場外にさらに拡散し近隣耕作地の農作物に影響を及ぼすおそれがあった。

　（2）対策工選定フローと事案における選定経緯
　本事案に関する対策工選定に関する経緯は、以下のとおりであった。

表68　本書の検討フローと村田事案の検討内容

本書の検討フロー	検討内容
A：事案の発覚／B：基準違反の発見	B：行政指導に従わず不適正な行為を継続的に行う
第一報調査／初動調査	ガス抜き管内で28,000ppmの硫化水素を観測（業者に改善を指導、その後管理者不在となる）
初期確認調査	開削調査、現場検証等を実施
応急措置の実施（緊急対策）	緊急対策（代執行）を実施 ・ 埋立地の一部覆土 ・ 浸出水処理池の汚泥除去 ・ 雨水排水溝の設置
応急措置の検証（緊急対策） 対策工を想定した事前調査	各種調査 ・ 許可容量を約67万m³超える103万m³の廃棄物が埋め立てられていることが判明 ・ 埋立廃棄物層と覆土の境界で高濃度の硫化水素やベンゼンを広範囲で確認
対策工の概略選定 支障発生メカニズムを踏まえた対策工の選定	対策方針の検討 ・ 学識経験者や住民代表等で構成する「総合対策検討委員会」を設置 ・ 対策を「恒久対策」、「緊急対策」に分けて実施を計画 ・ 複数の対策が「総合対策検討委員会」や村田町から提案された
対策工の詳細選定 効果・コスト検討	対策工の検討 ・ バリア井戸、遮水壁、揚水井設置、水処理施設設置、透過性浄化壁設置等の複数提案を比較検討 ・ 検討項目は、水位コントロール、地盤沈下、浸出水拡散防止、ガス放散防止、費用とした
対策工評価・選定	対策工の選定 ・ 比較検討により、「下流遮水壁＋透過性反応浄化壁案」を決定 対策工実施中（H19～H24）

第2章　対策工と技術　177

（3）緊急対策

事業者に対して覆土や硫化水素の無害化について行政指導や措置命令を発出したものの、事業者が履行しなかったため行政代執行により以下の緊急対策を実施した。

表69　宮城県村田町事案における緊急対策

対策工	内容	備考
①ガス放散防止対策		
覆土工	露出部分に覆土を行った	対策箇所周辺での拡散抑制効果は認められるものの、敷地境界では、依然、悪臭防止法による敷地境界基準値である0.02ppmを超える濃度の硫化水素が確認された。廃棄物層に100ppm以上の高濃度の硫化水素が溜まっている状況が確認された。
キャッピング工	ガス発生箇所表面をシートでキャッピングし、ガス拡散防止措置とした	
②雨水浸透防止対策		
雨水排水溝の設置	ガス発生防止のため雨水排水溝を設置	いずれも局所的で全体的な雨水排水対策となっていない。法面からの越流や水位の変動による硫化水素ガスの放散が確認された。
排水ポンプの設置	雨水排水のための排水ポンプを設置	
覆土の補修	覆土の補修を実施	継続的に行っているものの覆土の亀裂や流出が見られ、廃棄物層に雨水が浸透している箇所も多く見られる。
③放流水対策		
浸出水処理池の維持管理	事業者が設置した浸出水処理池の汚泥処理を実施	放流水に係る基準を満たすようになった。
④焼却炉対策		
ばいじんの撤去等	鉛、カドミウムおよびダイオキシン類の化学物質質が含まれたばいじんを撤去	ばいじんによる生活環境保全上の支障のおそれはなくなった。

処分場敷地境界の臭気については、平成17年度に実施した行政代執行による緊急対策により、一定の効果が確認されているが、依然として、悪臭防止法による敷地境界での基準値である0.02ppmを超える硫化水素が観測されることがあった。当該処分場は、周辺に民家が近接する立地環境にあり、有害ガスおよびその臭気は日常生活に大きな支障等となる。

処分場内の廃棄物層からは判定基準を超える有害な産業廃棄物の汚染は認められなかったが、土壌汚染対策法の土壌含有量基準を超える鉛およびカドミウムが検出されているとともに、土壌環境基準（＝土壌溶出量基準）を超える鉛、総水銀、砒素、ふっ素、ほう素およびベンゼンが検出された。当該処分場は、遮水構造をもたないことから、処分場内の浸透水が地下水の移動により水路を介して公共用水域に流下する状況にあるだけでなく、処分場内に存在する汚染物質が、将来、地下水の移動により場外にさらに拡

散し、近隣の耕作地の作物に影響を及ぼすおそれがある。

（4）現地調査内容と結果
1）廃棄物の状況
　処分場内のボーリング孔13地点（層別区分により延べ51検体）のコア試料を分析したところ、結果は次のとおり。
- 有害な産業廃棄物に係る判定基準を超過する性状のものはみられなかった。
- 土壌環境基準（＝土壌溶出量基準）を超過した鉛（7地点13試料）、総水銀（1地点1試料）、砒素（3地点3試料）、ふっ素（4地点6試料）、ほう素（3地点5試料）、ベンゼン（2地点2試料）が検出された。
- 土壌含有量基準を超過した鉛（13地点31試料）、カドミウム（1地点1試料）が検出された。

2）保有水、周辺地下水等の分析結果
　処分場内の廃棄物層内に設置したボーリング孔18地点、場内および場外の廃棄物層以外に設置したボーリング孔5地点の計23地点の保有水や地下水を分析した結果は次のとおり。
- 放流水に係る基準を超過するBOD（2地点）が検出された。
- 地下水等検査項目基準を超過する砒素（1地点）、シス-1,2-ジクロロエチレン（1地点）、BOD（12地点）が検出された。
- 地下水環境基準を超過するほう素（19地点）、ふっ素（15地点）、ダイオキシン類（6地点）が検出された。なお、地下水等検査項目基準を超過する砒素（1地点）、シス-1,2-ジクロロエチレン（1地点）についても超過が確認された。

　処分場外の地下水（下流）観測井戸における調査では、地下水環境基準以下ではあるが、鉛、砒素、ジクロロメタン、セレン等が検出されることがあった。
　定常的に水路に流下する放流水観測点でのモニタリング結果では、流下する河川水に比べ濃度の高いほう素やふっ素が確認された。
　当該処分場の廃棄物は、比較的透水性の低い地盤の上に埋め立てられている現状から、保有水の鉛直方向への移動は考えにくく、処分場の入口付近に向かって水平方向で東側に向かってゆっくり流れていることが地下水調査の結果から推定された。さらに、当該処分場は、遮水構造がない処分場であることから、地下水調査の結果からは、保有水は処分場外へ滲出拡散していると推定された。
　処分場内の保有水位が高く、雨水浸透に伴い埋立地内の水位が上昇すると、保有水は、東側側溝付近の法面から滲出し、農業用水路に流下していた。

3）発生ガスの状況

処分場を15mグリッドに区分した表層ガス調査の結果、覆土層内では検出されないものの、廃棄物層と覆土の境界面で高濃度の硫化水素やベンゼンが広く分布していることが確認された。また、地温が30℃を超える地点や酸素濃度が低くメタン濃度が高い等の地点も多くみられることから、廃棄物層内での反応は依然として続いていることが推察された。

処分場の覆土は、風雨による流出や亀裂が生じているところもみられ、そこからガスが放散しやすい状況にあった。

東側の法面は、地形的に脆弱なうえに、覆土が流出し廃棄物が露出するなどしており、平成16年度の環境臭気調査では、処分場敷地境界で臭気指数が最大で26を観測した。平成17年度に東側法面のキャッピング工事を行い、臭気については以前よりは改善されたものの、敷地境界での硫化水素連続モニタリング結果では、悪臭防止法による敷地境界基準値の0.02ppmを超えて検出されることがあった。

処分場内の下流側のガス抜き管やボーリング孔等で水位の観測およびガスの発生状況を調査したところ、廃棄物層で発生した硫化水素ガスは、地下水位の上昇により押し上げられ放散し、水位が下降すると覆土境界面で再び発生するという、雨水浸透による地下水位の変動に伴う発生・放散のサイクルを繰り返していることが推定された。

（5）対策の立案

宮城県は、当該処分場の廃止に向けた対策を総合的に検討するため、平成16年3月2日に学識経験者や住民代表等で構成する「総合対策検討委員会」を設置した。

総合対策検討委員会は計8回開催され、それまで行ってきた各種環境調査に基づき処分場の現状評価を行い、健康影響に関する協議や対応策等の検討を行った。また、専門部会を設置し、客観的・技術的な観点から処分場の管理等緊急対策および長期的対策について検討した。

1）基本方針の立案

総合対策検討委員会の検討内容や処分場の現状調査の結果および専門家の意見に基づく基本方針は次のとおり。

- 埋め立てられている廃棄物は、有害産業廃棄物の判定基準を超える化学物質等を含む性状にはないことから廃棄物を撤去する必要性はない。
- 「有害ガスおよび悪臭ならびに浸出水拡散による生活環境保全上の支障等」を除去するために、現況の環境を保持しながら雨水浸透防止による「ガス発生抑止策」を実施する。
- 必要に応じ「汚染された浸出水の拡散防止対策」を実施する。

以上を踏まえ、対策工の選定ならびに実施にあたり、生活環境保全上達成すべき目標を定めた。

- 処分場のガス拡散防止対策
- 浸透水中に含まれる有害物質の拡散防止

2）緊急対策の実施

当該地では、恒久対策を実施するまでの暫定的対策として特に支障がある箇所について、以下の対策工を速やかに実施するとした。
- 遮水シートによるガス放散防止
- ガス処理施設の建設
- 既設排水路の改修

3）支障除去対策の検討

総合対策検討委員会案（3案）、専門部会長案（1案）、村田町案（1案）の計5案について比較検討した（表70）。提案された対策工は、以下のとおり。

第1案　バリア井戸工法（19本）＋水処理施設（410㎥/日）
第2案　下流遮水壁（674m）＋揚水井戸（10本）＋水処理施設（410㎥/日）
第3案　全周遮水壁（1,565m）＋揚水井戸（5本）＋水処理施設（60㎥/日）
第4案　下流遮水壁（542m）＋透過性反応浄化壁（68m）
第5案　揚水井戸（51本）＋水処理施設（540㎥/日）

4）対策工の検討結果

提案された対策工案（5案）について、以下の評価項目で比較検討を実施した。
- 上流域からの雨水の流入や処分場内での雨水の浸透があり浸透水の水位の変動が硫化水素の発生や浸透水の越流や滲出の原因となるため、水位安定が確実に図れること（水位コントロール）。
- 近隣に民家が点在しており、対策により、地盤沈下が起きないよう、現況の地下水流動や水収支を極力変えないこと（地盤沈下の懸念）。
- 近隣に民家や耕作地が点在しており、農作物への影響を防止するため、浸透水の地下水への拡散を未然に防止すること（浸透水拡散防止）。
- 地下水位の変動に伴って生ずるガスの放散防止対策が必要であること（ガスの放散防止）。
- 対策工事や維持管理に関しては、期間の短縮や経費の縮減が必要であること（費用）。

検討した結果、水位低下や確実な汚染拡散防止効果が見込まれること、地下水の流動を変えずに地下水位のコントロールが容易なこと、さらには工事や維持管理のトータルコストがもっとも小さいこと等から、4案の「下流遮水壁＋透過性反応浄化壁案」がもっとも合理的であると判断した。

表70 対策工の比較

	1案	2案	3案	4案	5案
工法の内容	バリア井戸工法（19本）+水処理施設（410㎥/日）	下流遮水壁（674m）+揚水井戸（10本）+水処理施設（410㎥/日）	全周遮水壁（1,565m）+揚水井戸（5本）+水処理施設（60㎥/日）	下流遮水壁（542m）+透過性反応浄化壁（68㎡）	揚水井戸（51本）+水処理施設（540㎥/日）
概要図					
対策工	・揚水井戸により地下水をポンプアップして、浸透水の拡散を防止する。 ・対策工・水処理設備を用い、浸透水を確実に処理する。 ・処分場周辺に雨水排水溝を設置し、雨水の流入を防止する。 ・処分場内の表面はシート工でキャッピングし、雨水の浸透およびガスの放散を防止する。 ・発生ガスの処理は、ガス処理施設を設置し、処理する。	・処分場東側に遮水壁を設置し、浸透水の拡散を防止する。 ・対策工・処分場内の浸透水を揚水し、浸透水位を低下させる。 ・水処理設備を用い、浸透水を確実に処理する。 ・処分場周辺に雨水排水溝を設置し、雨水の流入を防止する。 ・処分場内の表面はシート工でキャッピングし、雨水の浸透とガスの放散を防止する。 ・発生ガスの処理は、ガス処理施設を設置し、処理する。	・処分場全周に遮水壁を設置し、浸透水の拡散を防止する。 ・対策工・処分場内の浸透水を揚水し、浸透水位を低下させる。 ・水処理設備を用い、浸透水を確実に処理する。 ・処分場周辺に雨水排水溝を設置し、雨水の流入を防止する。 ・処分場内の表面はシート工でキャッピングし、雨水の浸透とガス放散を防止する。 ・発生ガスの処理は、ガス処理施設を設置し、処理する。	・処分場東側に遮水壁を設置し、浸透水の拡散を防止する。 ・対策工・透過性反応浄化壁を設置し、水位低下および汚染物質を浄化する。 ・暗渠ドレーンを設置し、水位上昇を防止する。 ・処分場周辺に雨水排水溝を設置し、雨水の流入を防止する。 ・処分場内の整形および排水溝を設置し、雨水の浸透を防止するとともに一部多機能性覆土を実施し、水位の上下に伴うガスの放散を防止する。 ・モニタリング井戸を設置する。	・揚水井戸により地下水をポンプアップして、浸透水の拡散を防止する。 ・対策工・水処理設備を用い、浸透水を確実に処理する。 ・処分場周辺に雨水排水溝を設置し、雨水の流入を防止する。 ・発生ガスの処理は、ガス処理施設を設置し、処理する。
水位コントロール	水位コントロール可能	水位コントロール可能	水位コントロール可能	水位コントロール可能	水位コントロール可能
地盤沈下	地盤沈下のおそれあり	地盤沈下のおそれあり	地盤沈下のおそれなし	地盤沈下のおそれなし	地盤沈下のおそれあり
浸透水拡散防止	大雨時に拡散防止困難となる	拡散防止可能	拡散防止可能	拡散防止可能	大雨時に拡散防止困難となる
ガス放散防止	ガス拡散防止可能	ガス拡散防止可能	ガス拡散防止可能	ガス拡散防止可能	ガス拡散防止困難
事業費	概算工事費計45.95億円 維持管理費（10年間）14.00億円	概算工事費計52.90億円 維持管理費（10年）14.00億円	概算工事費計39.45億円 維持管理費（10年）5.50億円	概算工事費計26.1億円 維持管理費（10年間）5.0億円	概算工事費計46.15億円 維持管理費（10年）19.80億円

5）対策工の実施方法

対策工の比較検討の結果、「下流遮水壁＋透過性反応浄化壁案」がもっとも合理的であると判断された。また、対策工事や維持管理に関しては、期間の短縮や経費の縮減が必要であることとされた。

このため、対策工事は、段階的に進めるものとし、まず、雨水浸透防止対策としての処分場内の整形、盛土および雨水排水溝の設置工事を行い、埋立地内の水位の安定化、ガスの発生抑止および浸透水の滲出防止を図る。また、ガスの放散を防止するため一部多機能性覆土を実施する。

第2段階の透水壁および浄化壁等による浸出水拡散防止対策は、継続モニタリングにより埋立地内の浸透水の汚染状況および周辺地下水中への汚染物質の拡散状況を確認したうえで実施することとした。

対策の概要は、図32～図34のとおりである。

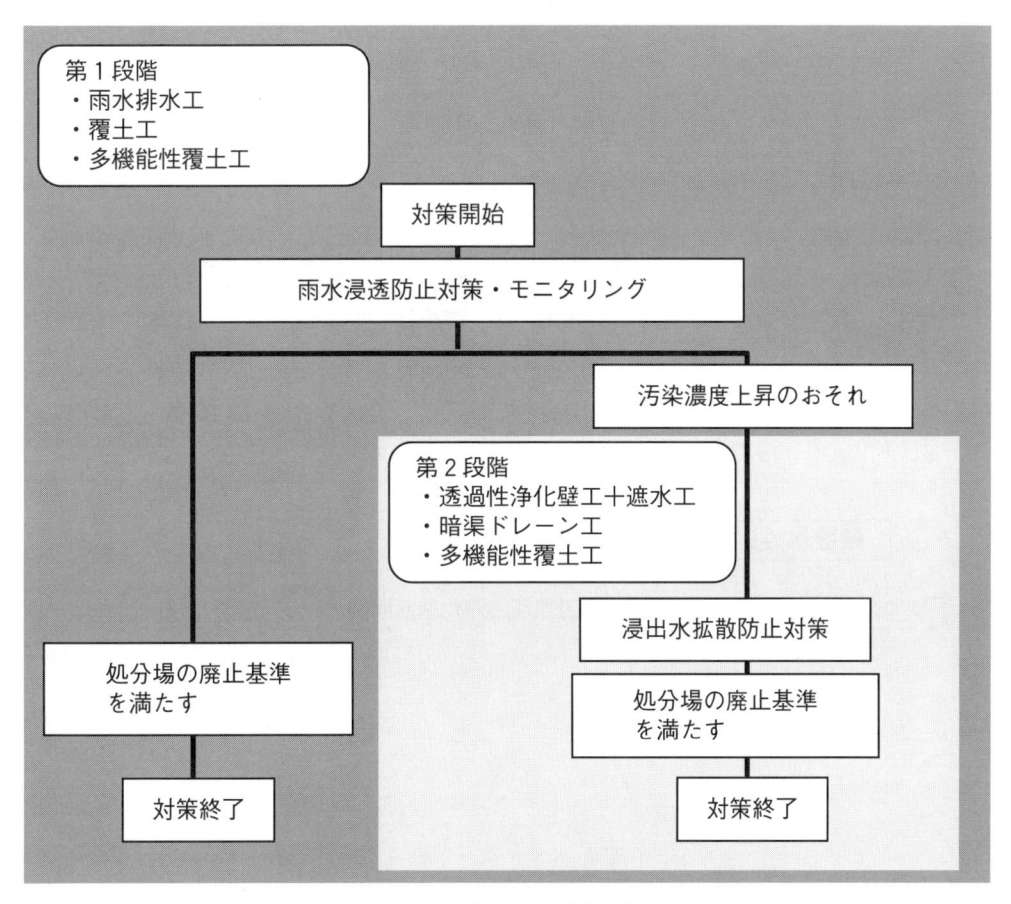

図32　対策工の段階実施

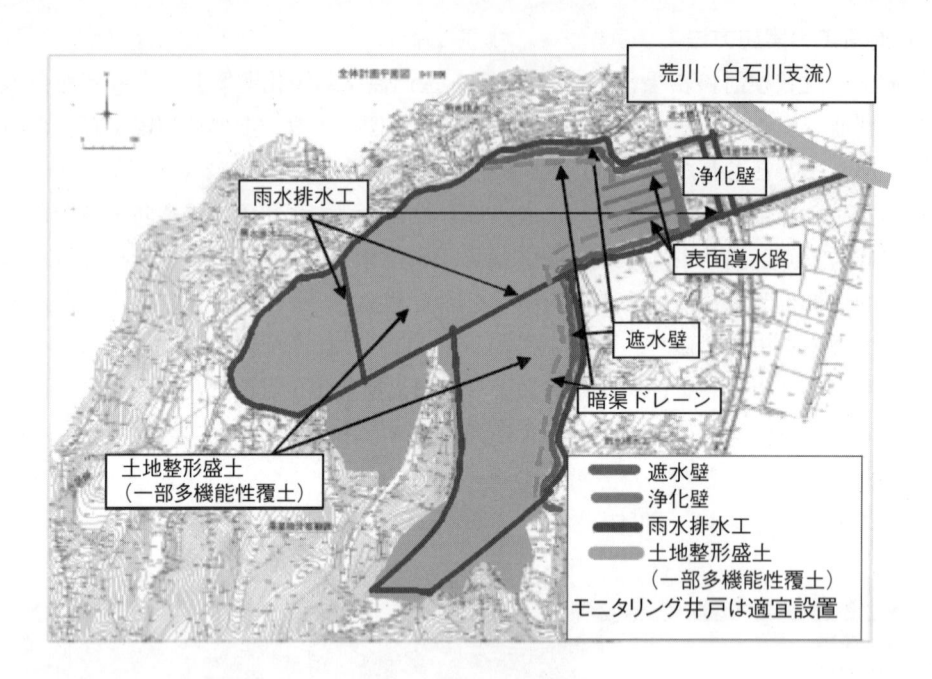

図33 対策工平面図

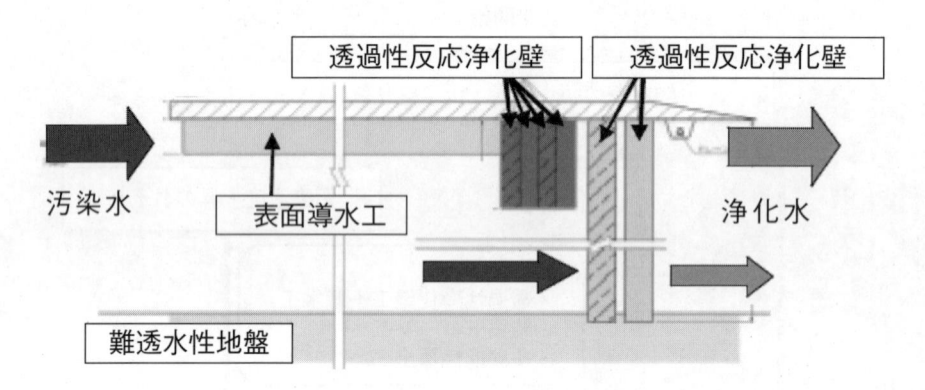

図34 透過性反応浄化壁断面図

4　埼玉県三芳事案

（1）事案の概要

① 場所：埼玉県三芳町
② 許可：産業廃棄物中間処分業（中間処理：熱分解）および収集運搬業（積保含む）
③ 堆積廃棄物の種類：
　建設系混合廃棄物（ボーリング調査結果から内部は粒径5mm未満の破砕廃棄物が多く、その他はがれき類、ガラス陶磁器くず、廃プラスチック類、木くず等）
④ 敷地面積：約8,300㎡
⑤ 堆積量：約65,000㎥
⑥ 撤去量：約7,000㎥
⑦ 不適正保管の概要
　産業廃棄物の収集運搬業および中間処分業の許可を受け、三芳町内で操業していた行為者が、廃棄物処理法に違反して大量の産業廃棄物の受入、堆積を行っていた。
⑧ 支障等の状況
　不適正な大量の廃棄物の堆積による崩落、崩落のおそれおよび硫化水素ガスの発生に起因した支障等が生じた。県はこの行為に対し、これまで再三、改善指導を行い、2度にわたり改善命令を行ったが、履行されることなく長期間放置状態が継続した。
　この廃棄物の山の北側の壁が廃棄物の圧迫により倒壊し、廃棄物が崩落する危険性があるため平成20年1月30日に措置命令を行った。
　しかし、行為者は資金不足を理由に当該措置命令の履行ができない旨の意思を表明するとともに、着手期限である2月6日に到っても撤去作業に着手しなかった。このため、県、三芳町および社団法人埼玉県産業廃棄物協会は、「さいたま環境整備事業推進積立金（通称：けやき積立金※）」を活用し、共同で改善作業を行った。

※さいたま環境整備事業推進積立金（通称：けやき積立金）：産業廃棄物を適正に処理し、環境の保全を図ることを目的として、(社)埼玉県産業廃棄物協会、県、市町村、民間企業が積立を行っている積立金。

⑨ 支障の要素
　a）廃棄物の圧迫により、北側の壁がやや傾き、基礎部分にクラックが入り側道に崩落する危険性があった。
　b）危険性のある一定量の硫化水素ガスの発生が続いた。
　c）北側の壁に、高さが低い部分があり、敷地への立入が比較的容易な状態にあり、二次投棄が発生した。

（2）改善措置（対策工）の目的
　　① 崩落の防止
　　② 硫化水素ガスの発生抑制
　　③ 二次投棄防止のため、敷地への立入ができないようにする。

（3）改善措置の内容
　　① 北側の壁を圧迫している産業廃棄物を撤去する（敷地境界より3mセットバック）。
　　② 崩落防止のため山の高さを低くし、法面勾配を緩やかにする。
　　③ 鉄粉混入土による覆土（硫化水素ガス放出防止対策）
　　④ 多目的井戸の設置（廃棄物層の安定化を図るための通気、内部モニタリングおよび硫化水素ガス発生防止対策）
　　⑤ 北側および東側の壁の増設・修繕

（4）事前調査
1）ボーリング調査による廃棄物組成調査
　3地点においてボーリング掘削を行った。掘削深度はNo.1が5m、No.2およびNo.3は6mである。ボーリングコアの組成分析結果を表71〜表73に示した。主な組成としては、がれき類、廃プラスチック類、ガラス陶磁器くず、金属くず、土砂であり、少量の木くず、紙くず、繊維くずが混入していた。

表71　No.1地点におけるゴミ組成

単位：重量%

	がれき類	ガラス・陶磁器	プラスチック	木くず	<5mm	落ち葉	釘
表層土	35.9	-	2.2	-	60.0	1.9	
0-1 m	60.3	0.8	3.1	-	35.5		0.3
1-2 m	39.4	2.5	11.4	0.9	45.8		
2-3 m	54.4	3.6	2.1	1.4	38.6		
3-4 m (3.5-3.7mを除く)	70.6	0.7	2.3	1.1	25.3		
3.5-3.7m	55.8	1.1	1.5	1.1	40.5		
4-5 m	41.6	1.6	8.6	1.7	46.4		

各深さごとの試料を乾燥し、5mm標準ふるいで分粒した。

表72　No.2地点におけるゴミ組成

単位：重量%

	がれき類	ガラス・陶磁器	プラスチック	木くず	<5mm	紙くず	金属くず
0-1 m	38.1	4.6	2.6	0.1	51.6		2.9
1-2 m	34.0	0.7	13.3	0.1	49.5		2.5
2-3 m	50.3	4.6	4.9	0.7	38.4	0.5	0.6
3-4 m	43.9	6.8	8.6	1.5	39.2		
4-5 m	54.2	0.7	2.8	1.0	29.2		12.1
5-5.7m	42.2	3.7	6.0	1.4	33.7		13.0
5.7-5.9m（赤土+石+プラ）	23.8		1.0		75.2		
5.9-6 m	52.6	0.7	5.9		40.8		

表73　No.3地点におけるゴミ組成

単位：重量%

	がれき類	ガラス・陶磁器	プラスチック	木くず	<5mm	紙くず	金属くず
0-1 m	33.1	3.3	7.1	-	55.2		1.2
1-2 m	41.0	4.7	11.5	0.1	42.4		0.4
2-3 m	58.9	3.0	3.3	0.5	34.3		
3-4 m	34.4	5.7	9.3	1.9	48.5		0.2
4-5 m	41.5	2.2	3.8	1.2	50.9	0.2	0.2
5-6 m	49.0	3.9	2.5	0.9	41.0	1.7	1.1

2）定期モニタリング

　埼玉県では年4回の定期調査を実施していた。調査は敷地境界における硫化水素ガス調査4地点、覆土表面から放出されるガス調査5地点、内部保有ガス調査5地点（採取深度0.5～1m）、深井戸（深度5m）の内部保有ガス調査3地点である。また、天端を5mメッシュに区切り各頂点、深度1mにおける温度調査（約20地点：発生ガスにより温度測定用プローブが破損することや鳥獣により温度ロガーケーブルが切断されることがある）も行っていた。

　対策工事前（2008年1月）のガス調査結果を表74～表77に示した。

表74　敷地境界における硫化水素ガス調査結果

検体採取地点[注1]	採取高さ	硫化水素ガス[ppm]	備考
A	1.2～1.5m	<0.01	敷地境界において、臭気は感じられなかった。
B		<0.01	
C		<0.01	
D		<0.01	
基準値		0.02[注2]	

注1）敷地境界での採取位置は、従前と同地点とした。
注2）悪臭防止法第3条に規定する規制地域の指定並びに同法第4条第1項第1号、第2号及び第3号に規定する規制基準の設定（平成6年3月14日、県告示336号）による敷地境界における基準値で、三芳町は規制地域に指定されている。

表75 覆土表面から放出されるガスの調査結果

検体採取地点	採取高さ	酸素 [%]	窒素 [%]	二酸化炭素 [%]	メタン [%]	硫化水素ガス GC/FPD法 [ppm]	フラックス[注] [mL/m2/min]
発生源 No.1	0 m (表面)	19.0	77.1	2.1	1.8	<0.01	<0.001
No.2		17.7	77.1	3.0	2.2	<0.01	<0.001
No.3		19.0	79.6	1.4	<0.01	<0.01	<0.001
No.4		18.9	79.7	1.4	0.02	<0.01	<0.001
No.5		16.9	80.2	2.6	0.31	<0.01	<0.001

注) 基準項目にはないが、硫化水素ガス発生量を見積もるためにガスフラックスを測定した。測定方法は静置式チャンバー法で、φ52cm×20cm高のチャンバーを用いて行った。

表76 内部保有ガス調査結果

検体採取地点	採取深度 (m)	酸素 [%]	窒素 [%]	二酸化炭素 [%]	メタン [%]	硫化水素ガス [ppm]
ア	0.55	8.1	77.3	10.1	4.5	150
イ	0.90	3.2	79.8	12.2	4.8	16
ウ	0.85	5.1	69.4	14.8	10.7	330
エ	0.95	16.5	80.5	3.0	<0.01	<0.01
オ	1.00	5.8	75.0	11.9	7.3	83

表77 深井戸の内部保有ガス調査結果

検体採取地点	採取深度 (m)	酸素 [%]	窒素 [%]	二酸化炭素 [%]	メタン [%]	硫化水素ガス [ppm]
①	5.0	4.0	76.4	13.2	6.4	360
②	5.0	7.2	76.8	10.4	5.6	140
③	4.8	6.9	80.5	9.9	2.7	63

　敷地境界や覆土表面から、硫化水素ガスは検出されないが、廃棄物の山内部には硫化水素ガスが保有されていることが観察されていた。長期にわたるモニタリングから、硫化水素ガス濃度は減少していたが、高いところでは300ppmレベルの濃度が保たれていた。

　一方、天端における温度調査により、高いところで60〜70℃になる地点が数ヶ所確認されていた。

（5）作業期間における安全対策等
　作業期間を作業内容により6期間、100日とし、それぞれの期間に対する安全対策、環境汚染防止対策、環境モニタリング等を設定した（表78）。

表78　各作業期間の内容・対策等

		第1期 準備	第2期 下部掘削	第3期 上部掘削	第4期 表面覆土施工	第5期 井戸設置	第6期 後片付け
場所		全体	掘削場所A	掘削場所B	掘削場所A、B		全体
		選別作業場所	選別・搬出	選別・搬出			
作業内容		草刈り 測量 選別作業場所の設備 トロンメル等の設置	粗大ゴミの撤去		掘削部分等の覆土施工 土止工	サウンディングによる事前調査 ボーリングおよび井戸施工	片付け 植生工
			搬出路の整備 側面掘削	天場の掘削 天場下方側面掘削・成形			
			掘削廃棄物の作業場所への移動				
			掘削廃棄物の選別・搬出				
作業期間		10日間	50日間		15日間	20日間	5日間
環境保全対策	土壌汚染防止対策	廃棄物と自然土壌との混合を避ける					
	廃棄物飛散防止措置	飛散防止塀（ネット等）を設置する					
	崩落防止措置	安定勾配の確保および崩落防止工					
	悪臭・ガス発生防止措置	覆土工による悪臭防止・可燃ガス拡散（送風）・薬剤散布（硫化水素ガス対策）					
	汚濁水流出防止措置	50mm/日以上の強降雨量が予測される場合は、シートあるいは覆土にて流出防止を図る					
	有害廃棄物等の隔離措置	有害廃棄物（危険性の高いものを含む）を分離し、蓋付ドラム缶等に隔離する					
環境モニタリング	敷地境界	周辺環境（5ヶ所）にて悪臭・硫化水素ガスを測定する					
	掘削場所	硫化水素ガス・メタンガス・酸素・炭酸ガスを常時測定					
	選別作業場所	および廃棄物の飛散防止のための風速測定					

　特に、環境保全および安全対策に万全を期すために、各作業工程における注意事項を定めた（表79）。

表79 各作業工程における注意事項

作業期間	作業工程	注意事項
第1期	測量および廃棄物選別エリアの整備	◎選別作業場所：山の北東側奥の山林を利用（西南側搬出路手前空き地に変更）基本的にモニタリングはなし。廃棄物飛散防止対策（ネット等による養生）。土壌汚染対策防止対策（鉄板等敷設）。降雨時における廃棄物流出防止対策必要。作業後の現状復帰方法の確認。
第2期	搬出路の整備と側面掘削（掘削場所A）	◎北東側の掘削および側面の掘削：北東側の低い部分と北西側斜面の深さ1mでは硫化水素不検出。粗大ゴミを残留したまま埋め立てると不同に沈下となるため、粗大ゴミの撤去必要。北西側斜面に急勾配部分あり。 ◎南西側搬出路の掘削：南西側深さ1mでは硫化水素不検出。上部は内部温度が高い。可燃性ガス発生の可能性あり。火気厳禁、マスク着用、送風機準備
第3期	天端の掘削と上部法面掘削（掘削場所B）	◎南西側から中央部：南西側から中央部にかけては高濃度ガス発生の可能性が高い。ガスが滞留しないように掘削。 ◎中央部から北東部：中央部から北東部にかけては比較的ガス発生の可能性は低い。ただし、メタンガスは5m深で爆発限界の下限値（5.3%）を超過。 ◎作業者はマスク着用、火気厳禁、掘削方法に工夫が必要。送風機、覆土、塩化鉄溶液準備
第4期	覆土および土止工	◎覆土：含鉄土壌（火山灰土壌）に鉄分1％以上を混合し施工する。 ◎土止工：強降雨による急勾配地帯の土砂の流出を防止。
第5期	井戸設置（ボーリング）	◎ボーリング地点周辺においてガスモニタリングが必要。 ◎内部は硫化水素・メタン濃度が高い。 ◎高濃度ガス（硫化水素）が発生した場合は塩化鉄溶液注入。
第6期	後片付け	◎土木工事等の完了検査（悪臭・ガスの発生、土砂流出措置、崩落防止措置）

掘削場所等および敷地境界における環境モニタリングの判定基準は処分場跡地形質変更で採用している基準値を参考とし、次のように設定および対応方法を決定した（表80）。

表80 各モニタリング地点における判定基準および対応

掘削場所および選別作業場所			敷地境界		
モニタリング項目	判定基準	対応	モニタリング項目	判定基準	対応
硫化水素	>5 ppm	作業中断 硫化水素用防毒マスク着用 塩化鉄水溶液散布 火気厳禁 覆土	硫化水素	検知管 4LT で検出	発生源を確認 塩化鉄水溶液散布 火気厳禁 覆土
メタン 可燃性ガス	1.5% LEL の30%	作業中断 火気厳禁 換気（送風）	悪臭	悪臭を感知	発生源を確認 悪臭物質の回収・保管 換気（送風）
酸素	<18%	作業中断 換気（送風）			
二酸化炭素	1.5%	作業中断 換気（送風）			
廃棄物等の飛散	飛散廃棄物発見	飛散場所に散水、覆土、飛散した廃棄物の回収	廃棄物等の飛散	飛散廃棄物発見	飛散場所に散水、覆土、飛散した廃棄物の回収
汚濁水の流出	流出	流出場所に覆土施工	汚濁水の流出	流出	流出場所に覆土施工

※硫化水素や二酸化炭素は空気より重いため、窪地があると滞留する。

（6）対策工の概要

実施期間：平成20年2月〜5月（廃棄物撤去は3月中旬に完了）

改善内容：北西側の壁を圧迫している廃棄物を撤去（約7,000㎥）した。

崩落防止のため山の高さを低くし、法面勾配を緩やかにした。

硫化水素ガスの発生を抑制する措置を施した（多目的井戸の設置：20本、深さ8mまたは16m、長8m×短3mまたは4m四方に1本）。

天端対策工事前	対策工事後（パイプは多目的井戸）
法面の対策工事前	対策工事後（壁の修理および中段法面の補強）
対策工事前	対策工事後（廃棄物の山の整形）

図35　対策工事前後の状況

（7）現在の状況

　平成19年度に廃棄物の崩落防止のため部分撤去作業を行ったところであり、同作業に伴い廃棄物の掘削、移動が行われ、廃棄物の飛散防止および硫化水素ガス対策として覆土が

なされた。その結果、廃棄物の飛散防止対策は完了したが、以前から発生していた硫化水素ガスやメタンガスについては、廃棄物の山内部の嫌気性微生物分解により発生が継続していると考えられる。現在、内部への空気供給、硫化水素ガス発生時の薬注処理および内部のモニタリング等の目的で天端に設置した多目的井戸20本を用いて定期的にモニタリングをしているところである。図36に多目的井戸内部の硫化水素ガス濃度のコンタマップを調査日毎に示した。モニタリング開始当初（4月30日）から、徐々に硫化水素ガスが検出される井戸が増えることがわかる。硫化水素ガス濃度が高い井戸に塩化鉄溶液を廃棄物が酸性とならないように徐々に注入※し、硫化水素ガス発生防止に努めている。その結果、現在は全ての井戸において硫化水素ガス濃度の低下が観察されている。

　※塩化鉄溶液は強酸性であるため、塩化鉄溶液注入には注意が必要である。埼玉県では注入前に掘削廃棄物を用いた予備試験を行い、注入現場に適した塩化鉄溶液の濃度（中性を保つような）および注入量を決定し、かつ徐々に（一度に注入するのではなく、日を改め、井戸内のモニタリングを行いつつ）注入し、硫化水素ガス発生抑制に対応している。

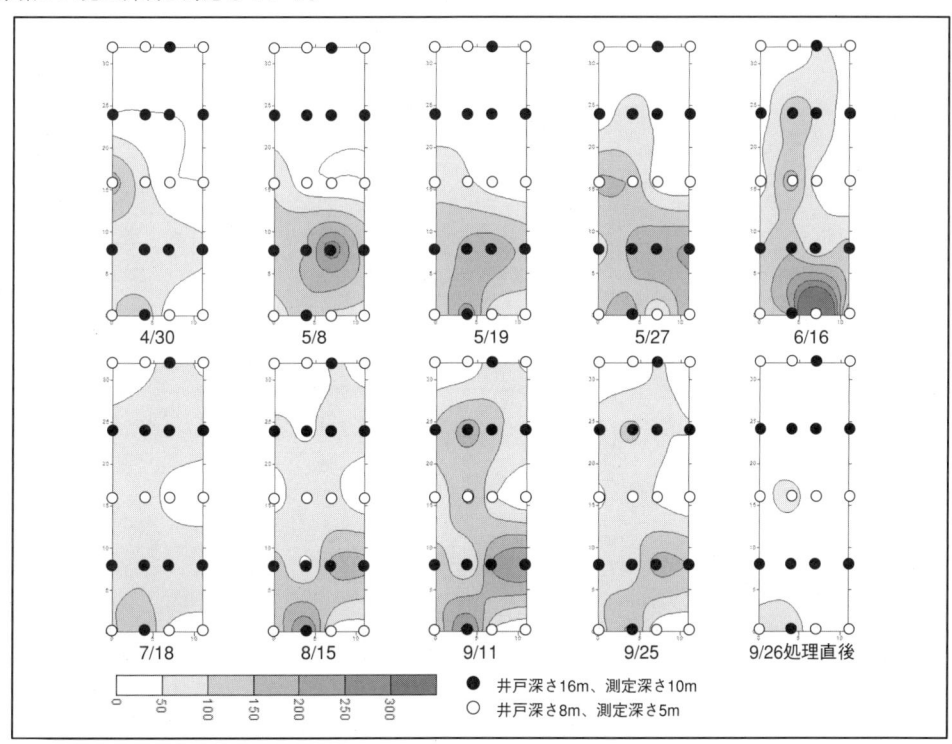

図36　各調査日における多目的井戸内部の硫化水素ガス濃度分布（天端上空から見たコンタマップ）

巻末資料

1. 対策工選定の参考となる各種基準

1 有害な産業廃棄物に関する基準等

(1) 有害性に関する判定基準等

表1 廃棄物・土壌の有害性に係る判定基準等一覧

主な条文	廃棄物処理法[※1]第1条別表1	環境基本法土壌環境基準[※2]	土壌汚染対策法施行規則[※3]別表第2で定める基準	土壌汚染対策法施行規則[※3]別表第3で定める基準	土壌汚染対策法施行規則[※3]別表第4で定める基準（第二溶出基準）
種別	埋立処分				
対象	汚泥等[1)]	土壌[6)]	土壌	土壌	土壌
試験方法	溶出量	溶出量	溶出量	含有量	溶出量
(単位)	(mg/ℓ)	(mg/ℓ)	(mg/ℓ)	(mg/kg)	(mg/ℓ)
1 アルキル水銀化合物	不検出	不検出	−	−	不検出
2 水銀又はその化合物	0.005	0.0005	0.0005	15	0.005
3 カドミウム又はその化合物	0.3[2)]	0.01	0.01	150	0.3
4 鉛又はその化合物	0.3[2)]	0.01	0.01	150	0.3
5 有機燐化合物	1	不検出	不検出	−	1
6 六価クロム化合物	1.5[2)]	0.05	0.05	250	1.5
7 砒素又はその化合物	0.3[2)]	0.01	0.01	150	0.3
8 シアン化合物[3)]	1	不検出	不検出	50（遊離シアン）	1
9 PCB	0.003	不検出	不検出	−	0.003
10 弗化物（ふっ素及びその化合物[4)]）	−	0.8	0.8[4)]	4,000[4)]	24[4)]
11 トリクロロエチレン	0.3	0.03	0.03	−	0.3
12 テトラクロロエチレン	0.1	0.01	0.01	−	0.1
13 ジクロロメタン	0.2	0.02	0.02	−	0.2
14 四塩化炭素	0.02	0.002	0.002	−	0.02
15 1,2-ジクロロエタン	0.04	0.004	0.004	−	0.04
16 1,1-ジクロロエチレン	0.2	0.02	0.02	−	0.2
17 シス-1,2-ジクロロエチレン	0.4	0.04	0.04	−	0.4
18 1,1,1-トリクロロエタン	3	1	1	−	3
19 1,1,2-トリクロロエタン	0.06	0.006	0.006	−	0.06
20 1,3-ジクロロプロペン（D-D）	0.02	0.002	0.002	−	0.02
21 チウラム	0.06	0.006	0.006	−	0.06
22 シマジン（CAT）	0.03	0.003	0.003	−	0.03
23 チオベンカルブ（ベンチオカーブ）	0.2	0.02	0.02	−	0.2
24 ベンゼン	0.1	0.01	0.01	−	0.1
25 セレン又はその化合物	0.3	0.01	0.01	150	0.3
26 ほう素（及びその化合物[5)]）	−	1	1[5)]	4,000[5)]	30[5)]
27 ダイオキシン類	3[7)]ng-TEQ/g	1,000[7)]pg-TEQ/g			

※1：金属などを含む産業廃棄物に係る判定基準を定める省令（昭和48年総理府令第5号、最終改正：平成18年環境省令第36号）、産業廃棄物に含まれる金属等の検定方法（昭和48年環境庁告示第13号、最終改正：平成20年環境省告示第1号）
※2：土壌環境基準：土壌の汚染に係る環境基準について（平成3年環境庁告示第46号、最終改正：平成20年環境省告示第46号）
※3：土壌汚染対策法施行規則（平成14年環境省令第29号、最終改正：平成19年環境省令第11号）
注1) 汚泥、燃え殻、ばいじん、鉱さいを含む。
  2) カドミウム、鉛、六価クロム及び砒素については、土壌への吸着の可能性が考慮されている。
  3) 環境基準においては全シアンに名称変更
  4) 土壌汚染対策法の各基準では、ふっ素及びその化合物に名称変更
  5) 土壌汚染対策法の各基準では、ほう素及びその化合物に名称変更
  6) 農用地に係るものを除く。
  7) 試験方法は含有量

（2）ダイオキシン類に関する基準等

表2　ダイオキシン対策特別措置法に基づく土壌環境基準

	基準値
ダイオキシン類	1,000pg-TEQ/g （250pg-TEQ/g で調査対象）

（3）石綿含有廃棄物に関する基準等

表3　石綿障害予防規則適用一覧表（（社）日本石綿協会）

凡例　○：適用　　　　（保護具に付着した石綿を除去した場合は適用外。）
　　　△：場合によって適用　注1）屋内作業場の場合。臨時作業の場合は、全体換気装置、湿潤化等でも可。
　　　　　　　　　　　　　　注2）石綿粉じんの発散のおそれがある作業の場合。
　　　　　　　　　　　　　　注3）常時作業の場合。
　　　×：適用せず　　　　　注4）6ヶ月以上作業を行う場合。

実施項目	吹付け石綿の処理【レベル1】			左記以外の囲い込み作業は【レベル2】相当	石綿含有耐火被覆板・断熱材・保温材の解体・改修【レベル2】	石綿含有成形板の解体・改修【レベル3】	左記以外の石綿製品の取扱い作業（ばく露するおそれのない作業は除く）【レベル外】
	耐火・準耐火建築物の除去	左記以外の除去	封じ込め及び石綿等の切断等の作業を伴う囲い込み				
事前調査（第3条）	○	○	○	○	○	○	×
作業計画（第4条）	○	○	○	○	○	○	×
計画の届出（14日前）…安衛則第90条	○	×	×	×	×	×	×
作業の届出（工事直前まで）…（第5条）	×	○	○	○	○	×	×
吹付け石綿除去作業場所の隔離（第6条）	○	○	○	×	×	×	×
除去以外の労働者の立入禁止／表示（第7条）	×	×	×	○	○	×	×
請負人に石綿使用状況の通知（第8条）	○	○	○	○	○	○	○
注文者の衛生コストに対する配慮（第9条）	○	○	○	○	○	○	×
局所排気装置等の設置（第12条）	△注1	△注1	△注1	△注1	△注1	△注1	△注1
切断等の措置：湿潤化（第13条）	○	○	○	○	○	○	△注2
切断等の措置：呼吸用保護具（第14条）	○	○	○	○	○	○	△注2
関係者以外の立入禁止／表示（第15条）	○	○	○	○	○	○	○
石綿作業主任者の選任（第19～20条）／職務	○	○	○	○	○	○	○
局所排気装置等の自主検査等（第21～26条）	△注1	△注1	△注1	△注1	△注1	△注1	△注1
特別の教育の実施（第27条）	○	○	○	○	○	○	×
洗浄設備（第31条）	○	○	○	○	○	○	○
容器等（第32条）	○	○	○	○	○	○	○
使用された器具等の付着物の除去（第15条）	○	○	○	○	○	○	○
喫煙等の禁止／掲示（第33～34条）	○	○	○	○	○	○	○
作業の記録（第35条）	△注3	△注3	△注3	△注3	△注3	△注3	△注3
作業環境測定、評価／措置（第36～39条）	△注4	△注4	△注4	△注4	△注4	△注4	△注4
健康診断の実施／報告（第40～43条）	△注3	△注3	△注3	△注3	△注3	△注3	△注3
呼吸用保護具の備付け（第44～45条）	○	○	○	○	○	○	○
保護具の持ち帰り禁止（第46条）	○	○	○	○	○	○	○

※　石綿予防規則（平成17年厚生労働省令第21号、最終改正：平成21年厚生労働省令第9号）
備考1：①吹付け石綿には、吹付け石綿、石綿含有吹付けロックウール、石綿含有吹付けバーミキュライト、石綿含有吹付けパーライトがある。
　　　②耐火被覆板とは、耐火性能を確保するために張り、柱等に被覆されるもので、石綿含有耐火被覆板、けい酸カルシウム板第二種がある。
　　　③石綿含有断熱材には、煙突用断熱材、屋根折版用断熱材等がある。
　　　④石綿含有保温材には、石綿保温材、石綿含有けいそう土保温材、石綿含有けい酸カルシウム保温材、石綿含有パーライト保温材、石綿含有バーミキュライト保温材がある。
　　　⑤石綿製品とは、石綿工業製品をいい、これには石綿紡織品、石綿含有シール（パッキン、ガスケット）等があり、石綿含有建材、摩擦材、接着剤、保温材等は含まれない。
備考2：事前調査については、（社）日本石綿協会発行「既存建築物における石綿使用の事前診断整理方針」、（社）日本作業環境測定協会「建築物の解体等に係る石綿飛散防止マニュアル」、国土交通省ホームページ「目で見るアスベスト建材」等が参考になる。

（4） 作業環境管理基準等

表4　作業環境評価基準　測定対象物質と管理濃度等（改正：平成21年厚生労働省告示第195号）

物の種類	管理濃度等
1　土石、岩石、鉱物、金属または炭素の粉じん	次の式により算定される値 $E = \dfrac{3.0}{1.19Q+1}$ この式において、EおよびQは、それぞれ次の値を表すものとする。 　E　管理濃度（単位 mg/m³） 　Q　当該粉じんの遊離けい酸含有率（単位％）
2　アクリルアミド	0.1mg/m³
3　アクリロニトリル	2 ppm
4　アルキル水銀化合物（アルキル基がメチル基またはエチル基である物に限る。）	水銀として0.01mg/m³
5　アルファ-ナフチルアミンおよびその塩	－
6　石綿（アモサイトおよびクロシドライトを除く。ただし、平成7年4月1日前に製造されまたは輸入されたアモサイトおよびクロシドライトは含む。）	5 μm 以上の繊維として0.15本/cm³
7　エチレンイミン	0.5ppm
8　エチレンオキシド	1 ppm
9　塩化ビニル	2 ppm
10　塩素	0.5ppm
11　オーラミン	－
12　オルト-トリジンおよびその塩	－
13　オルト-フタロジニトリル	－
14　塩素化ビフェニル（別名 PCB）	0.01mg/m³
15　カドミウムおよびその化合物カドミウム	カドミウムとして0.05mg/m³
16　クロム酸およびその塩クロム	クロムとして0.05mg/m³
17　クロロメチルメチルエーテル	－
18　五酸化バナジウム	バナジウムとして0.03mg/m³
19　コールタール	ベンゼン可溶性成分として0.2mg/m³
20　ジアニシジンおよびその塩	－
21　シアン化カリウムシアン	シアンとして3 mg/m³
22　シアン化水素	3 ppm
23　シアン化ナトリウムシアン	シアンとして3 mg/m³
24　ジクロルベンジジンおよびその塩	－
25　3,3'-ジクロロ-4,4'-ジアミノジフェニルメタン	0.005mg/m³
26　臭化メチル	1 ppm
27　重クロム酸およびその塩	クロムとして0.05mg/m³
28　水銀およびその無機化合物（硫化水銀を除く。）	水銀として0.025mg/m³
29　トリレンジイソシアネート	0.005ppm
30　ニッケル化合物（ニッケルカルボニルを除き、粉状の物に限る。）	ニッケルとして0.1mg/m³
31　ニッケルカルボニル	0.001ppm
32　ニトログリコール	0.05ppm
33　パラ-ジメチルアミノアゾベンゼン	－
34　パラ-ニトロクロルベンゼン	0.6mg/m³
35　砒素およびその化合物（アルシンおよび砒化ガリウムを除く。）	砒素として0.003mg/m³
36　弗化水素	0.5ppm
37　ベータ-プロピオラクトン	0.5ppm
38　ベリリウムおよびその化合物	ベリリウムとして0.002mg/m³
39　ベンゾトリクロリド	－
40　ベンゼン	1 ppm

物の種類	管理濃度等
41　ペンタクロルフェノール（別名PCP）およびそのナトリウム塩	ペンタクロルフェノールとして0.5mg/㎥
42　ホルムアルデヒド	0.1ppm
43　マゼンタ	−
44　マンガンおよびその化合物（塩基性酸化マンガンを除く。）	マンガンとして0.2mg/㎥
45　沃化メチル	2 ppm
46　硫化水素	5 ppm
47　硫酸ジメチル	0.1ppm
48　鉛およびその化合物	鉛として0.05mg/㎥
49　アセトン	500ppm
50　イソブチルアルコール	50ppm
51　イソプロピルアルコール	200ppm
52　イソペンチルアルコール（別名イソアミルアルコール）	100ppm
53　エチルエーテル	400ppm
54　エチレングリコールモノエチルエーテル（別名セロソルブ）	5 ppm
55　エチレングリコールモノエチルエーテルアセテート（別名セロソルブアセテート）	5 ppm
56　エチレングリコールモノ-ノルマル-ブチルエーテル（別名ブチルセロソルブ）	25ppm
57　エチレングリコールモノメチルエーテル（別名メチルセロソルブ）	5 ppm
58　オルト-ジクロルベンゼン	25ppm
59　キシレン	50ppm
60　クレゾール	5 ppm
61　クロルベンゼン	10ppm
62　クロロホルム	3 ppm
63　酢酸イソブチル	150ppm
64　酢酸イソプロピル	100ppm
65　酢酸イソペンチル（別名酢酸イソアミル）	100ppm
66　酢酸エチル	200ppm
67　酢酸ノルマル-ブチル	150ppm
68　酢酸ノルマル-プロピル	200ppm
69　酢酸ノルマル-ペンチル（別名酢酸ノルマル-アミル）	100ppm
70　酢酸メチル	200ppm
71　四塩化炭素	5 ppm
72　シクロヘキサノール	25ppm
73　シクロヘキサノン	20ppm
74　1,4-ジオキサン	10ppm
75　1,2-ジクロルエタン（別名二塩化エチレン）	10ppm
76　1,2-ジクロルエチレン（別名二塩化アセチレン）	150ppm
77　ジクロルメタン（別名二塩化メチレン）	50ppm
78　N,N-ジメチルホルムアミド	10ppm
79　スチレン	20ppm
80　1,1,2,2-テトラクロルエタン（別名四塩化アセチレン）	1 ppm
81　テトラクロルエチレン（別名パークロルエチレン）	50ppm
82　テトラヒドロフラン	50ppm
83　1,1,1-トリクロルエタン	200ppm
84　トリクロルエチレン	10ppm
85　トルエン	20ppm
86　二硫化炭素	1 ppm
87　ノルマルヘキサン	40ppm
88　1-ブタノール	25ppm
89　2-ブタノール	100ppm
90　メタノール	200ppm
91　メチルイソブチルケトン	50ppm
92　メチルエチルケトン	200ppm

物の種類	管理濃度等
93　メチルシクロヘキサノール	50ppm
94　メチルシクロヘキサノン	50ppm
95　メチル-ノルマル-ブチルケトン	5 ppm
96　アントラセン	−
97　酢酸ビニル	10ppm
98　パラジクロルベンゼン	10ppm
99　ビフェニル	0.2ppm
備考　この表の右欄の値は、温度25度、1気圧の空気中における濃度を示す。	

（注）表に掲げる管理濃度等とは、作業環境評価基準（昭和63年労働省告示第79号 最終改正：平成21年厚生労働告示第195号）の別表に掲げる管理濃度および労働安全衛生法第28条第3項の規定に基づく健康障害を防止するための指針に基づき作業環境の測定の結果を評価するために使用する基準濃度をいう。

2　崩落に関する基準等

　土砂等の崩落を生じさせないための斜面の安定勾配に関する基準は、砂防法、急傾斜地の崩壊による災害の防止に関する法律、地すべり等防止法等に定められているほか、労働安全衛生規則においても定められている。廃棄物処理法では、屋外保管基準として勾配等が定められている。

表5　勾配に関する基準等一覧

基準名	角度	勾配	条件	基準法令等
急傾斜地法の指定基準	30	1/1.73	高さ5m以上	急傾斜地の崩壊による災害防止に関する法律
硬岩（切土）	51.3〜73.3	1/0.3〜1/0.8	−	道路土工・法面安定工指針
軟岩（切土）	39.8〜63.4	1/0.5〜1/1.2	−	道路土工・法面安定工指針
砂質土（密実なもの：切土）	45.0〜51.3	1/0.8〜1/1	高さ5m以下	道路土工・法面安定工指針
砂利または岩塊混じり砂質土（密実なもの：切土）	45.0〜51.3	1/0.8〜1/1	高さ10m以下	道路土工・法面安定工指針
粘性土	39.8〜51.3	1/0.8〜1/1.2	高さ10m以下	道路土工・法面安定工指針
砂質土（密実なもの：切土）	39.8〜45.0	1/1〜1/1.2	高さ5〜10m	道路土工・法面安定工指針
砂質土（密実でないもの：切土）	39.8〜45.0	1/1〜1/1.2	高さ5m以下	道路土工・法面安定工指針
砂利または岩塊混じり砂質土（密実なもの：切土）	39.8〜45.0	1/1〜1/1.2	高さ10〜15m	道路土工・法面安定工指針
砂利または岩塊混じり砂質土（密実でないもの：切土）	39.8〜45.0	1/1〜1/1.2	高さ10m以下	道路土工・法面安定工指針
岩塊または玉石混じりの粘性土	39.8〜45.0	1/1〜1/1.2	高さ5m以下	道路土工・法面安定工指針
砂質土（密実でないもの：切土）	33.7〜39.8	1/1.2〜1/1.5	高さ5〜10m	道路土工・法面安定工指針
砂利または岩塊混じり砂質土（密実でないもの：切土）	33.7〜39.8	1/1.2〜1/1.5	高さ10〜15m	道路土工・法面安定工指針
岩塊または玉石混じりの粘性土	33.7〜39.8	1/1.2〜1/1.5	高さ5〜10m	道路土工・法面安定工指針
砂（密実でない粒度分布の悪いもの：切土）	〜33.7	1/1.5〜	−	道路土工・法面安定工指針
岩塊（盛土）	29.1〜33.7	1/1.5〜1/1.8	高さ10m以下	道路土工・法面安定工指針
粒度のよい砂・礫（盛土）	29.1〜33.7	1/1.5〜1/1.8	高さ5m以下	道路土工・法面安定工指針
砂質土・硬い粘性土、硬い粘土（盛土）	29.1〜33.7	1/1.5〜1/1.8	高さ5m以下	道路土工・法面安定工指針
岩塊（盛土）	26.6〜29.1	1/1.8〜1/2.0	高さ10〜20m	道路土工・法面安定工指針
粒度のよい砂・礫・細粒分混じり礫（盛土）	26.6〜29.1	1/1.8〜1/2.0	高さ5〜15m	道路土工・法面安定工指針
粒度の悪い砂（盛土）	26.6〜29.1	1/1.8〜1/2.0	高さ10m以下	道路土工・法面安定工指針
砂質土・硬い粘性土、硬い粘土（盛土）	26.6〜29.1	1/1.8〜1/2.0	高さ5〜10m	道路土工・法面安定工指針
火山灰質粘性土	26.6〜29.1	1/1.8〜1/2.0	高さ5m以下	道路土工・法面安定工指針
地山の掘削勾配（岩盤、堅い粘土、砂山等以外、手掘り）	60	1/0.58	掘削5m以上	労働安全衛生規則
地山の掘削勾配（砂山：手掘り）	35	1/1.43	−	労働安全衛生規則
廃棄物の屋外保管基準	26.6	1/2.0	−	廃棄物及び清掃に関する法律施行令

3　火災（危険物および可燃物の保管）に関する基準等

火災に関連する基準として消防法に基づく危険物の保管量規制（指定数量規制）、指定可燃物の保管規制がある。危険物の指定数量以上の保管を行う場合は許可を得た施設における取り扱いが必要になる。指定可燃物の保管規制の詳細は、市町村条例で定められている。

表6　指定可燃物の規制数量（保管基準）

品名	数量（キログラム）
綿花類	200
木毛およびかんなくず	400
ぼろおよび紙くず	1,000
糸類	1,000
わら類	1,000
可燃性固体類	3,000
石炭・木炭類	10,000
可燃性液体類	2（立方メートル）
木材加工品および木くず	10（立方メートル）
合成樹脂類　発泡させたもの	20（立方メートル）
合成樹脂類　その他のもの	3,000

※規制数量を超過する保管を行う場合は、消防署への届出が必要になる。
（危険物の規制に関する政令第1条の12）

備考
一　綿花類とは、不燃性又は難燃性でない綿状又はトップ状の繊維及び麻糸原料をいう。

二　ぼろ及び紙くずは、不燃性又は難燃性でないもの（動植物油がしみ込んでいる布又は紙及びこれらの製品を含む。）をいう。

三　糸類とは、不燃性又は難燃性でない糸（糸くずを含む。）及び繭をいう。

四　わら類とは、乾燥わら、乾燥藺及びこれらの製品並びに干し草をいう。

五　可燃性固体類とは、固体で、次のイ、ハ又はニのいずれかに該当するもの（1気圧において、温度20度を超え40度以下の間において液状となるもので、次のロ、ハ又はニのいずれかに該当するものを含む。）をいう。

　イ　引火点が40度以上100度未満のもの
　ロ　引火点が70度以上100度未満のもの
　ハ　引火点が100度以上200度未満で、かつ、燃焼熱量が34キロジュール毎グラム以上であるもの
　ニ　引火点が200度以上で、かつ、燃焼熱量が34キロジュール毎グラム以上であるもので、融点が100度未満のもの

六　石炭・木炭類には、コークス、粉状の石炭が水に懸濁しているもの、豆炭、練炭、石油コークス、活性炭及びこれらに類するものを含む。

七　可燃性液体類とは、法別表第1備考第14号の総務省令で定める物品で液体であるもの、

同表備考第15号及び第16号の総務省令で定める物品で1気圧において温度20度で液状であるもの、同表備考第17号の総務省令で定めるところにより貯蔵保管されている動植物油で1気圧において温度20度で液状であるもの並びに引火性液体の性状を有する物品（1気圧において、温度20度で液状であるものに限る。）で1気圧において引火点が250度以上のものをいう。

八　合成樹脂類とは、不燃性又は難燃性でない固体の合成樹脂製品、合成樹脂半製品、原料合成樹脂及び合成樹脂くず（不燃性又は難燃性でないゴム製品、ゴム半製品、原料ゴム及びゴムくずを含む。）をいい、合成樹脂の繊維、布、紙及び糸並びにこれらのぼろ及びくずを除く。

表7　危険物の指定数量

類別	品名	性質	指定数量	(単位)
第1類		第1種酸化性固体	50	キログラム
		第2種酸化性固体	300	
		第3種酸化性固体	1,000	
第2類	硫化りん		100	キログラム
	赤りん		100	
	硫黄		100	
		第1種可燃性固体	100	
	鉄粉		500	
		第2種可燃性固体	500	
	引火性固体		1,000	
第3類	カリウム		10	キログラム
	ナトリウム		10	
	アルキルアルミニウム		10	
	アルキルリチウム		10	
		第1種自然発火性物質および禁水性物質	10	
	黄りん		20	
		第2種自然発火性物質および禁水性物質	50	
		第3種自然発火性物質および禁水性物質	300	
第4類	特殊引火物		50	リットル
	第1石油類	非水溶性液体	200	
		水溶性液体	400	
	アルコール類		400	
	第2石油類	非水溶性液体	1,000	
		水溶性液体	2,000	
	第3石油類	非水溶性液体	2,000	
		水溶性液体	4,000	
	第4石油類		6,000	
	動植物油類		10,000	
第5類		第1種自己反応性物質	10	キログラム
		第2種自己反応性物質	100	
第6類		酸化性液体	300	キログラム

※指定数量以上の危険物を取扱または保管する場合は、消防法に基づく許可が必要。
※指定数量の1／5以上、指定数量未満の危険物を取扱、保管する場合は、市町村条例等により届出が必要。

(危険物の規制に関する政令第1条の11)

4　水質汚染に関する基準

　水質汚染に関する基準として、環境基本法に基づく河川、湖沼、海域の環境基準（健康項目、生活環境項目）、水質汚濁防止法に基づく、一律基準および特定施設基準、総量規制基準（地域指定）がある。また、ダイオキシン類については、ダイオキシン類対策特別措置法に基づく環境基準が水質および底質に定められている。また、水質汚濁防止法では、自治体による上乗せ基準の制定が認められており、特定の地域（滋賀県等）で、条例等に基づき上乗せ基準が定められている。

表8　水質汚染に関する基準一覧（1）

		最終処分場放流水に係る基準※1	最終処分場周辺地下水※2	水質汚濁防止法一律排水基準※3	環境基準（水質汚濁に係る環境基準：河川）※4	環境基準（地下水の水質汚濁に係る環境基準）※5	単位
アルキル水銀化合物		検出されないこと。	検出されないこと。	検出されないこと。	検出されないこと。	検出されないこと。	
水銀およびアルキル水銀その他の水銀化合物		0.005	0.0005	0.005	0.0005	0.0005	
カドミウムおよびその化合物		0.1	0.01	0.1	0.01	0.01	
鉛およびその化合物		0.1	0.01	0.1	0.01	0.01	
有機燐化合物		1	−	1	−	−	
六価クロム化合物		0.5	0.05	0.5	0.05	0.05	
砒素およびその化合物		0.1	0.01	0.1	0.01	0.01	
シアン化合物		1	検出されないこと	1	検出されないこと	検出されないこと	
ポリ塩化ビフェニル		0.003	検出されないこと	0.003	検出されないこと	検出されないこと	
トリクロロエチレン		0.3	0.03	0.3	0.03	0.03	
テトラクロロエチレン		0.1	0.01	0.1	0.01	0.01	
ジクロロメタン		0.2	0.02	0.2	0.02	0.02	
四塩化炭素		0.02	0.002	0.02	0.002	0.002	
塩化ビニルモノマー		−	−	−	−	0.002	
1,2-ジクロロエタン		0.04	0.004	0.04	0.004	0.004	
1,1-ジクロロエチレン		0.2	0.02	0.2	0.1	0.1	mg/ℓ以下
シス-1,2-ジクロロエチレン		0.4	0.04	0.4	0.04		
1,2-ジクロロエチレン		−	−	−	−	0.04	
1,1,1-トリクロロエタン		3	1	3	1	1	
1,1,2-トリクロロエタン		0.06	0.006	0.06	0.006	0.006	
1,3-ジクロロプロペン		0.02	0.002	0.02	0.002	0.002	
チウラム		0.06	0.006	0.06	0.006	0.006	
シマジン		0.03	0.003	0.03	0.003	0.003	
チオベンカルブ		0.2	0.02	0.2	0.02	0.02	
ベンゼン		0.1	0.01	0.1	0.01	0.01	
セレンおよびその化合物		0.1	0.01	0.1	0.01	0.01	
ほう素およびその化合物	海域以外の公共用水域に排出※6	10 (50)	−	10	1	1	
	海域に排出	230	−	230	−	−	
ふっ素およびその化合物	海域以外の公共用水域に排出※7	8 (15)	−	8	0.8	0.8	
	海域に排出	15	−	15	−	−	
硝酸性窒素及び亜硝酸性窒素		−	−	−	10	10	
アンモニア、アンモニウム化合物、亜硝酸化合物および硝酸化合物	1ℓにつきアンモニア性窒素に0.4を乗じたもの、亜硝酸性窒素および硝酸性窒素の合計量※8	100 (200)	100	100	−	−	
1,4-ジオキサン		−	−	−	0.05	0.05	

注1：硝酸性窒素及び亜硝酸性窒素の濃度は、規格43.2.1、43.2.3又は43.2.5により測定された硝酸イオンの濃度に換算係数0.2259を乗じたものと規格43.1により測定された亜硝酸イオンの濃度に換算係数0.3045を乗じたものの和とする。
注2：環境基準は、全シアンのみ最高値、その他項目は年間平均値
※1：一般廃棄物の最終処分場及び産業廃棄物の最終処分場に係る技術上の基準を定める省令（昭和52年総理府令・厚生省令第1号、最終改正：平成18年環境省令第33号）別表第1
※2：一般廃棄物の最終処分場及び産業廃棄物の最終処分場に係る技術上の基準を定める省令（昭和52年総理府令・厚生省令第1号、最終改正：平成18年環境省令第33号）別表第2
※3：排水基準を定める省令（昭和46年総理府令第35号最終改正：平成20年環境省令第11号）別表第1、別表第2
※4：水質汚濁に係る環境基準について（昭和46年環境庁告示第59号、最終改正：平成21年環境省告示第78号）別表第1、別表第2　1 河川（1）
※5：地下水の水質汚濁に係る環境基準について（平成9年環境庁告示第10号、最終改正：平成21年環境省告示第79号）別表
※6：ほう素およびその化合物の海域以外の公共用水域に排出する場合の最終処分場放流水基準　50mg/ℓは暫定基準
※7：ふっ素およびその化合物の海域以外の公共用水域に排出する場合の最終処分場放流水基準　15mg/ℓは暫定基準
※8：アンモニア、アンモニウム化合物、亜硝酸化合物および硝酸化合物の最終処分場放流水基準　200mg/ℓは暫定基準

表9 水質汚染に関する基準一覧（2）

		最終処分場放流水に係る基準※1	最終処分場周辺地下水※2	水質汚濁防止法一律排水基準※3	環境基準（水質汚濁に係る環境基準：河川）※4	環境基準（地下水の水質汚濁に係る環境基準）※5	単位
水素イオン濃度（pH）	海域以外の公共用水域に排出	5.8以上～8.6以下	-	5.8以上～8.6以下	類型 AA、A、B、C 6.5以上～8.5以下	-	
	海域に排出	5.0以上～9.0以下	-	5.0以上～9.0以下	類型 D、E 6.0以上～8.5以下	-	
生物化学的酸素要求量（BOD）		60	20	160	類型 AA　1 類型 A　2 類型 B　3 類型 C　5 類型 D　8		mg/ℓ以下
（日間平均）		-	-	120	類型 E　10		
化学的酸素要求量（COD）（海域および湖沼に適用）		90	40	160	-	-	
（日間平均）		-	-	120	-	-	
浮遊物質量（SS）		60	-	200	類型 AA、A、B、C　25 類型 C　50 類型 D　100		
（日間平均）		-	-	150	類型 E　ごみ等の浮遊が認められないこと	-	
溶存酸素量		-	-	-	類型 AA、A　7.5以上 類型 B、C　5以上 類型 D、E　2以上		mg/ℓ以上
ノルマルヘキサン抽出物質含有量（鉱油類含有量）		5	-	5	-	-	
ノルマルヘキサン抽出物質含有量（動植物油脂類含有量）		30	-	30	-	-	
フェノール類含有量		5	-	5	-	-	
銅含有量		3	-	3	-	-	mg/ℓ以下
亜鉛含有量		5	-	2	生物 A、生物特 A、生物 B、生物特 B 類型：0.03	-	
溶解性鉄含有量		10	-	10	-	-	
溶解性マンガン含有量		10	-	10	-	-	
クロム含有量		2	-	2	-	-	
大腸菌群数		3,000	-	3,000	類型 AA：50MPN/100ml 以下 類型 A：1,000MPN/100ml 以下 類型 B、C：5,000MPN/100ml 以下 類型 C、D、E　-	-	（日間平均：個/cm³）
窒素含有量	（海域または湖沼の規制地域に適用）	120	-	120	-	-	
	（日間平均）	60	-	60	-	-	mg/ℓ以下
燐含有量	（海域または湖沼の規制地域に適用）	16	-	16	-	-	
	（日間平均）	8	-	8	-	-	
ダイオキシン類		10	1	10	-	-	pg-TEQ/ℓ以下

注1：硝酸性窒素及び亜硝酸性窒素の濃度は、規格43.2.1、43.2.3又は43.2.5により測定された硝酸イオンの濃度に換算係数0.2259を乗じたものと規格43.1により測定された亜硝酸イオンの濃度に換算係数0.3045を乗じたものの和とする。
注2：環境基準は、全シアンのみ最高値、その他項目は年間平均値
※1：一般廃棄物の最終処分場及び産業廃棄物の最終処分場に係る技術上の基準を定める省令（昭和52年総理府令・厚生省令第1号、最終改正：平成18年環境省令第33号）別表第1
※2：一般廃棄物の最終処分場及び産業廃棄物の最終処分場に係る技術上の基準を定める省令（昭和52年総理府令・厚生省令第1号、最終改正：平成18年環境省令第33号）別表第2
※3：排水基準を定める省令（昭和46年総理府令第35号最終改正：平成20年環境省令第11号）別表第1、別表第2
※4：水質汚濁に係る環境基準について（昭和46年環境庁告示第59号、最終改正：平成21年環境省告示第78号）別表1、別表2　1河川（1）
※5：地下水の水質汚濁に係る環境基準について（平成9年環境庁告示第10号、最終改正：平成21年環境省告示第79号）別表

5　悪臭・有害ガスに関する基準等

（1）有害ガスの有害性に関する目安

表10　有害ガスの有害性の目安

1．一酸化炭素（＊許容濃度50ppm）

中毒指数 （CO濃度×暴露時間）ppm×hr	作　用
300以下	作用は認められない
600	多少の作用が現れる（異常感）
900	頭痛、吐き気が起こる
1,500以上	生命危険となる

2．硫化水素

硫化水素（ppm）	作　用
0.03	臭いの感知の限界度
50	不快臭となる
50～100	気道刺激、結膜炎
100～200	嗅覚麻痺
200～300	1時間暴露で亜急性中毒
600	1時間暴露で致命的中毒
1,000～2,000	即死

3．アンモニア（＊許容濃度　25ppm）

アンモニア濃度（ppm）	作　用
5～10	臭気を感ずる
50	不快感を覚える
100	刺激を感ずる
200～300	目やのどを刺激する
300～500	短時間（0.5～1時間）耐えうる限界
2,500～5,000	短時間（0.5時間）で生命危険
5,000～10,000	呼吸停止、短時間で死亡

4．二酸化炭素

二酸化炭素濃度（％）	作　用
0.55	6時間暴露で、症状なし
1～2	不快感が起こる
3～4	呼吸中枢が刺激されて呼吸の増加、脈拍・血圧の上昇頭痛、めまい等の症状が現れる
6	呼吸困難となる
7～10	数分間で意識不明となり、チアノーゼが起こり死亡する

5．二酸化硫黄

二酸化硫黄濃度（ppm）	作　用
0.1～1	臭気を感ずる
2～3	刺激臭となり不快臭を覚える
5～10	鼻やのどに刺激がありせきがでる
20	目に刺激を感じ、せきがひどくなる
30～40	呼吸が困難になる
50～100	短時間（0.5～1時間）耐えうる限界
400～500	短時間で生命危険

注）　化学物質の危険・有害便覧、労働省安全衛生部監修（平成3年6月20日出版）をもとに作成。

(2) 悪臭に関する基準

表11　悪臭物質濃度基準（1号基準：敷地境界に適用）

特定悪臭物質の種類	規制基準 （単位：ppm）	特定悪臭物質の種類	規制基準 （単位：ppm）
アンモニア	1	イソバレルアルデヒド	0.003
メチルメルカプタン	0.002	イソブタノール	0.9
硫化水素	0.02	酢酸エチル	3
硫化メチル	0.01	メチルイソブチルケトン	1
二硫化メチル	0.009	トルエン	10
トリメチルアミン	0.005	スチレン	0.4
アセトアルデヒド	0.05	キシレン	1
プロピオンアルデヒド	0.05	プロピオン酸	0.03
ノルマルブチルアルデヒド	0.009	ノルマル酪酸	0.001
イソブチルアルデヒド	0.02	ノルマル吉草酸	0.0009
ノルマルバレルアルデヒド	0.009	イソ吉草酸	0.001

（悪臭防止法第4条第1項第1号）

表12　臭気指数許容限度（例）（1号基準：敷地境界に適用）

大気の臭気指数の許容限度		
区域の区分	規制地域	規制基準
A区域	主に住居系地域	12
B区域	主に商業・工業系地域	14
C区域	市街化調整区域	16

（悪臭防止法第4条第2項：規制基準は、地域により異なる）
※悪臭の規制は、自治体が区域指定と規制方法を指定したうえで適用されるため留意を要する。

表13　臭気の分類と種類

臭気の大分類	臭気の種類
1．芳香性臭気	メロン臭、すみれ臭、にんにく臭、きゅうり臭など
2．植物性臭気	藻臭、青草臭、木材臭、海藻臭など
3．土臭、かび臭	土臭、沼沢臭、かび臭など
4．魚貝臭	魚臭、肝油臭、はまぐり臭など
5．薬品性臭気	フェノール臭、タール臭、油臭、油脂臭、パラフィン臭、塩素臭、硫化水素臭、クロロフェノール臭、薬局臭、薬品臭など
6．金属性臭気	かなけ臭、金属臭など
7．腐敗性臭気	ちゅうかい臭、下水臭、豚小屋臭、腐敗臭など
8．不快臭	魚臭、豚小屋臭、腐敗臭などが強烈になった不快なにおい

（(財)日本規格協会　JIS K 0102：1998年　工場排水試験方法より抜粋）

(3) その他有害ガス・悪臭に関する基準等

1) 大気に関する基準

　大気汚染に関する基準として、環境基本法に基づく大気環境基準、大気汚染防止法に基づく排出基準、労働安全衛生規則に定める作業環境基準がある。大気汚染防止法では、自治体による上乗せ基準の制定が認められており、自治体によっては、法令より厳しい基準を定めている場合がある。また、大気汚染防止法は、業種ごとに異なる適用基準が適用される。

A．環境基本法に定める大気汚染に係る環境基準

表14　環境基本法に基づく大気汚染に係る環境基準

物質	基準
二酸化硫黄	1時間値一日平均値が0.04ppm以下であり、かつ1時間値が0.1ppm以下であること
一酸化炭素	1時間値一日平均値10ppm以下であり、かつ1時間値の8時間平均値が20ppm以下であること
浮遊粒子状物質	1時間値の一日平均値が0.10mg/㎥以下であり、かつ1時間値が0.20mg/㎥以下であること
光化学オキシダント	1時間値が0.06ppm以下であること
二酸化窒素	1時間値の一日平均値0.04ppmから0.06ppmのゾーン内またはそれ以下であること

備考1　浮遊粒子状物質とは、大気中に浮遊する粒子状物質であって、その粒径が10ミクロン以下のものをいう。
　　2　光化学オキシダントとは光化学スモッグの原因物質で、オゾン等の光化学反応により生成される酸化性物質（二酸化窒素を除く）をいう。

表15　有害大気汚染物質（ベンゼン等）に係る環境基準

物質	環境上の条件
ベンゼン	1年平均値が0.003mg/㎥以下であること
トリクロロエチレン	1年平均値が0.2mg/㎥以下であること
テトラクロロエチレン	1年平均値が0.2mg/㎥以下であること
ジクロロメタン	1年平均値が0.15mg/㎥以下であること

備考1　環境基準は、工業専用地域、車道その他一般公衆が通常生活していない地域または場所については適用しない。
　　2　ベンゼン等による大気の汚染に係る環境基準は、継続的に摂取される場合には人の健康を損なうおそれがある物質に係るものであることにかんがみ、将来にわたって人の健康に係る被害が未然に防止されるようにすることを旨として、その維持または早期達成に努めるものとする。

B．大気汚染防止法に定める規制基準（概要）

表16　大気汚染防止法の規制基準

		規制基準		上乗せ基準	備考
		一般排出基準	特別排出基準		
ばい煙	硫黄酸化物（SOx）	K値=3.0～17.5の範囲で16ランク K値上位2ランクの地域（一部を除く）について総量規制（24地域）	K値=1.17～2.34 汚染の著しい地域の新増設施設に適用	認めていない	$q=k \times 10^{-3} \times He^2$ kは地域ごとに設定されている
	ばいじん	0.05～0.50g/m³N （施設の種類、規模及び新設、既設ごと）	0.03～0.25g/m³N （施設の種類、規模ごと）	認めている 特別排出基準には上乗せはない	浮遊粒子状物質とは、大気中に浮遊する粒子状物質であってその粒径が10μm以下のもの
	有害物質 鉛、鉛化合物	10～30mg/m³N （施設の種類によって異なる）	なし	認めている	
	弗素、弗化水素 弗化珪素	1.0～20mg/m³N （施設の種類によって異なる）	なし	認めている	
	カドミウム、 カドミウム化合物	1.0mg/m³N	なし	認めている	
	塩素、塩化水素	塩素　30mg/m³N 塩化水素　80,700mg/m³N （施設の種類によって異なる）	なし	認めている	
	窒素酸化物	・既設の施設 　10,000m³N/h以上の重油ボイラー　130～150ppm 　（施設の規模によって異なる） ・新設の施設 　全重油ボイラー　130～180ppm 　（施設の規模によって異なる） ・総量規制（3地域）		認めている	
特定有害物質（未規制）					量規制、K値方式
一般粉じん		粉じん発生施設の構造等に関する基準		なし	
特定粉じん		敷地境界線で10本/ℓ 空気		なし	長さ5μm以上 長さ：幅=3：1のもの
揮発性有機化合物（VOC）		施設ごとの排出基準 　400～60,000ppm C （対象はVOCを排出する次の施設：化学製品製造・塗装・接着・印刷における乾燥施設、吹付塗装施設、洗浄施設、貯蔵タンク）		なし	
特定物質 （アンモニア、一酸化炭素、メタノール等28物質）		事故時における措置を規定 事業者の復旧義務、都道府県知事への通報等		なし	
有害大気汚染物質	234物質(群) このうち「優先取組物質」として22物質	知見の集積等、各主体の責務を規定 事業者及び国民の排出抑制等自主的取組、国の科学的知見の充実、自治体の汚染状況把握等		なし	
	指定物質 ベンゼン	施設・規模ごとに抑制基準 　新設：50～600mg/Nm³ 　既設：100～1500mg/Nm³		なし	
	トリクロロエチレン	施設・規模ごとに抑制基準 　新設：150～300mg/Nm³ 　既設：300～500mg/Nm³		なし	
	テトラクロロエチレン	施設・規模ごとに抑制基準 　新設：150～300mg/Nm³ 　既設：300～500mg/Nm³		なし	

大気汚染防止法施行令（大気汚染防止法施行令（昭和43年政令第329号、最終改正：平成20年政令第316号）、大気汚染防止法施行規則（昭和46年厚生省・通商産業省令第1号、最終改正：平成19年環境省令第11号）

2）その他

表17　植物ごとの生息可能な最大メタンガス濃度と pH

植　物	生息可能な最大メタンガス濃度	pH
ニワゼキショウ	約30%	6.4～8.5
ヒメジョオン	約30%	6.4～8.5
ヒメコバンソウ	約30%	6.4～8.5
ヤブジラミ	約30%	5.7～8.5
カモジグサ	約25%	6.2～8.2
ヤハズエンドウ	約25%	5.2～8.2
ウマゴヤシ	約8 %	6.4～8.2
イチゴツナギ	約0.21%	5.7～7.6
ススキ	約0.10%	6.8～8.2
クズ	約0.022%	6.2～8.1
セイタカアワダチソウ	約0.023%	6.2～8.2

（「埋立地の安定化指標に関する研究」福岡大学・長野修治ほか、廃棄物処理対策全国協議会第39回全国大会講演集を修正）

表18　ガス分析の分析項目と許容値

ガス種類	成分	測定方法	爆発可能性（％）	人体影響の許容値	根拠となる法令
可燃性ガス	メタン（CH_4）	GC-TCD法	5.0 ～ 15.0	無害	一般廃棄物の最終処分場及び産業廃棄物の最終処分場に係る技術上の基準を定める命令
	CO	GC-TCD法	12.5 ～ 74.0	>0.005%	
	H_2	GC-TCD法	4.0 ～ 75.0	無害	
酸欠ガス	CO_2	GC-TCD法		>0.5%	
	O	GC-TCD法		<18%	
悪臭	H_2S	告示第9号別表2	4.0 ～ 44.0	>0.001%	
その他	N_2	GC-TCD法		無害	
	ガス湿度	湿度計			
	水分	JIS Z 8808			

注1）告示第9号は昭和47年環境庁告示第9号
注2）GC-TCD法：ガスクロマトグラフ
注3）爆発可能性・人体影響の許容値　出典：「廃棄物と建物発生土の地盤工学的有効利用」pp242～243　地盤工学会

表19　主なガス分析機器とその特徴

機器	対象ガス	測定原理	特徴その他
ガルバニ電池式酸素濃度計	O_2	酸素の減極作用を電流量として測定	○連続測定が可能 ○警報器内蔵可 ○操作が簡単、現場適 ○センサーの定期保守を要す
磁気式酸素計	O_2	酸素と他ガスの磁化率の差を測定	○高感度 ○衝撃に弱く、現場には不適
ガス検知管	O_2、CO、CO_2、H_2S、その他	化学反応による検知剤の変色長さを測定	○測定が簡易、現場適 ○連続測定はできない ○精度は低い
オルザットガス分析装置	O_2、CO_2	化学反応を利用し、液に吸収させて体積減少を測定する	○操作に熟練を要する ○ガラス器具と薬品を使う ○連続測定はできない
接触燃焼式メタン濃度計	CH_4	触媒によってメタンを燃焼させ、その発熱量で測定する	○連続測定が可能 ○警報器内蔵可 ○操作が簡単、現場適 ○酸素濃度が低いと測定できない
光波干渉式ガス濃度計	CH_4、O_2	ガスによる光の屈折率を利用	○低濃度で感度が悪い ○読取りにやや熟練を要す ○連続記録できない ○他ガスの影響を受ける
ガスクロマトグラフ	各種	吸着剤を充填したカラムでガス成分を分離して検出	○多成分のガスを精度よく分析できる ○操作に熟練を要す ○現場には不適
赤外線式ガス分析計	各種	赤外線の吸光度を測定	○多成分のガスを精度よく分析できる ○単成分用の連続測定機もある

出典：「地盤調査法」p585　地盤工学会

2．環境省告示第百四号（産廃特措法基本方針）

特定産業廃棄物に起因する支障の除去等に関する特別措置法（平成十五年法律第九十八号）第

三条第一項の規定に基づき、特定産業廃棄物に起因する支障の除去等を平成二十四年度までの間に計画的かつ着実に推進するための基本的な方針を定めたので、同条第四項の規定に基づき、公表する。

平成十五年十月三日

環境大臣　小池百合子

特定産業廃棄物に起因する支障の除去等を平成二十四年度までの間に計画的かつ着実に推進するための基本的な方針

一　特定産業廃棄物に起因する支障の除去等の推進に関する基本的な方向
1　特定産業廃棄物に起因する支障の除去等の早期対応の必要性

　不法投棄等の産業廃棄物の不適正な処分は、公共の水域及び地下水の汚染、産業廃棄物の飛散流出等、地域の生活環境の保全上の支障を生じさせているばかりでなく、投棄された産業廃棄物が国民の目に見える形で長期間放置されることにより、現在行われている及び将来にわたり行われる産業廃棄物処理に対しても、同様に不適正処分がされている、されるのではないかとの国民の不信感を引き起こす等、循環型社会の形成を阻害する要因となっている。

　これまでも、廃棄物の処理及び清掃に関する法律（昭和四十五年法律第百三十七号。以下「廃棄物処理法」という。）の改正が平成十二年まで数次にわたり行われ、産業廃棄物に係る不適正処分の早期対応に対しては相当程度効果を上げてきたところであり、特に平成九年の改正によって、平成十年六月十七日以降に不適正処分が行われた産業廃棄物に係る生活環境の保全上の支障の除去等の措置については、廃棄物処理法第十三条の十二に規定する適正処理推進センター（以下「適正処理推進センター」という。）の協力の制度が整えられたところである。しかし、平成十年六月十七日より前に行われた産業廃棄物の不適正処分については当該制度の対象ではなく、かつ、既に五年以上が経過していることにより生活環境の保全上の支障が生じ、又は生ずるおそれが大きい事案が多く存在している。

　このため、特定産業廃棄物に起因する支障の除去等に関する特別措置法（平成十五年法律第九十八号。以下「特別措置法」という。）が制定され、特定産業廃棄物（特別措置法第二条第一項に規定する特定産業廃棄物をいう。以下同じ。）に起因して生活環境の保全上の支障が生じ、又は生ずるおそれが大きい全ての事案について、今後十年の期間内に計画的かつ着実に問題の解決に取り組むこととなった。

2　支障の除去等を行う必要がある特定産業廃棄物の実態把握等

　特定産業廃棄物に起因して生活環境の保全上の支障が生じ、又は生ずるおそれがある事案については、平成二十四年度までのできる限り早期にその問題解決を図る必要がある。この場合において、「生活環境の保全上の支障が生じ、又は生ずるおそれがある」とは、社会通念に従って一般的に理解される生活環境に加え、人の生活に密接な関係のある財産又は人の生活に密接な関係

のある動植物若しくはその生育環境に何らかの支障が現実に生じ、又は通常人をしてそのおそれがあると思わせるに相当な状態が生ずることをいう。

このため、都道府県又は保健所を設置する市（以下「都道府県等」という。）は、特定産業廃棄物の実態を把握するために、現地の確認を行う等により、積極的な調査に努めるものとする。また、この実態調査により明らかとなった全ての事案について、特定産業廃棄物の種類及び量の把握に努めるとともに、支障の除去等（特別措置法第二条第二項に規定する支障の除去等をいう。以下同じ。）を行う必要があるかどうかの検討に努めるものとする。なお、都道府県にあっては管下市町村と協力して調査を行うものとする。

支障の除去等を行う必要があると判断した事案については、速やかに廃棄物処理法第十八条第一項に基づく報告徴収、廃棄物処理法第十九条第一項に基づく立入検査等を通じて支障の程度及び状況についての把握を行い、経済的、技術的に最も合理的な手段を選択して、廃棄物処理法第十九条の五又は廃棄物処理法第十九条の六に基づく措置命令（以下「措置命令」という。）の発出等の対応を行うものとする。

措置命令の対象範囲を定める場合において、特定産業廃棄物に起因して当該特定産業廃棄物と密接不可分の近傍の土壌が汚染されている場合等については、発生している生活環境の保全上の支障の程度及び汚染拡大を防止するための対策を考慮し、必要な範囲において措置命令を発出するものとする。

これらの手続によってもなお支障の除去等が完了しない場合には、都道府県等は特別措置法第四条に規定する実施計画（以下「実施計画」という。）を策定し、及び特定支障除去等事業（特別措置法第二条第四項に規定する特定支障除去等事業をいう。以下同じ。）を実施するものとする。

都道府県等の区域内に支障の除去等を行うべき事案が複数存在しており、同時に支障の除去等を行うことが困難な場合においては、周辺の生活環境への影響の大きさに応じ、優先順位を付けて計画的にその支障の除去等を推進するものとする。

国においては、都道府県等の調査結果を基に、特別措置法の対象となり得る不適正処分の事案数、廃棄物の量及びその状況について、定期的に全国的な調査結果の取りまとめ及び公表を行い、特別措置法の施行に反映させるものとする。

3　特定産業廃棄物の処分を行った者等に対する責任の追及

産業廃棄物の不適正処分に関する一義的な責任は、当該不適正処分を行った行為者にあり、不適正処分に係る支障の除去等の措置は当該行為者に行わせるべきものであるが、産業廃棄物の処分に至るまでの間にその適正な処理の実施を確保することを怠った者も、不適正処分の行為者と同様に当該支障の除去等に関する責任を有している。このため、特定産業廃棄物についても、特定産業廃棄物の処分を行った者等（廃棄物処理法第十九条の五第一項に規定する処分者等及び廃棄物処理法第十九条の六第一項に規定する排出事業者等をいう。以下同じ。）に対して、都道府県等は、措置命令を発出して当該特定産業廃棄物に係る支障の除去等の措置を行わせるものとする。なお、特定産業廃棄物の処分を行った者等として、廃棄物処理法第十二条第一項に規定する

産業廃棄物処理基準又は廃棄物処理法第十二条の二第一項に規定する特別管理産業廃棄物処理基準に適合しない産業廃棄物の処分を行った者、廃棄物処理法第十二条第三項又は第四項その他の規定に違反する委託を行った者、産業廃棄物管理票（廃棄物処理法第十二条の三第一項に規定する産業廃棄物管理票をいう。以下同じ。）に係る規定に違反した者、当該不適正処分の斡旋者若しくは仲介者又は不適正処分が行われることを知りつつ土地を提供する等した土地所有者及び産業廃棄物の発生から最終処分に至るまでの一連の処理の行程における処理が適正に行われるために必要な措置を講ずるとの注意義務に違反した排出事業者等が含まれるものである。

　この場合において、産業廃棄物管理票、廃棄物の処理及び清掃に関する法律施行令（昭和四十六年政令第三百号。以下「廃棄物処理法施行令」という。）第六条の二第三号に規定する委託契約書、特定産業廃棄物から判明した事業所名又は住所等の情報等によって特定産業廃棄物の処分を行った者等を明らかにするとともに、これらの者に対して、産業廃棄物の保管、収集、運搬若しくは処分に関する報告徴収又は立入検査を適切に行うことにより、特定産業廃棄物が生じた原因及び処分経路並びに措置命令の対象範囲等を明らかにするものとする。

　また、特定産業廃棄物の処分を行った者等が不明である場合においても、廃棄物処理法第十九条の八第一項に基づく公告の手続を行うとともに、引き続き特定産業廃棄物の処分を行った者等を明らかにするよう努めるものとする。

　国においても、都道府県等が行う当該特定産業廃棄物の処分を行った者等に係る調査及び責任の追及に協力するものとする。

二　特定支障除去等事業その他の特定産業廃棄物に起因する支障の除去等の内容に関する事項
　1　支障の除去等を講ずる必要がある事案に関する事項
　　特定産業廃棄物に係る事案のうち、生活環境の保全上の支障が生じ、又は生ずるおそれがあり、廃棄物処理法第十九条の八第一項各号のいずれかに該当するものについては、特定支障除去等事業として都道府県等自らが速やかに支障の除去等を行うこととし、実施計画を定めるものとする。

　　実施計画を定めるに当たっては、特定産業廃棄物に係る事案の概要として特定産業廃棄物に起因してどのような生活環境の保全上の支障が生じ、又は生ずるおそれがあるかについて明らかにするとともに、生活環境の保全上達成すべき目標について明らかにするものとする。

　　なお、複数の都道府県等の区域にまたがっている特定産業廃棄物に係る事案については、当該事案に係る特定産業廃棄物が一体のものであるとして生活環境の保全上の支障及び周辺環境への影響を明らかにし、当該都道府県等の合意の下に当該事案に係る全体的な対策方針を共有した上で、各都道府県等において実施計画を定めるものとする。

　2　特定支障除去等事業の実施に関する事項
　（1）特定支障除去等事業の実施範囲の把握
　　特定支障除去等事業の実施に先立って、支障の状況に関する調査を行い、特定産業廃棄物及びこれに起因して汚染されている土壌等が存在する範囲並びに当該特定産業廃棄物の種類及び量等

を確定するものとする。廃棄物処理法第二条第五項に規定する特別管理産業廃棄物その他これに相当する性状を有する特定産業廃棄物（以下「有害産業廃棄物」という。）が存在する場合には、その他の特定産業廃棄物と区別して、有害産業廃棄物が存在する範囲、種類及び量等を確定するものとする。

　また、支障の除去等については、措置命令の対象の範囲内（特定産業廃棄物の処分を行った者等を確知することができない場合にあっては廃棄物処理法第十九条の八第一項に基づく公告の内容の範囲内）で行うものとする。

（２）特定支障除去等事業における有害産業廃棄物とその他の産業廃棄物

　特定産業廃棄物のうち、有害産業廃棄物とその他の産業廃棄物の区分については、次により行うことを基本とする。また、これにより難い場合であっても、有害産業廃棄物が含まれる範囲が全て明らかになるように調査を行うものとする。

　なお、外観等から特定産業廃棄物の性状が単一であり、有害産業廃棄物が含まれていないことが明らかであると判断できる場合においては、これらの調査を行うことを要しない。

ア　（１）において把握された特定産業廃棄物が存在する範囲の平面を概ね三十メートル四方の格子に区切り、かつ、当該格子を上面として、当該格子内において特定産業廃棄物が確認される最も深い地点を含む水平面を底面とする直方体のブロックに分割すること。

イ　アのブロックごとに、それぞれの格子の中心点付近において特定産業廃棄物その他の試料の採取及び分析を行うこと。試料の採取方法としては、主としてボーリング調査によることとし、地表から特定産業廃棄物が確認されない深さまで行うこととする。また、ボーリング調査に代わり、素堀調査、溝掘り調査等の他の方法により調査を行ってもよいこととする。

ウ　特定産業廃棄物の種類がブロック内で大きく異なる等の場合には、必要に応じて、水平方向又は垂直方向に当該ブロックを更に区分して複数の小ブロックを設定し、それぞれボーリング調査等により試料の採取及び分析を行うこと。

エ　アからウまでにより採取した試料を分析し、有害産業廃棄物が確認されたブロック又は小ブロックについては、当該ブロック又は小ブロックに含まれる産業廃棄物を有害産業廃棄物として扱い、有害産業廃棄物が確認されなかったブロック又は小ブロックについては、当該ブロック又は小ブロックに含まれる産業廃棄物を有害産業廃棄物以外の産業廃棄物として扱うこととすること。

（３）有害産業廃棄物の判断基準

　次に掲げる特定産業廃棄物を有害産業廃棄物として判断するものとする。

ア　廃棄物処理法施行令第二条の四第一号に掲げる廃油、同条第二号に掲げる廃酸、同条第三号に掲げる廃アルカリ及び同条第五号イに掲げる廃ポリ塩化ビフェニル等

イ　感染性廃棄物（感染性病原体が含まれ、若しくは付着している産業廃棄物又はこれらのおそれのある産業廃棄物をいう。）

ウ　廃石綿等（廃石綿及び石綿が含まれ、又は付着している産業廃棄物をいう。）

エ　アからウまでに掲げる特定産業廃棄物以外の産業廃棄物のうち、金属等を含む産業廃棄物に

係る判定基準を定める省令（昭和四十八年総理府令第五号）別表第一の各項の第一欄に掲げる物質を含むものであって、当該物質ごとに対応する当該各項の第二欄に掲げる基準に適合しないもの

（4）特定産業廃棄物に起因する支障の除去等の方法

　支障の除去等の実施は、当該特定産業廃棄物の種類、性状、地域の状況及び地理的条件等に応じて、支障の除去等に係る効率、事業期間、事業に要する費用等の面から最も合理的に支障の除去等を実施することができる方法によるものとする。基本的には次のアからウまでに掲げる方法によることとし、これにより難い場合にあっては、周辺環境への影響等をも勘案した上で、別の方法を採用することができることとする。

　都道府県等は、支障の除去等の方法の選定における検討の状況、検討に用いた調査結果、特定産業廃棄物の処理の考え方を示すとともに、支障の除去等に係る効率、事業期間、事業に要する費用が適正であることを確認し、支障の除去等の具体的な方法を明らかにするものとする。

ア　特定産業廃棄物等の掘削及び処理

　（1）及び（2）の調査により把握した特定産業廃棄物及びこれに起因して汚染されている土壌等を周辺環境に影響を及ぼさないように掘削し、必要に応じて掘削された場所を汚染されていない土壌等により埋めること。

　掘削した特定産業廃棄物及び土壌等について、特定産業廃棄物及び土壌等の種類ごとにその分別を十分に行うとともに、焼却、溶融、中和等、特定産業廃棄物及び土壌等の種類に応じた適切な処理方法を選択すること。

　また、選択した処理方法に則した施設において処理を実施するとともに、廃棄物処理法第十二条第一項に規定する産業廃棄物処理基準その他の基準に基づく処理が行われていることを確認すること。

イ　原位置での浄化処理

　（1）及び（2）の調査により把握した特定産業廃棄物及びこれに起因して汚染されている土壌等について、溶融又は含まれている有害化学物質の抽出、分解その他の方法により、これらの特定産業廃棄物及び土壌等を掘削せずに処理すること。

　当該特定産業廃棄物及び土壌等の処理に当たっては、必要に応じてその範囲の側面を囲み、当該特定産業廃棄物及び土壌等の下にある不透水層であって最も浅い位置にあるものの深さまで、鋼矢板その他の遮水の効力を有する構造物を設置すること。

　処理作業の終了後、処理を行った特定産業廃棄物又は土壌等が生活環境の保全上の支障を生じさせるおそれがないことを確認すること。

ウ　原位置覆土等

　（1）及び（2）の調査により、有害産業廃棄物に該当する特定産業廃棄物が含まれていないことを確認すること。

　把握された特定産業廃棄物について、生活環境の保全上の支障の原因となる有機性の産業廃棄物等を十分に分別除去した上で、除去後に残された特定産業廃棄物が含まれる範囲の土地を、コ

ンクリート、アスファルト又は汚染されていない土壌等により覆い、かつ、覆いの損壊を防止するための措置を講ずること。

(5) 特定支障除去等事業の実施期間

都道府県等は、特定支障除去等事業の事業期間及び終了予定時期について、廃棄物処理工程の段階等の区分に応じてあらかじめ明らかにするものとする。

(6) 特定支障除去等事業に要する費用の考え方

特定支障除去等事業に要する費用について、あらかじめその支障の除去等の方法等に応じた積算を行い、明らかにするものとする。

また、特定支障除去等事業に要する費用については、本来は特定産業廃棄物の処分を行った者等が負担すべきものであることから、都道府県等による特定支障除去等事業の実施に先立ち、特定産業廃棄物の処分を行った者等から確実に徴収されることが予定される金額として、民事保全法（平成元年法律第九十一号）に基づき仮差押えがされた資産、最終処分までの注意義務を果たしていない排出事業者等から確実に徴収されることが予定される資産等を明らかにするものとする。

(7) 特定支障除去等事業に係る出えんの考え方

適正処理推進センターが廃棄物処理法第十三条の十三第五号に掲げる業務であって特定支障除去等事業に係るものを行う場合においては、有害産業廃棄物として扱うブロック又は小ブロックに係る当該有害産業廃棄物の処理に要する費用については補助率を二分の一とし、有害産業廃棄物以外の産業廃棄物として扱うブロック又は小ブロックに係る当該産業廃棄物の処理に要する費用については補助率を三分の一として、出えん額を算定するものとする。

また、生活環境の保全上の支障の拡散を防止するために必要な施設整備に要する費用及び周辺の生活環境のモニタリングに要する費用等の特定産業廃棄物の処理に要する費用以外の費用に関しては、有害産業廃棄物の量と有害産業廃棄物以外の産業廃棄物の量の比率により当該費用を按分してそれぞれ二分の一又は三分の一の補助率を適用することにより出えん額を算定するものとする。

適正処理推進センターが出えんを行った場合において、特定産業廃棄物の処分を行った者等から費用が徴収された場合には、出えん額を特定支障除去等事業に要する費用で除した割合を当該徴収された金額に乗じて得られる額を適正処理推進センターに返還するものとする。

(8) 特定支障除去等事業に係る起債の考え方

起債の算定基礎となる地方負担額については、当該特定支障除去等事業に要する費用から、適正処理推進センターの出えん額及び特定産業廃棄物の処分を行った者等から確実に徴収されることが予定される金額（適正処理推進センターに返還される金額を除く。）を減じた額とする。

3 特定産業廃棄物の処分を行った者等に対して行う措置

(1) これまでに都道府県等が行った措置及び今後行おうとする措置の内容

特定産業廃棄物については、これまでも都道府県等により特定産業廃棄物の処分を行った者等

に対して行政処分及び行政指導等が行われてきている。

　しかしながら、指導を開始した時期が遅くなったり、法的効果を伴う行政処分が講じられていなかった等の理由により、不適正処分が継続し、生活環境の保全上の支障が生じることとなった事案が散見される。

　このため、都道府県等は、特定支障除去等事業を実施する事案について、特定産業廃棄物が存在した事実を確認した時期、地域住民からの情報提供の時期及び内容並びにその対応状況、特定産業廃棄物が存在する区域への立入検査の経緯及び確認した支障の内容、特定産業廃棄物の処分を行った者等に対して廃棄物処理法に基づき行った報告徴収、立入検査、措置命令等の状況、現在に至るまでの期間に行うべきであった措置及び今後行おうとする措置の内容並びに当該措置の実施体制等について第三者である学識経験者等を交えて検証し、その検証の結果を明らかにするものとする。

　なお、これらの検証を行った結果判明した組織上又は個人の責任及び当該責任に関して都道府県等において講じられた措置等について明らかにするものとする。

（２）特定産業廃棄物の処分を行った者等から徴収する費用の考え方

　特定支障除去等事業に要する費用については、本来は特定産業廃棄物の処分を行った者等が負担すべきものであり、廃棄物処理法第十九条の八第一項に基づく措置を講じた場合であっても、その責任を厳しく追及する必要がある。このため、特定支障除去等事業を実施する場合であっても、引き続き、措置命令、特定支障除去等事業に要する費用の徴収を特定産業廃棄物の処分を行った者等に対して行うものとする。

　また、都道府県等は、特定支障除去等事業に要する費用の算定に当たっては、廃棄物処理法第十九条の八第二項から第四項までの規定により特定産業廃棄物の処分を行った者等からの費用の徴収の見込み及びその算定根拠を明らかにするものとする。この場合において、特定産業廃棄物の処分を行った者等からの費用の徴収の見込みが過小とならないよう、都道府県等における費用の求償の方法等についても明らかにする必要がある。

　廃棄物処理法第十九条の八第一項の規定に基づき都道府県等が自ら支障の除去等の措置を行った場合において、特定産業廃棄物の処分を行った者等に対する費用の徴収については、同条第五項の規定により準用する行政代執行法（昭和二十三年法律第四十三号）第六条の規定に基づき代執行に要した費用は国税滞納処分の例、すなわち、国税徴収法（昭和三十四年法律第百四十七号）第五章の規定の例により行うことができる。したがって、差押え、質問検査、捜索等の強力な権限行使が可能であることから、これらの手続に精通している都道府県税徴収担当部局の協力を得るなどして効果的に費用の徴収を行うものとする。このほか、民事保全法に基づく資産の仮差押え等、事業に要した費用の徴収を容易にするための措置を適切に講ずるものとする。

（３）不適正処分の再発防止策

　都道府県等においては、実施計画の策定段階で行った特定産業廃棄物に係る事案の検証結果を踏まえ、今後の不適正処分の再発防止に向けた具体的な対策を明らかにするものとする。

　特に、これまでに都道府県等が行ってきた措置に関して、不十分であったと検証された事項に

ついては、検証結果を踏まえた対策の充実を図るとともに、その実施状況について公表するものとする。

三 その他特定産業廃棄物に起因する支障の除去等の推進に際し配慮すべき重要事項
1 特定支障除去等事業の実施時における周辺環境影響への配慮
　都道府県等が支障の除去等を行う場合においては、事業を実施する区域の周辺、産業廃棄物の搬出路周辺等において、水質汚濁、産業廃棄物の飛散等の生活環境への影響が生じないよう、具体的な環境の保全のための措置を講ずるよう配慮するものとする。

　また、特定支障除去等事業の実施に際して、周辺の生活環境のモニタリングを計画的に行うとともに、その結果を公表するものとする。あわせて、特定支障除去等事業の終了に際し、その事業効果を確認するためのモニタリング調査を行い、その結果を公表するものとする。

　特定支障除去等事業において事故及び不測の環境への影響が生じた場合に備えて、緊急時の関係者等に対する連絡体制、対応要領等について事前に整理するとともに、問題が生じた場合等にあっては、速やかに問題の解決を図るよう努めるものとする。

2 都道府県等相互の協力及び連絡調整
　特定産業廃棄物には都道府県等の区域を越えて移動してきたものが多く見られることから、特定産業廃棄物が存在する都道府県等のみならず、特定産業廃棄物の排出事業者等が所在する都道府県等においても、当該排出事業者等に対する指導等を適切に行っていく必要がある。

　このため、特定産業廃棄物の処分を行った者等に対する廃棄物処理法に基づく報告徴収及び立入検査を実施する場合には、これらの者が所在する都道府県等と特定産業廃棄物が存在する都道府県等とが共同して行うこととする。また、特定産業廃棄物の処分を行った者等に対して行う特定支障除去等事業に要した費用の求償についても、これらの者が所在する都道府県等は、特定支障除去等事業を行った都道府県等の求めに対して積極的に協力するものとする。

　複数の都道府県等の区域にまたがる特定産業廃棄物に係る事案であって、それぞれの都道府県等が特定支障除去等事業を実施する場合には、当該事案に関する事業内容を一体のものとした全体的な対策方針を共有し、当該対策方針を踏まえてそれぞれの都道府県等が定める実施計画が効果的に周辺の生活環境の保全上の支障の除去等を行うものとなるよう、当該事業の内容、特定産業廃棄物の処分を行った者等に対する責任追及、周辺の生活環境対策等について十分な調整を図るものとする。

3 国における関係都道府県等の間の連絡調整等
　国は、都道府県等の支障の除去等に関する取組を促進するため、都道府県等における実施計画の策定状況及び事業実施状況について把握及び公表を行うとともに、特定産業廃棄物が存在する都道府県等と特定産業廃棄物の処分を行った者等が所在する都道府県等との調整を図ること及び情報交換の促進に努めるものとする。

また、国は、特定支障除去等事業が都道府県等において円滑に実施されるよう、必要な助言、指導その他の援助の実施に努めるものとする。複数の都道府県等の区域にまたがる特定産業廃棄物に係る事案については、関係都道府県等の間における全体的な対策方針等に関する調整及び情報交換の促進に努めるものとする。

4　関係市町村、住民への説明

　特定産業廃棄物が存在する区域及びその周辺の市町村及び住民は、直接的間接的に生活環境の保全上の支障を被るおそれがあることから、都道府県等による特定支障除去等事業の実施に当たっては、その事業内容等について十分な理解を求めていくことが必要である。このため、都道府県等においては、実施計画の策定段階において、事業の内容、処理方法、周辺の環境対策等について関係市町村や住民に対する十分な説明と意見聴取を行うこととするほか、事業の実施段階においても、事業の進捗状況、処理等に関する情報を積極的に公開するものとする。
　なお、関係市町村とは、特定産業廃棄物が存在する区域を管轄する市町村の他、通常の場合、生活環境の保全上の支障が生ずるおそれがあると認められる地域を含む市町村を含むものであるが、地域の状況に応じて都道府県等が判断するものとする。

5　実施計画の変更

　都道府県等は、実施計画について、特定支障除去等事業を行うべき区域、支障の除去等の方法、事業期間、特定支障除去等事業に要する費用等の変更等を行う場合には、特別措置法に基づく必要な実施計画の変更を行うこととする。
　特に、特定産業廃棄物の処分を行った者等から徴収する費用の変更については、特定支障除去等事業に対する起債の額の変更につながることから、遅滞なく実施計画の変更を行うものとする。ただし、当初の実施計画で定められた特定産業廃棄物の処分を行った者等から徴収する費用は、確実に徴収されることが予定されるものとして実施計画に定めること及びこの費用については確実に徴収するよう努めるべきものであることから、特定産業廃棄物の処分を行った者等から実際に徴収された額が実施計画で定めた額を下回るという理由のみをもって、安易に計画変更を認めるという趣旨ではない。

6　廃棄物処理計画の見直し等

　特定産業廃棄物の処理に当たっては、循環型社会形成推進基本法（平成十二年法律第百十号）の趣旨を踏まえ、かつ、廃棄物処理法第五条の二に規定する基本方針等に即して、特定支障除去等事業を推進するものとする。
　また、都道府県等においては、特定支障除去等事業の実施により、都道府県等の区域における産業廃棄物の適正処理に支障を来す状況が見込まれる等の場合には、必要に応じて、廃棄物処理法第五条の三に規定する廃棄物処理計画の見直しを行うこととする。

3．土壌汚染対策法に基づく「汚染除去等の措置等」の基準（抜粋）

土壌汚染対策法施行規則（平成22年2月26日改正）による汚染の除去等の措置等（法第7条関係：指示措置の種類）は、下表のとおり。

表20　土壌汚染対策法に基づく汚染除去等の措置等（法第7条関係：指示措置の種類）

土地の汚染の状況	講ずべき汚染の除去等の措置	指示措置と同等の効果を有すると認められる汚染の除去等の措置
①土壌の特定有害物質による汚染状態が土壌溶出量基準に適合せず、当該土壌の特定有害物質による汚染に起因する地下水汚染が生じていない土地	当該土地における地下水の水質の測定	②から⑨までの上欄に掲げる土地に応じ、それぞれこれらの項の中欄及び下欄に定める汚染の除去等の措置
②土壌の第一種特定有害物質による汚染状態が土壌溶出量基準に適合せず、当該土壌の第一種特定有害物質による汚染に起因する地下水汚染が生じている土地	原位置封じ込め、または遮水工封じ込め	地下水汚染の拡大の防止、土壌汚染の除去[※1]
③土壌の第二種特定有害物質による汚染状態が第二溶出量基準に適合せず、当該土壌の第二種特定有害物質による汚染に起因する地下水汚染が生じている土地	原位置封じ込め、または遮水工封じ込め	遮断工封じ込め、地下水汚染の拡大の防止、土壌汚染の除去
④土壌の第二種特定有害物質による汚染状態が土壌溶出量基準に適合せず、当該土壌の第二種特定有害物質による汚染に起因する地下水汚染が生じている土地（③の土地を除く。）	原位置封じ込めまたは遮水工封じ込め	不溶化、遮断工封じ込め、地下水汚染の拡大の防止、土壌汚染の除去
⑤土壌の第三種特定有害物質による汚染状態が第二溶出量基準に適合せず、当該土壌の第三種特定有害物質による汚染に起因する地下水汚染が生じている土地	遮断工封じ込め	地下水汚染の拡大の防止、土壌汚染の除去
⑥土壌の第三種特定有害物質による汚染状態が土壌溶出量基準に適合せず、当該土壌の第三種特定有害物質による汚染に起因する地下水汚染が生じている土地（⑤の土地を除く。）	原位置封じ込め、または遮水工封じ込め	遮断工封じ込め、地下水汚染の拡大の防止、土壌汚染の除去
⑦土壌の第二種特定有害物質による汚染状態が土壌含有量基準に適合しない土地（乳幼児の砂遊び若しくは土遊びに日常的に利用されている砂場若しくは園庭の敷地又は遊園地その他の遊戯設備により乳幼児に屋外において遊戯をさせる施設の用に供されている土地であって土地の形質の変更が頻繁に行われることにより⑧若しくは⑨に定める措置の効果の確保に支障が生ずるおそれがあると認められるものに限る。）	土壌汚染の除去	舗装、立入禁止
⑧土壌の第二種特定有害物質による汚染状態が土壌含有量基準に適合しない土地（現に主として居住の用に供されている建築物のうち地表から高さ50センチメートルまでの部分に専ら居住の用に供さ	土壌入換え[※2]	舗装、立入禁止、土壌汚染の除去

れている部分があるものが建築されている区域の土地であって、地表面を50センチメートル高くすることにより当該建築物に居住する者の日常の生活に著しい支障が生ずるおそれがあると認められるものに限り、前項に掲げる土地を除く。		
⑨土壌の第二種特定有害物質による汚染状態が土壌含有量基準に適合しない土地（⑦及び⑧の土地を除く。）	盛土	舗装、立入禁止、土壌入換え、土壌汚染の除去

※1　掘削除去及び原位置浄化を指す。
※2　天地返し等をいう（掘削除去のことではない）。
注）第一種特定有害物質：(揮発性有機化合物) 四塩化炭素、1,2-ジクロロエタン、1,1-ジクロロエチレン、シス-1,2-ジクロロエチレン、1,3-ジクロロプロペン、ジクロロメタン、テトラクロロエチレン、1,1,1-トリクロロエタン、1,1,2-トリクロロエタン、トリクロロエチレン、ベンゼン（計11物質）
　　第二種特定有害物質：(重金属等) カドミウム、六価クロム、シアン、水銀、セレン、鉛、砒素、ふっ素、ほう素（それぞれの化合物を含む）（計9物質）
　　第三種特定有害物質：(農薬等) シマジン、チオベンカルブ、チウラム、ＰＣＢ、有機りん化合物（計5物質）

4．主な支援事業の概要

対策工検討の参考となるように、支障要素別に、平成20年度までの主な支障除去等支援事案における事業概要、対策工、事業費、単位コスト等を表21から表25に示す。

単位コストについては、支障等の度合い、対策範囲の広さ、対策工の種類、現場条件等により事案ごとに大きな違いがある。

1 高有害性廃棄物を支障要素とする主な事案

表21 高有害性廃棄物を支障要素とする主な事案の概要

事業区分	事業年度	地域	不法投棄等の概要			原因物質の種類	高有害性廃棄物対策工	
^	^	^	廃棄物種類	不法投棄等の量	撤去量	^	工法の種類	工法の概要
1/3	平成10年度～平成12年度	東北地方	廃油、廃酸、廃アルカリ、燃え殻、汚泥、金属屑、廃プラスチック類	21,228 t（ドラム缶約55,000本）	21,228t	廃酸、廃アルカリ、高濃度DOC	①撤去工 ②水処理施設設置工 ③遮水壁工	①不法投棄等されたドラム缶（地上および地中）の撤去および汚染源となる汚染土壌の撤去・処理 ②水処理施設の設置および維持管理の実施 ③地下水集排水路の整備等 ④対策工の実施のため、不法投棄等現場の至近の市道を付け替え
1/3	平成11年度	九州地方	性状・成分等は、ほとんど不明。特に有害物質を含む可能性が高い。	2,406t（ドラム缶約5,700本）	2,406t	廃酸、廃アルカリ、高濃度VOC	撤去工（全量）	・保管状態は、特にドラム缶は長期間を経ているため腐食が激しく、移動・運搬時の飛散流出防止のため新規のドラム缶に詰め替えを相当数実施
1/3	平成12年度	関東地方	廃油入りドラム缶（トリクロロエチレン含有）	ドラム缶114本	287㎥	高濃度VOC	撤去工（全量）	①ドラム缶及び内容物の廃油は、特別管理産業廃棄物収集運搬業者に搬出を委託し、特別管理産業廃棄物処分業者に中間処理（焼却）を委託 ②汚染状況調査により推定された汚染範囲内の土壌を、重機を用いて地表に掘り上げた後、掘削底面において縦方向及び横方向への汚染の広がりをガス検知管等を用いた確認調査を実施 ③有害物質による汚染が確認された土壌は、特別管理産業廃棄物収集運搬業者に搬出を委託し、特別管理産業廃棄物処分業者に中間処理（焼却）を委託した。搬出した汚染土壌の量に相当する山砂を新たに搬入し、埋め戻しを行い原状復旧
3/4	平成12年度	中部地方	廃プラスチック類、紙くず、木くず、繊維くず、金属くず（医療系廃棄物を含む）、がれき類	3,700t	3,700t	感染性廃棄物	撤去工（撤去開始までの間の応急処置として、表面キャッピングを実施）	・感染性廃棄物の混入のおそれがあるため、圧縮梱包廃棄物を開梱して消毒を施した後に、感染性の恐れのある廃棄物（注射針等）、可燃物（廃プラスチック類等）、不燃物（金属くず等）に分別して、感染性廃棄物及び可燃物は焼却処理、不燃物は破砕処理
1/3	平成14年度～平成15年度	中部地方	土砂を含む廃棄物、がれき類、廃タイヤ	37,000㎥	2,515t	ダイオキシン類	撤去工（部分）	①焼却灰及び焼却灰混じり土は溶融処理した後、管理型埋立処分 ②混合廃棄物は現地選別後、可燃物は焼却処分し、不燃物は現地残置し成形の上、飛散・流出及び火災防止のための覆土・遮水シートを敷設し、種子吹き付け実施
1/3 特措法	平成13年度～平成19年度	中部地方	汚泥、燃え殻、鉱さい等の混合廃棄物	30,000㎥	-	高濃度VOC	①遮水工 ②用水溝 ③水処理施設設置工 ④モニタリング工	①汚染拡散防止対策 ・汚染拡散防止対策は、ソイルセメント地中連続壁工法（幅広薄鋼板併用） ②汚染浄化対策（現場内） ・現場内については、水処理プラントを設置し、現場内での地下水揚水処理法による浄化措置 ③汚染浄化対策（現場周辺） ・地下水の汚染が確認されている現場隣接地については、管理区域とし、還元剤、酸化剤、栄養剤を併用した原位置での地下水循環法による浄化措置 ④その他 ・その他周辺地域については、自然減衰（希釈、生物分解）によるものとし、継続してモニタリングを実施

注1）事業区分について、
　1/3：環境省の産業廃棄物適正処理推進特別対策補助金により都道府県へ事業費の1/3を支援するもの（平成16年度まで実施）。
　3/4：廃棄物処理法に基づいて都道府県等へ事業費の3/4を支援するもの。
　特措法：産廃特措法に基づいて都道府県等へ事業費の1/2～1/3を支援するもの。
注2）撤去量は、搬出時の容量または重量である。

| その他の支障要素と対策工 || 事業費関連 || 備 考 |
その他の支障要素	対策工	事業費 (百万円)	単位コスト (事業費/不法投棄等の量)	
水質汚染	撤去工	2,685	126,000 円/t	①ドラム缶約55,000本の不適正保管（廃油、廃酸、廃アルカリ、燃え殻、汚泥、木くず、廃プラスチック等） ②隣接の飲用井戸で有害物質を検出 ③周辺の土壌を大量に汚染
火災	-	110	45,700 円/t	①長期にわたり、行政指導を遵守せず有害廃棄物をため込む ②平成10年に不適正保管廃棄物に起因すると考えられる火災が発生
水質汚染	-	18	62,700 円/㎡	①汚染土処理191.8t （総量：217.2t）
崩落	-	254	68,600 円/t	①主要廃棄物は、廃プラスチック類とシュレッダーダスト ②医療系廃棄物の不法投棄等を確認 ③現場水質検査（たまり水）と不法投棄等現場の硫化水素を測定し安全を確認
火災	-	454	12,300 円/㎡	①常時白煙が発生している状態 ②応急措置として防水シートによる被覆、放流水の活性炭濾過を実施
水質汚染	-	1,396	46,500 円/㎡	・安定型最終処分場にドラム缶入り有機溶剤等を違法処分

2 崩落を支障要素とする主な事案

表22 崩落を支障要素とする主な事案の概要

事業区分	事業年度	地域	不法投棄等の概要 廃棄物種類	不法投棄等の量	撤去量	発生した崩落の類型	崩落対策工 工法の種類	崩落対策工 工法の概要
1/3	平成12年度	関東地方	廃プラスチック類及び燃え殻	13,000㎥	1,700㎥	-	部分撤去工	・野積みされた線路敷きより高いところの支障のおそれのある廃棄物を掘削撤去（部分撤去）、ダンプで搬出。県内の収集運搬業者、処分業者に委託し、焼却施設で中間処理（焼却）を実施
1/3	平成15年度	中部地方	木くず、がれき類、廃プラスチック類等	18,000㎥	-㎥	すべり／豪雨時の崩落	①排水路設置（緊急安全措置）②モニタリング工	①不法投棄等現場表面からの水位の浸透を防止し、流出を抑制するため、排水路工を実施した。排水路工は、あらかじめ決められた勾配、断面で掘削し、防水シートを施工し排水路とした。また、水路両側に丸太棚を設置し、水路を補強 ②モニタリング工（モニタリング井戸ならびにセンサー設置）を実施し、監視体制を整備
3/4	平成12年度	近畿地方	建設混合廃棄物（がれき類、木くず、廃プラスチック類）	11,200㎥	11,200㎥	落石/飛散・流出/こぼれ（積み上げられた廃棄物が囲いを超えて落下）	撤去工	・重機で掘削し撤去を実施、併せて現場でトロンメル等による選別を実施。重機又はトロンメルで選別した木くず等は、焼却施設に、その他の建設混合廃棄物は、管理型最終処分場に搬出
3/4	平成16年度	四国地方	廃プラスチック類、木くず、金属くず、廃タイヤ、がれき類、土砂	3,400㎥	1,200㎥（475t）	落石/飛散・流出/こぼれ（積み上げられた廃棄物が隣地に落下）	①撤去工（選別後、がれき・土砂等は現地残置）	・廃棄物を現場選別の上撤去。現場選別は、廃棄物（3,400㎥）を現地において移動式選別機等により選別し、木くずは焼却、金属類は回収、がれき類・土砂は現場残置、廃プラスチック類やその他処理できない混合廃棄物は袋詰めにして埋立処分
3/4	平成17年度	関東地方	木くず等、金属くず、がれき類、土砂	7,000㎥	1,640㎥（908t）	崩落（積み上げられた廃棄物の小規模なくずれ）	①法面整形工 ②土嚢止め工 ③法面保護工（補助工法として根固め工）	①崩落するおそれのある斜面を掘削整形し、覆土とその表面を種子散布により保護 ②法尻部は大型土嚢で止め、大型土嚢は掘削廃棄物から選別したがれき類等とセメントを混合したものを充填
3/4	平成17年度～平成18年度	中部地方	廃プラスチック類、紙くず、木くず、繊維くず、金属くず、ガラスくず及び陶磁器くず、がれき類	123,000㎥	4,504㎥（2,262t）	-	①法面整形工 ②補強土壁工	・斜面を掘削整形と補強土壁によって安定化、法面は種子吹付け等により緑化を実施
特措法	平成16年度	中部地方	廃プラスチック類、廃タイヤ	130,000㎥	-	-	①法面整形工 ②法面保護工 ③土嚢止め工	①掘削整形工：法面を1：1.5の勾配に整形し急斜面箇所の廃棄物を除去 ②法面工法：整形した法面の押さえのためのベントナイトシートを設置 ③法止め工：法面下部の土留め工として、大型土嚢を設置 ④排水工：法面小段に軽量なポリエチレン製であるU字側溝を設置（法面の表面表流水を速やかに排水するため）
特措法	平成17年度	北陸地方	廃油、汚泥、燃え殻、廃アルカリ、医療系、ばいじん、木くず・チップ、廃タイヤ	18,600㎥	木くず14,000㎥ 燃え殻4,600t	-	①法面整形工 ②撤去工	①燃え殻はダイオキシン類の濃度が環境基準を超えており、全量撤去し最終処分場での埋立処分及びセメント原料として処分 ②木くずの埋立エリアは、崩落防止のために安定型廃棄物以外の木くずを選別し、撤去物以外は現地に盛土整形。勾配は1：2
特措法	平成20年度～	関東地方	廃プラスチック類、汚泥、金属くず、ガラスくず及び陶磁器くず、がれき類、燃え殻、廃石綿	910,000㎥	70,000㎥（計画）	-	①法面整形工 ②土留め壁工	・法面を掘削整形（勾配1：2）により安定化。また、法尻部には土留め壁（φ3mの杭基礎型式）を設置

注1）事業区分について、
　1／3：環境省の産業廃棄物適正処理推進特別対策補助金により都道府県へ事業費の1／3を支援するもの（平成16年度まで実施）。
　3／4：廃棄物処理法に基づいて都道府県等へ事業費の3／4を支援するもの。
　特措法：産廃特措法に基づいて都道府県等へ事業費の1／2～1／3を支援するもの。
注2）撤去量は、搬出時の容量または重量である。

| その他の支障要素と対策工 || 事業費関連 ||備考|
その他の支障要素	対策工	事業費(百万円)	単位コスト(事業費/不法投棄等の量)	
-	-	21	1,600円/m²	①地元自治会より悪臭、ほこり・害虫の発生などに対する陳情 ②崩落が予想される頂上部（1,700m²）を撤去 ③法面整形は未実施 ④JR線路敷き横の敷地に建設混合廃棄物などを大量に山積み ⑤線路敷きより高いところの支障のおそれのある廃棄物（崩落）を撤去
-	緊急対策安全措置 ①表面排水路設置工 ②モニタリング井戸設置工 ③移動観測機器（モニタリング機器）設置	4	200 円/m²	①平成10年8月の豪雨で廃棄物の一部が土砂とともに崩落し、法面下の河川をせき止めた ②不法投棄等現場は、サンドイッチ状の埋立 ③再度の崩落の危険が支障のおそれ ④大規模豪雨や、地震等により再度の崩落可能性があるが、当面監視を継続
		120	10,700 円/m²	①不法投棄等が開始された直後から、洗濯物が汚れる等の苦情が近隣住民からあり ②崩落の危険から周囲の通学路を通行止めとした 隣地の駐車場の経営者から、廃棄物が原因で契約者が集まらないという苦情があった。駐車場契約者からも落石に対する苦情があった ③駐車場に2回の落石が発生
		27	7,900 円/m²	
①火災	-	65	9,300 円/m²	①一部で小規模なくずれが発生 ②現場内部温度が60℃あった ③崩落は生じているものの法面下は竹藪であり、民家等の生活環境保全上の支障は未確認
①火災 ②水質汚染（地下水） ③悪臭（硫化水素）	①法面整形工 ②補強土壁工 ③遮水工（オールケーシング、鋼矢板） ④表面キャッピング ⑤ガス抜き管設置工 ⑥ガス処理設備設置工 ⑦調整池設置工	863	7,000 円/m²	・平成10年頃から年に2回から8回の火災
①飛散・流出 ②浸出水に起因する水質汚濁	①法面整形工 ②土留工 ③排水工	193	1,500 円/m²	
①環境基準を超えるダイオキシン類を含む燃え殻の流出・飛散	-	143	7,700 円/m²	①容器に入れられた液状物、汚泥物等、可搬容器に入れられた内容物を、容器ごと場外搬出により適正処分 ②移動困難な容器に入れられた内容物をその場で引き抜きを行い、場外搬出により適正処分 ③地上堆積及び埋設された燃え殻の飛散流出防止対策として燃え殻を構内に移動し表面整形及びキャッピング ※単位コストは、燃え殻を1.0t/m²で換算して算出
①地下水汚染	①揚水井戸工（既設井戸） ②バリア井戸 ③覆土工 ④雨水排水工 ⑤法面整形工（斜面安定） ⑥土留工	4,239 (計画)	4,700 円/m²	①地下水汚染の拡散防止：遮水区域における汚染原因の除去、遮水不備区域における場内汚水の漏出抑制、場内汚水の発生抑制、処分場内区域内における汚水地下水の拡散防止 ②積上げ廃棄物の崩落防止：法面の整形による安定化、掘削量の極小化

3 火災を支障要素とする主な事案

表23 火災を支障要素とする主な事案の概要

事業区分	事業年度	地域	不法投棄等の概要（廃棄物種類）	不法投棄等の量	撤去量	現象	火災対策工（工法の種類）	火災対策工（工法の概要）
1/3	平成12年度	関東地方	廃タイヤ（廃プラスチック類）	タイヤ約800,000本	12,534㎡	廃タイヤの過剰保管による突発的な火災	①撤去工（地上部分のみ）②覆土工	①撤去工/破砕工・重機により廃タイヤを掘り出し、人力選別後、現場に設置した破砕機で破砕。破砕した廃タイヤを搬出し、最終処分場等で処分②覆土・整地工・地上部の廃タイヤ撤去後、覆土し、整地
1/3	平成12年度	九州地方	農業用廃ビニール等産業廃棄物	3,500㎡	3,500㎡（1,100t）	－	・撤去工（全量）	・可燃物と埋立物（塩ビ類）との選別後、場外処分（処分場）
3/4	平成13年度	近畿地方	廃プラスチック類、がれき類、木くず、金属くず、混合廃棄物、土砂	35,100㎡	19,470㎡（18,200t）	突発的な火災発生/廃棄物中に高温部	①撤去工（部分：土砂敷き均し）②覆土工	・堆積した産業廃棄物を掘削し、当該敷地内で破砕・分別・可燃物は焼却処理、混合廃棄物及びがれき類は中間処理・がれき類及び土砂の一部は敷地内で覆土材として有効利用
1/3 3/4	平成14年度～平成15年度	中部地方	土砂を含む廃棄物、がれき類、廃タイヤ	37,000㎡	2,515 t	突発的な火災発生/廃棄物中に高温部あり	①撤去工（部分）②選別工③覆土工	①焼却灰及び焼却灰混じり土は溶融処理埋立処分（処分場）②混合廃棄物は現地場内選別し、可燃物は焼却処分し、不燃物は現地残置し成形の上、飛散・流出及び火災防止のための覆土・遮水シートを敷設し、種子吹き付け
3/4	平成16年度～平成17年度	関東地方	家屋解体に伴う木くず、木くずを破砕したチップ	58,000㎡	24,500㎡	大量の木くず堆積が原因の火災が頻発	覆土工（客土吹き付け）設置工	①堆積木くずを火災の発生が防止できる高さで成形・客土吹き付けを行い、成形時に発生した木くずは焼却処分②木くずの搬出・成形の際の火災予防策として防火用貯水槽、スプリンクラー・温度モニターの仮設置による安全・温度管理を実施
3/4	平成17年度～平成18年度	中部地方	廃プラスチック類、紙くず、木くず、繊維くず、金属くず、ガラスくず及び陶磁器くず、がれき類	123,000㎡	4,504㎡（2,262t）	突発的な火災発生/廃棄物中に高温部あり	①ガス抜き管設置工②ガス処理設備設置工	①火災対策・覆土、メタン濃度低減のためのガス抜き管の設置、掘削による除熱を実施②崩落対策・崩落対策は、切土工（1：1.5）、補強土工（1：0.5勾配、セメント安定処理併用）、植栽工、表面キャッピング工の併用・掘削廃棄物は、現地にて粒度選別、磁選、浮遊選別を実施・土砂類は、現地埋め戻し（セメント安定処理）③悪臭対策・ガス抜き管を9本設置、別途ガス吸引管を6本設置し、ガスはポンプで吸引後、酢酸亜鉛タンクに曝気し、硫化水素を吸着後大気放出（内部嫌気性の改善のための工事）④水質汚染対策・地下水汚染を抑制するため、周囲に鋼矢板による遮水壁を設置（施工上の問題から一部オールケーシングに変更）

注1）事業区分について、
　　1/3：環境省の産業廃棄物適正処理推進特別対策補助金により都道府県へ事業費の1/3を支援するもの（平成16年度まで実施）。
　　3/4：廃棄物処理法に基づいて都道府県等へ事業費の3/4を支援するもの。
　　特措法：産廃特措法に基づいて都道府県等へ事業費の1/2～1/3を支援するもの。
注2）撤去量は、搬出時の容量または重量である。

その他の支障要素と対策工		事業費関連		備　考
その他の支障要素	対策工	事業費 (百万円)	単位コスト (事業費/不法投棄等の量)	
①水質汚染 ②その他（衛生害虫）	-	149	11,900 円/㎥ （対撤去量）	・平成10年2月に火災発生、完全消火に至らず発火を繰り返す
その他（衛生害虫）	-	46	13,100 円/㎥	・火災は未発生（プラスチック類の大量堆積による火災発生のおそれ）
-	①現場選別工（ふるい、磁選、手選別、破砕、比重差選別） ②植栽工	338	9,600 円/㎥	①廃棄物層からの白煙を確認（H13.7.3） ② H13.1～H13.11の間に14回の火災発生
高有害性廃棄物	①柵工（立入禁止柵） ②法面整形工 ③盛土工 ④遮水工（シート） ⑤法面緑化工他	454	12,300 円/㎥	①常時白煙が発生 ②応急措置として防水シートによる被覆、放流水の活性炭濾過を実施 ③内部温度最大66℃、火災発生件数32件
-	①柵工（仮囲い） ②法面整形工	308	5,300 円/㎥	①平成15年8月に25日間燃え続ける火災が発生 ②平成15年8月～平成17年3月までの間に126回の放水（巡視734回）
①崩落 ②水質汚染（地下水） ③悪臭	①法面整形工（勾配確保、補強土壁工） ②遮水工（オールケーシング、鋼矢板） ③表面キャッピング ④調整池設置工	863	7,000 円/㎥	①平成10年頃から年に2回から8回の火災、大規模火災は平成11年から15年の間に4回 ②地中温度が最大86℃ ③廃棄物層内のメタン濃度が40～50%

4 水質汚染を支障要素とする主な事案

表24 水質汚染を支障要素とする主な事案の概要

事業区分	事業年度	地域	不法投棄等の概要 廃棄物種類	不法投棄等の量	撤去量	汚染の類型	水質汚染対策工 工法の種類	工法の概要
1/3	平成11年度	近畿地方	管理型残土、木くず	3,800㎥ (3,530t)	3,530 t	表流水	撤去工（全量）	①敷地内で、焼却処分できるものと管理型処分場で処分するものを選別 ②焼却処分が可能な木くず等は、焼却（一部は破砕後に焼却）した後に管理型処分場で埋立処分。その他は管理型処分場で埋立処分
1/3	平成14年度	九州地方	汚泥	15,243㎥	5,093㎥	表流水・地下水	撤去工（全量）	①投棄箇所を掘削し、廃棄物（汚泥）を撤去回収後、埋戻、整地 ②回収した汚泥は産業廃棄物処分業者の管理型最終処分場へ運搬し埋立処分 （一部コンポスト化処分も実施）
3/4	平成17年度～平成18年度	関東地方	廃プラスチック、紙くず、木くず、繊維くず、金属くず、ガラスくず、陶磁器くず、がれき類、土砂	9,328㎥	2,064 t	地下水	撤去工（全量：選別土砂は、石灰混合の上埋め戻し）	①粗選別 ・重機と人力により、粗大物・処理困難物を除去 ②一次選別 ・振動篩機により廃棄物と土砂と選別 ③二次選別（浮遊選別） ・廃棄物を水槽に投入して重機（スケルトンバケット）で攪拌し、浮遊物（可燃廃棄物）と沈殿物（不燃廃棄物）とに選別 ④処分方法 ・可燃廃棄物は、県内清掃センターで無償で焼却処理し、その燃え殻は最終処分場で埋立処分 ・不燃廃棄物は、近傍の中間処理施設へ搬出し、選別・破砕後、再生使用困難物は埋立処分、一部は、協力事業者が引き取り処分 ・土砂類は、必要に応じ石灰処理し、ベンゼン、トルエン、キシレンを除去して現地に埋め戻し
特措法	平成16年度～	近畿地方	燃え殻、汚泥、銅さい、ばいじん、木くず、動植物性残渣、ガラスくず・陶磁器くず、シュレッダーダスト	1,190,000㎥	-	地下水	①遮水壁設置工 ②水処理施設設置工（既設改造） ③揚水工 ④表面キャッピング工 ⑤送気工（浄化促進） ⑥水浸透工（浄化促進） ⑦ガス処理設備設置工	①浸出水の拡散を防止するための遮水壁の現場周囲へ設置 ②場内の浸出水の浄化のための水処理施設（既存施設改造）を設置 ③保有水を汲み上げ水処理施設で浄化するための不法投棄等現場および周辺（遮水壁内側）に揚水井を設置 ④雨水の流入を抑制するための表面キャッピング工を実施 ⑤内部の安定化を図るための送気工、水浸透工を実施 ⑥発生ガスを浄化するためのガス処理設備を設置
特措法	平成16年度～	東北地方	焼却灰、RDF、汚泥、堆肥様物他	670,000㎥	670,000㎥（計画）	表流水・地下水	①遮水工 ②表面キャッピング工 ③水処理施設設置工 ④雨水排水工 ⑤撤去工（全量）	①廃棄物をスライス状に撤去する撤去工 ・撤去が終了するまでの対策として、下記の対策工を併せて実施 ②浸出水の拡散を防止するための遮水壁を設置 ③場内雨水排水を適切に排水するため、表面キャッピング工、雨水排水工 ④浸出水を浄化するための水処理施設を設置
特措法	平成19年度～	東北地方	廃プラスチック類（シュレッダーダスト含む）、焼却灰、ばいじん、その他安定型廃棄物	1,030,000㎥	-	地下水	①遮水壁設置工 ②透過性浄化壁設置工 ③ドレーン設置工 ④雨水排水工 ⑤法面整形工 ⑥多機能性覆土工	①浸出水の拡散を防止するための遮水壁を設置 ②汚染物質を浄化するための透過性浄化壁を設置 ③水位上昇を防止するための暗渠ドレーンを設置 ④雨水の浸透を防止するための雨水排水工を設置 ⑤有害ガスの放散を抑えるための多機能性覆土工を実施
特措法	平成20年度～	関東地方	廃プラスチック類、汚泥、金属くず、ガラスくず及び陶磁器くず、がれき類、燃え殻、廃石綿（特別管理産業廃棄物）	910,000㎥	70,000㎥（計画）	地下水	①バリア井戸設置工 ②水処理施設改造 ③下水道放流	①汚水等の拡散防止に関する対策 ・遮水壁を設置せず、場内汚水・汚染地下水の汲み上げのみ（バリヤ井戸設置）を実施 ②汚水等汲み上げに係る排水方法 ・汚水等の汲み上げに係る排水方法については、既存の浸出液処理設備を整備の上、下水道に放流 ③積上げ廃棄物の崩落防止に関する対策 ・積上げ廃棄物の崩落防止対策については、覆土がなされていない急勾配法面を安定勾配に整形、および土留めを追加し廃棄物掘削量を削減

注1）事業区分について、
　1/3：環境省の産業廃棄物適正処理推進特別対策補助金により都道府県へ事業費の1/3を支援するもの（平成16年度まで実施）。
　3/4：廃棄物処理法に基づいて都道府県等へ事業費の3/4を支援するもの。
　特措法：産廃特措法に基づいて都道府県へ事業費の1/2～1/3を支援するもの。

注2）撤去量は、撤出時の容量または重量である。

その他の支障要素と対策工		事業費関連		備　考
その他の支障要素	対策工	事業費（百万円）	単位コスト（事業費/不法投棄等の量）	
-	-	62	16,300円/㎥	①不適正保管（床面が不浸透性材料で覆われていない） ②県職員が立入の際にねずみの生息を確認
-	-	80	5,200円/㎥	①事業者が、堆肥と偽り有機性汚泥を大量に埋立 ②原因物質：硝酸性・亜硝酸性窒素（30mg/ℓ） ③不法投棄等現場は、熊本市地下水涵養地域 ④近隣に簡易水道水源有り ⑤排出事業者が1,000㎥以上撤去
高有害性廃棄物	現位置処理工（ホットソイル：周辺の土砂類に含まれるベンゼン、トルエン、キシレンが対象）	185	19,800円/㎥	①現場から250mの範囲内に上水道水源井戸（3本）と農業用水井戸（15本）が存在 ②平成17年9月に観測用井戸でキシレンが検出され水源汚染の危険性が高まった ③H14.11に情報提供者が試掘した廃棄物よりジクロロメタンが埋立基準を超過（0.53mg/ℓ） ④平成16年2月の調査でトルエンを4.5mg/L、キシレンを0.5mg/ℓで検出 ⑤H16.12の埋立地内ボーリング検体の廃棄物調査で、ベンゼンを検出（1.6mg/ℓ） ⑥H17.1の地下水調査で砒素（0.045m/ℓ）、ベンゼン（1.2mg/ℓ）、ホウ素（1.1mg/ℓ）が環境基準を超過
-	-	10,186（計画）	8,600円/㎥	①管理型最終処分場への許可埋立容量超過 平成13年調査で周辺河川からビスフェノールAを検出、処分場浸出水の漏洩を把握 ②処分場安定化のために送気、水浸透、ガス処理を実施 ③この他、平成12、14、15年度に½事業で暫定措置実施
高有害性廃棄物	撤去工	43,418（計画）	64,800円/㎥	①許可を受けていた堆肥化施設、最終処分場（遮断型）隣地の谷間に廃棄物を大量に不法投棄 ②一部廃棄物に、医療系廃棄物、高濃度VOCを含む ③下流側約3kmに一級河川の二次支川が流れており、農業、漁業への影響が懸念された
悪臭	多機能性覆土工	3,021（計画）	2,900円/㎥	・中間処理施設（焼却炉）、最終処分場（安定型）事業者による不適正処分（最終処分場への許可品目以外の投棄、許可容量超過：67万㎥の超過）
崩落	①法面整形工 ②擁壁工	4,239（計画）	4,700円/㎥	①管理型処分場への許可容量超過（17万㎥の超過） ②投棄の勾配は60°以上 ③臭気指数の超過を市職員が確認 ④現場下のJRトンネル内に浸出水が漏洩、ホウ素、BODが超過

5 有害ガス・悪臭を支障要素とする主な事案

表25 有害ガス・悪臭を支障要素とする主な事案の概要

事業区分	事業年度	地域	不法投棄等の概要 廃棄物種類	不法投棄等の量	撤去量	原因物質	有害ガス・悪臭対策工 工法の種類	工法の概要
3/4	平成17年度～平成18年度	中部地方	廃プラスチック類、紙くず、木くず、繊維くず、金属くず、ガラスくず及び陶磁器くず、がれき類	123,000㎥	4,504㎥ (2,262t)	硫化水素	①ガス抜き管設置工 ②ガス処理設備設置工	①硫化水素対策のため、ガス抜き管、ガス処理設備及び空気導入工を設置 ②崩落対策のため斜面を掘削整形と補強土壁により安定化、法面は種子吹付け等により緑化
特措法	平成19年度～	東北地方	廃プラスチック類（シュレッダーダスト含む）、焼却灰、ばいじん、その他安定型廃棄物他	1,030,000㎥	－	硫化水素	多機能性覆土工	①有害ガスの放散を抑えるための多機能性覆土工の実施 ②浸出水の拡散を防止のための遮水壁を設置 ③汚染物質を浄化するための透過性浄化壁を設置 ④水位上昇を抑えるための暗渠ドレーンを設置 ⑤雨水の浸透を防止するための雨水排水工を設置

注1）事業区分について、
　　1/3：環境省の産業廃棄物適正処理推進特別対策補助金により都道府県へ事業費の1/3を支援するもの（平成16年度まで実施）。
　　3/4：廃棄物処理法に基づいて都道府県等へ事業費の3/4を支援するもの。
　　特措法：産廃特措法に基づいて都道府県等へ事業費の1/2～1/3を支援するもの。
注2）撤去量は、搬出時の容量または重量である。

その他の支障要素と対策工		事業費関連		備　考
その他の 支障要素	対策工	事業費 (百万円)	単位コスト (事業費/不法投棄等の量)	
①崩落 ②火災 ③水質汚染	①法面整形工 ②補強土壁工 ③遮水工（オールケーシング、鋼矢板） ④表面キャッピング ⑤ガス抜き管設置工 ⑥ガス処理設備設置工 ⑦調整池設置工	863	7,000円/㎥	・平成10年頃から年に2回から8回の火災
水質汚染	①遮水壁設置工 ②透過性浄化壁設置工 ③ドレーン設置工 ④雨水集排水工 ⑤法面整形工	3,021 (計画)	2,900円/㎥	・中間処理施設（焼却炉）、最終処分場（安定型）事業者による不適正処分（最終処分場への許可品目以外の投棄、許可容量超過：67万㎥の超過）

5．支障等の度合いの確認等のための周辺状況の把握項目の例

支障等の度合いの確認等にあたって必要となる不法投棄等現場周辺の状況の把握項目の例を以下に示す。

表26　支障等の度合いの確認等のための周辺状況の把握項目の例

検討項目	把握内容
a）現場周辺の一般的状況	
①周辺生活環境（住居、公共施設等）	現場の支障要素が人や周辺生活環境に与える影響について検討を行うため、現場周辺の住居、農地、事業場、その他人が立ち入る可能性がある場所を把握する。
	特に学校や病院等影響を受けやすい人（子供や病人）がいる場所の把握は重要となる。
②周辺の地下水利用状況	現場の地下水汚染の影響の有無や度合いについて検討を行うため、周辺や下流域での地下水利用状況を把握する。
③周辺の道路状況	現場の支障要素が、周囲の交通に対して影響を与える可能性を検討するため、周囲の道路状況（通学路、主要地方道等）を把握する。
④周辺の河川状況	現場の支障要素により、周辺の河川を汚染する可能性があるため、周辺の河川状況について把握する。特に、下流河川の取水状況（上水、農業用水、工業用水）は極めて重要となる。
⑤現場の地形等	現場の支障要素による影響の拡散の可能性や拡散する方向、範囲を検討するため、現場の地形および土地利用状況について把握する。
b）法令に基づく土地条件	
①都市計画区域	都市計画区域等の把握は、都市施設や住居地域等の土地の利用状況等から支障等の度合いを検討するための基礎資料となる。
②農用地（農地法および農振法関係）	農用地の把握は、現場の支障要素による周辺作物の影響や、収穫される食物の安全性の検討のために必要な基礎資料となる。
③保安林等	保安林等は、風雪災害や土砂災害等の自然災害の抑制等を担っているため、支障要素による影響を考慮することが必要となる。
④地すべり防止区域、砂防指定地、急傾斜地等	これらの区域は、地域の土地環境保全上重要である上、現場を巻き込む災害が発生する可能性もあることから、支障等の度合いの検討の上で考慮することが必要となる。
⑤自然公園法に定める公園等	これらの区域は、自然環境保全上重要であり、支障等の度合いの検討の上で考慮することが必要となる。
c）農漁業の実施状況	農用地には、土壌環境基準の農用地基準や農用地土壌汚染防止法に基づく米に含まれる重金属類の含有基準等の基準が定められている。 現場から発生する汚水（表流水、地下水）により下流の農地や河川・湖沼等を汚染し、農業被害や漁業被害を生ずることもあり、下流域の農漁業の把握は重要となる。
d）その他	上記の他、現場及び周辺での関連法（p32表16に主なものを示す）の規定状況や規定内容、その他の各々の地域固有の生活環境保全上の留意すべき事項も支障等の度合いの検討のために必要となる。

6．対策工の効果・コストの算定に関する資料

1　対策工の効果の算定

（1）対策工の効果定量化の考え方

　対策工の効果は、仮に対策しない場合の被害発生による直接的な被害軽減効果（人命保護や家屋被害軽減等）と間接的な被害軽減効果（生産施設やインフラの機能を維持することによる効果）や地域経済等に及ぶ効果（安心感向上、土地利用の可能性拡大等）がある。

　これらの効果について可能な範囲で定量的に把握し、対策の効果の検討を行うことが合理的な対策選定に結びつく。

　一般的に効果の定量化は、効果を金額に換算する手法を用いることが多く、対策工の効果は、対策を実施しない場合に発生する損害を想定し、回避できた修復費用を支出したとして計上することができる。効果に対する検討項目の例を、表27に示す。

　表27は、急傾斜地や土地利用における費用便益調査手法を参考として作成したものである。それぞれの項目の算出方法の詳細は、「急傾斜地崩壊対策事業の費用便益分析マニュアル　平成11年８月　建設省砂防部」、「新たな土地改良の効果算定マニュアル　農林水産省農村振興局企画部土地改良企画課・事業計画課」等を参照されたい。

表27 効果に関する検討項目の例

効果の区分	項　目	概　要
1）直接的な被害軽減効果	人命保護効果	被害区域内の人命を保護する効果
	家屋被害軽減効果	被害区域内の家屋・家庭用品に係る被害を軽減する効果
	公共・公益施設被害軽減効果	被害区域内の公共・公益施設に係る被害を軽減する効果
	生産施設被害軽減効果	被害区域内の農漁業および事業生産施設に係る被害を軽減する効果
	耕地被害軽減効果	被害区域内の農業生産に係る被害を軽減する効果
	公共用水域（内水面）利用被害軽減効果	被害区域内の漁業（内水面）に係る被害を軽減する効果
	地下水利用軽減被害効果	被害区域内の地下水利用（民生用、工業用）に係る被害を軽減する効果
2）間接的な被害軽減効果	機能低下被害軽減効果	被害により、生産施設の生産機能が一時的に停止することによって発生する損失を軽減する効果
	交通途絶被害軽減効果	被害区域内の主要交通施設が利用できなくなることによる迂回の経費の増加分を軽減する効果
3）地域経済等への効果	安心感向上効果	支障等に対する地域住民の不安を抑制する効果
	（土地利用高度化効果）	対策により安定性が高まり、土地生産性の向上や耕地の宅地化など土地利用が高度化する効果
	（土地利用可能地拡大効果）	対策によって新たに利用可能地が拡大する効果
	（産業立地進行効果）	対策により地域の安全性が高まり土地の利用増進に伴って、新たな産業の立地が促進・進行される効果
	地価に及ぼす効果	地域の安全性を高めることによって、地域の資産価値を高める効果

参考）急傾斜地崩壊対策事業の費用便益分析マニュアル（案）　平成11年8月　建設省　砂防部
注）3）のうち、（　）付項目は支障除去等対策とは一般に関連が小さい項目であり、本書では解説していない。

（2）　対策工の効果の項目別算定方法

1）　対策効果の被害低減費用（額）

対策を実施しなかった場合における被害額を算定し対策効果の金額として計上するもの。

a）　人命保護効果

「急傾斜地崩壊対策事業の費用便益分析マニュアル（案）　平成11年8月　建設省　砂防部」では、以下の式を提唱している。CVM（仮想評価）法等を用いて算出する方法もある。

$$Y = 0.332X + 1.039$$

X＝全壊家屋、Y＝人的被害（死者・行方不明者）

b）　家屋被害軽減効果

崩落、火災等により家屋被害が生じた場合についての対策工が実施されたときの被害軽減効果。

算出方法は、

　　任意の 1 軒被害軽減効果 ＝（家屋の残存価格×予想損壊率）

　　崩落が予想される範囲の家屋被害軽減効果 ＝ 任意の 1 軒被害軽減効果×崩落が予想される範囲の家屋数　　　（n ＝ 件数）

- c）公共・公益施設被害軽減効果

　　崩落、火災等により公共・公益施設被害が生じた場合についての対策工が実施されたときの被害軽減効果。

　　公共施設被害額＝施設数×床面積×（単位あたり価格）×被害率

- d）生産施設被害軽減効果

　　崩落、火災等により生産施設被害が生じた場合についての対策工が実施されたときの被害軽減効果。また、施設に係る在庫等についても算出の対象とし、土地建物は対象外と考える。

　　生産施設被害＝資産価格×被害率

- e）耕地被害軽減効果

　　崩落、水質汚染等により耕地被害が生じた場合についての対策工が実施されたときの被害軽減効果。

　　耕地被害＝耕地面積×年平均収量×農産物価格×被害率

- f）公共用水域（内水面）利用被害軽減効果

　　高有害性廃棄物等により漁業等に被害が生じた場合についての対策工が実施されたときの被害軽減効果。

　　漁業における公共用水域被害＝公共用水域利用者×年平均収量×水産物価格×被害率

- g）地下水利用被害軽減効果

　　地下水汚染等により地下水利用被害が生じた場合についての対策工が実施されたときの被害軽減効果。

　　地下水利用被害＝地下水利用者×用水料金（水道料等）×平均使用量

2）間接的な被害軽減効果

対策を実施しなかった場合における交通の迂回に伴う費用、住民および農漁業関係者の所得補償等の付帯的な発生費用を個別に算出し対策効果の金額として計上するもの。

- a）機能低下被害軽減効果

　　軽減効果は、崩落、火災等により生産施設等において機能低下被害が生じた場合についての対策工が実施されたときの被害軽減効果。

　　機能低下被害＝支障が発生した場合の機能低下量×日数

- b）交通途絶被害軽減効果

　　崩落、火災等により交通迂回等の被害が生じた場合についての対策工が実施されたときの被害軽減効果。

　　迂回に伴う損失＝（迂回による通行距離－当初の通行距離）×経費単価×日数

3） 地域経済等への効果

対策を実施しなかった場合における収穫高の減少、地価の下落等の地域経済等に及ぼす影響について個別に算出し対策効果の金額として計上するもの。

a） 安心感向上効果

安心感向上効果は、CVM（仮想評価）法等を用いて算出できる。人命保護効果で代替もできる。

b） 地価に及ぼす効果

地価に及ぼす効果は、対象となる土地の土地家屋調査士、不動産鑑定士等の資格者の鑑定により算定することができる。

2 対策工のコスト

対策工実施の費用対効果を検討する場合の対策工の費用算定項目の例を、表28に示す。

費用算定は、行政の積算基準等に基づいて実施することになる。なお、財団法人産業廃棄物処理事業振興財団では、産廃特措法事案の積算基準を定めている。

表28 対策工の費用算定項目の例

対策工の費用算定項目				備考
1）調査費			対策工設計検討用調査	対策設計に必要な各種調査を実施する。
2）計画設計費			対策工の計画・設計業務	必要に応じた地域条件調査、複数工法の比較検討を行う。
3）対策工直接工事費			仮設工事費、材料費、人件費を含む	対策工事の実施範囲の確定が重要であり、事前調査による崩落等の支障発生範囲の設定が重要となる。
	本工事費			
		洗車設備設置工事	工事用	地元要望などに対して通常の土木工事車両以上の配慮が必要となる。 不法投棄等範囲と一般区域との境界に設置し、付着土砂等の散乱を防ぐ。
		計量設備設置工事	廃棄物運搬用	工事により発生する撤去廃棄物量や発生土量を計量するもの。
		保管ヤード工事	廃棄物運搬用	
		掘削工事	廃棄物運搬用	掘削箇所への安全なアプローチのために必要に応じて仮設作業構台を設置するもの。 また、廃棄物と土壌の仕分けのためにスライス掘削や選別用アタッチメントを必要に応じて計上する。
		表面遮水工事		
		鉛直遮水壁工事		
		覆土、植栽等		廃棄物の掘削や整形の仕上げ工として必要に応じて計上する。 低木等の植生を施す場合には、植物の定着に必要な覆土厚を計上する。
	仮設費			
	環境対策費	設備関連	対策工事関連の環境対策	工事中の周辺環境への粉じん、臭気等の二次影響の低減のため必要に応じて計上する。
		環境整備費	工事現場周辺の清掃作業など	工事現場と工事区域外の出入り口周辺で廃棄物等の散乱を防止するため清掃や散水作業を行うもの。
		飛散防止設備設置費	掘削を伴う場合の粉じん対策としての囲い・柵・テント等	廃棄物掘削時の土砂や飛散性の軽量廃棄物の飛散を防止するために工事現場敷地境界部や局所的な廃棄物掘削エリアに飛散防止設備を設置するもの。 なお、掘削場所における飛散防止テントなど設置の場合は、テント内の作業者の健康を考えた作業環境を確保できるものを計上する。
		有害ガス処理設備設置費		廃棄物の掘削に伴う、可燃性ガスや酸欠ガス・有害ガス（硫化水素や一酸化炭素など）及び悪臭物質が発生する場合は、ガスの発生箇所に対して局所的なガス吸引とガス処理設備。

対策工の費用算定項目			備考
		濁水処理設備設置費	工事全般において濁水が発生する場合は、濁水発生面積や地域の雨量などを考慮した適正な規模の水処理設備を設置するもの。 なお、掘削エリアにおける雨水と廃棄物の接触を極小にするために適宜表面キャッピングを併用を考える。
4）維持管理費（用益費）		対策工に付随する維持管理費	
	洗車設備維持費		
	計量設備維持費	廃棄物運搬用	
	浸出水処理施設維持費		
	仮設浄化プラント維持費		
	有害ガス処理設備維持費		
	濁水処理設備維持費	対策工（掘削工事全般）	
5）廃棄物処分費		廃棄物撤去を伴う場合の関連費用	廃棄物の撤去工事を伴う場合には、現場周辺の廃棄物受入施設を選定する必要がある。また、撤去廃棄物の現場選別やサイズ調整についての必要性や経済性の検討も重要となる。
	廃棄物運搬費		廃棄物の撤去量（搬出量）に応じた運搬計画を立案する。 できるだけ現場の近距離に受入先を確保できることが望ましい。
	廃棄物処分費		廃棄物処分費＝[選別費]＋|施設毎の[処理単価×種類毎処分量]＋[運搬費]| 管理型廃棄物の処理の単価の概略を把握する方法として、「積算資料（財）経済調査会」に記載の廃棄物処分費を用いる方法があるが、具体的に費用算出を行う場合は、個別に産業廃棄物処理会社から見積を徴収する必要がある。 純粋な処分費用は、撤去廃棄物量と処分単価でコストが算定されるが、ミニマムコストとなるような受入先（受入条件）の決定が重要である。自区域（現場のある都道府県）内での検索が基本になる。 現場での前処理選別等の必要性の有無を考慮して、トータルコストで処分計画を立案する。
	掘削費		廃棄物搬出量に応じた掘削能力を備えた掘削機械と台数で作業を行う。 想定外の有害廃棄物や危険廃棄物が埋設しているおそれがあるので、掘削深度に注意しながら丁寧な作業が要求される。
	前処理施設施設費		現場での前処理（選別や破砕等）が必要な場合は、作業期間（稼動期間）を考慮して、適正な規模の前処理設備及び投入までの保管設備を設置するもの。なお、廃棄物の保管施設は廃棄物の保管基準に則った構造と維持管理を行う必要がある。施設の処理方式、構造、稼動期間等により廃掃法の設置許可対象施設に該当する場合があり、申請に生活環境影響調査を要することもある。
	前処理選別施設設置・解体費		上記と同様
	前処理廃棄物保管設備費		前処理後の廃棄物の保管のために搬出計画を踏まえた適正規模の保管設備を確保するもの。なお、必要容量設定には、選別処理後の廃棄物の体積変化に留意を要する。
6）一般管理費		工事関連の管理諸経費	
7）作業管理費		工事を管理するための費用	
	対策工事施工監理	周辺インフラ移転工事含む	対策工事期間において廃棄物管理に必要な知識を有する施工監理の実施が必要である。特に廃棄物に起因する安全管理、作業環境管理、廃棄物適正処理管理の役割を担う。
	廃棄物撤去工事監理		廃棄物の撤去工事を伴う場合は、廃棄物の適正処理のための廃棄物区分管理や掘削後の地山などの安全確認試験を監理者立会いのもとに行い、現場内及び周辺区域の環境管理を行う必要がある。
	作業環境モニタリング		作業者の健康と安全のための作業環境モニタリング。 事前の廃棄物特性調査の結果により、作業時に管理すべき項目（粉じん、発生ガス、臭気、酸素濃度など）について日常の測定により現場管理目標（濃度）と対比することで評価を行う。
8）その他経費		用地費、その他委託費など	
	土地取得費・借地費用等		不法投棄等現場内で工事に必要な敷地（工事材料置き場、重機置き場、廃棄物仮置き場、前処理選別設備の設置場所など）が確保できない場合などに別適用地を用意する必要がある。工事後の土地の汚染を防止するために必要に応じて使用前後の土壌汚染調査などを実施しておく。
9）環境管理費		環境管理のための費用	コスト＝[項目別単位数量当たりモニタリング単価]×[調査数量・地点（回数／年等）]×[期間（年）]
	現場内モニタリング	全期間	対策工としての不法投棄等現場内モニタリングは、崩落等に係る予兆・異常が十分に把握可能な監視システムを構築するもの。
	周辺環境モニタリング	対策工事中	工事全体における影響要因（大気汚染、騒音、振動、悪臭、水質汚染、土壌汚染）などを抽出し、適切なモニタリング地点での調査と評価を行うもの。 モニタリング地点の設定には、周辺住民の要望も十分に反映したもので行う必要がある。
	周辺環境モニタリング	対策工事後	対策工事終了後に、廃棄物を現場存置する場合に、工事中と同様に影響要因を考慮した環境モニタリングを継続するもの。モニタリングの継続期間は廃棄物の特性を考慮して決定する。
10）対策効果の検討（コスト換算関連項目）			不法投棄等現場の立地条件（周辺環境条件）により、崩落の支障等による以下の被害発生の有無を設定し、対策工実施による被害軽減効果を把握するもの。
	（1）直接的な被害軽減効果		直接的な住居や公共施設等の被害軽減・安全性向上のほか、耕作土地・生産施設などに関する被害軽減効果を把握するもの。
	（2）間接的な被害軽減効果		上記の生産施設の操業状況や交通施設の利用状況の実態を勘案して間接的な被害軽減効果を把握するもの。
	（3）地域経済等に及ぶ効果		上記（1）（2）のほかに地域の安心感の向上や土地利用の高度化・拡大化、人口定着などのあらゆる地域経済に関連する項目を勘案して波及効果を把握するもの。

7．支障除去等対策に適用可能な技術例

　NPO法人　最終処分場技術システム研究協会がまとめた支障除去等対策に適用可能な技術例をp242～p283（NO.1～NO.54）に掲載した。また、NO.55には、大成建設株式会社からの提供資料、NO.56には、当財団の開発技術を掲載した。

　掲載資料には、施工条件や経済性、適用事例等が可能な範囲で示されており、対策工の詳細選定段階や設計段階で、導入する技術の検討を行うにあたっての参考となる。

　なお、本資料を参考にするにあたっては、掲載した技術が支障除去等対策に適用可能な技術の例示であり類似したものは他に多数あること、掲載技術の特許について未確認のため採用にあたっては特許に関する確認が必要であることに、留意が必要である。

　掲載した技術例の各支障要素別の対策工への一般的なケースでの適用可能性は、表29に示すとおりである。

表29 掲載した技術例の支障要素別対策工への一般的な適用可能性

対策技術名			支障要素別の対策工への適用性				
			高有害性廃棄物	崩落	火災	水質汚染	有害ガス・悪臭
①選別破砕工	NO.1	振動ふるい（振動スクリーン）	○（現場選別工を行う場合に適用可能性あり）				
	NO.2	トロンメルスクリーン					
	NO.3	フィンガースクリーン					
	NO.4	スケルトンバスケット（アタッチメントタイプ）					
	NO.5	トロンメルバケット（アタッチメントタイプ）					
	NO.6	比重差選別（インクライン選別機）					
	NO.7	比重差選別（風力選別）					
	NO.8	比重差選別（浮遊選別）					
	NO.9	比重差選別（浮遊選別）					
	NO.10	磁選機					
	NO.11	磁選機（アタッチメントタイプ）					
	NO.12	渦電流選別機（非鉄金属類選別）					
	NO.13	インパクトクラッシャー（破砕機）					
	NO.14	ジョークラッシャー（破砕機）					
	NO.15	二軸破砕機（破砕機）					
	NO.16	小割用圧砕機（破砕・掘削）					
②周辺環境対策	NO.17	仮設建屋（拡散防止策）					
	NO.18	強制送気および強制排気	○			○	○
	NO.19	ガス吸引無害化処理工	○				○
	NO.20	多機能性覆土				○	○
③運搬方法	NO.21	PCB汚染物運搬方法	○				
④鉛直遮水壁工	NO.22	鉛直シート工法	○			○	
	NO.23	地中遮水膜連続壁工法	○			○	
	NO.24	鋼矢板工法	○			○	
	NO.25	地中連続壁工法	○			○	
	NO.26	ソイルセメント固化壁（壁式）	○			○	
	NO.27	ソイルセメント固化壁（柱列式）	○			○	
	NO.28	トリナー工法	○			○	
	NO.29	グラウト壁	○			○	
	NO.30	ラテナビウォール工法	○			○	
⑤キャッピング工	NO.31	遮水シートキャッピング	○			○	○
	NO.32	通気防水シートキャッピング工法	○			○	○
	NO.33	ベントナイトシートキャッピング				○	
	NO.34	土質材料キャッピング				○	○
	NO.35	キャピラリーバリア型覆土	○			○	○
	NO.36	サブドレーン工法				○	
⑥水処理設備	NO.37	濁水処理設備（凝集沈殿処理）	○			○	
	NO.38	濁水処理設備（膜分離法）	○			○	
⑦揚水ばっ気	NO.39	揚水処理法	○			○	
	NO.40	土壌ガス吸引法	○				○
⑧還元酸化	NO.41	減圧還元加熱法	○			○	○
	NO.42	化学分解法	○			○	
⑨不溶化・固化	NO.43	不溶化	○		○	○	○
⑩その他	NO.44	分級洗浄法				○	○
	NO.45	攪拌ばっ気法	○				○
	NO.46	加熱処理法	○			○	
	NO.47	熱脱着・水蒸気分解法					
	NO.48	溶融熱分解法	○		○	○	
	NO.49	溶媒抽出法					
	NO.50	スパージング工法	○			○	○
	NO.51	通水洗浄法	○			○	
	NO.52	植物回収法	○				
	NO.53	消火対策工			○		
	NO.54	覆土消火			○		
	NO.55	高圧注水消火工法			○		
	NO.56	硫酸ピッチの処理技術	○				

凡例　○：適用可能性あり

巻末資料　241

NO．1	振動ふるい（振動スクリーン）
工法の分類	①選別破砕工
工法概要	・振動するふるいに廃棄物を投入し、所定の大きさのふるい目により廃棄物を大きさごとにふるい分ける。
概略図等	配置例 振動ふるい、ジャンピングスクリーン etc
施工条件	・選別する廃棄物に含有される有害物の有無・濃度により、周辺への拡散防止対策等（騒音防止パネル、覆蓋、ヤード排水設備等）を組み合わせる必要がある。 ・処理能力によって変わるが、施工ヤード（1,000㎡程度以上）が必要。
資材・仕様	・処理能力：最大250ｔ/ｈ程度（廃棄物の場合、約50～60％の能力と考えられる）。 ・使用電力：10kW 程度（処理能力等により変化）。 ・設置大きさ：処理機械・能力による。
施工上の留意点	・廃棄物は含水率が高く、形状も様々なため、1回のふるい分けで目的のサイズに選別するのは困難なので、ふるい目を2種類（2台）活用する等の工夫が必要になる。 ・振動ふるい単体で使用することは殆ど無く、投入フィーダーやベルトコンベア等と組合せて使用する。 ・定置式・自走式があるため、施工計画に応じ選定する。 ・投入ホッパーの大きさにもよるが、事前に大塊物は除く。
維持管理	・ふるい目が目詰まりする場合があるため、定期的に点検が必要。 ・長期運転の場合、消耗品の交換等が必要。
経済性	・10万円～20万円/日・台 程度。
参考文献	・http://www.tjk.ne.jp/kankyo/screen.html
不法投棄等における適用事例	あり 中部地方での支障除去等事案

NO．2	トロンメルスクリーン
工法の分類	①選別破砕工
工法概要	・回転する2筒のふるいに廃棄物を投入し、所定の大きさのふるい目により廃棄物を大きさごとに3種類にふるい分ける。

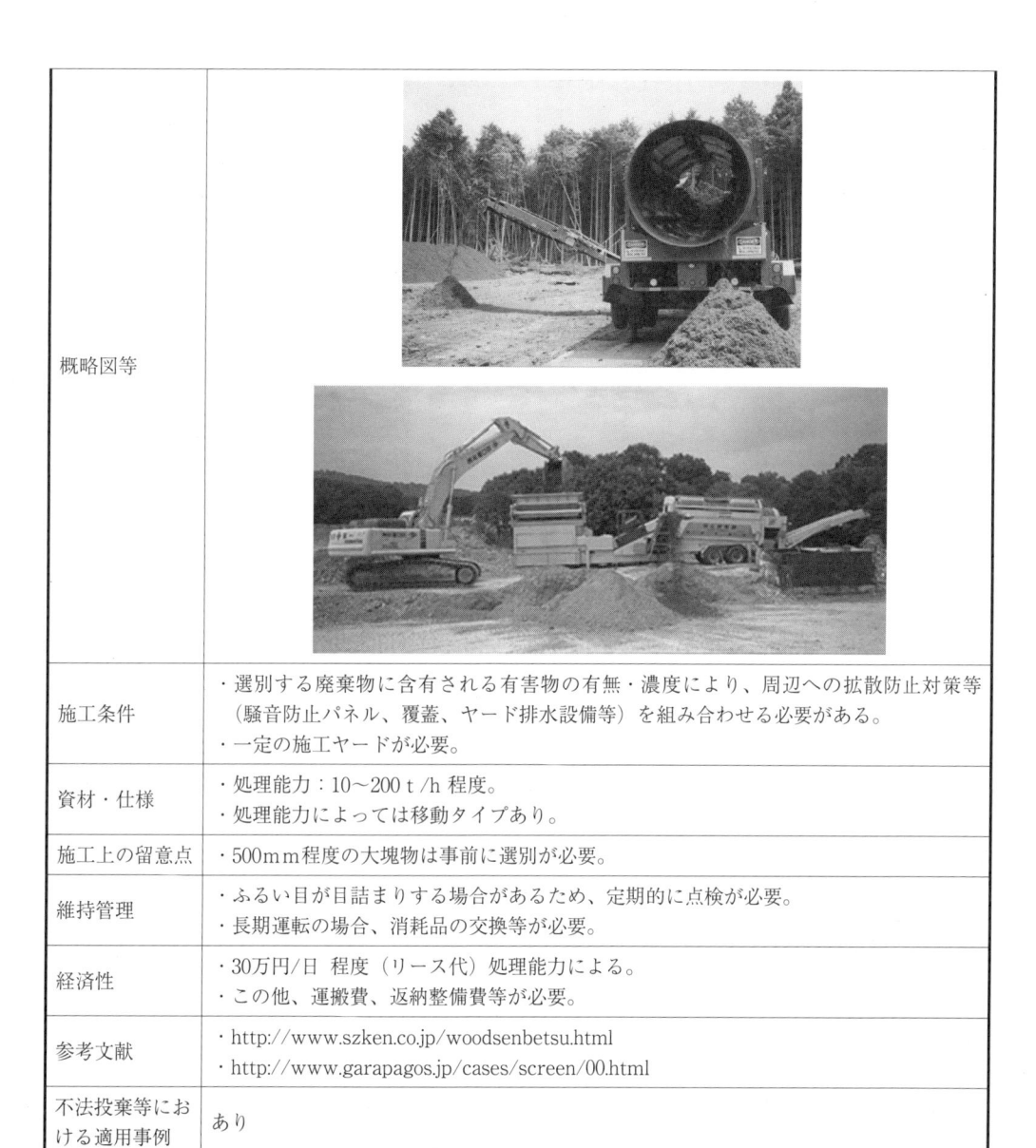

概略図等	
施工条件	・選別する廃棄物に含有される有害物の有無・濃度により、周辺への拡散防止対策等（騒音防止パネル、覆蓋、ヤード排水設備等）を組み合わせる必要がある。 ・一定の施工ヤードが必要。
資材・仕様	・処理能力：10～200ｔ/h 程度。 ・処理能力によっては移動タイプあり。
施工上の留意点	・500ｍｍ程度の大塊物は事前に選別が必要。
維持管理	・ふるい目が目詰まりする場合があるため、定期的に点検が必要。 ・長期運転の場合、消耗品の交換等が必要。
経済性	・30万円/日 程度（リース代）処理能力による。 ・この他、運搬費、返納整備費等が必要。
参考文献	・http://www.szken.co.jp/woodsenbetsu.html ・http://www.garapagos.jp/cases/screen/00.html
不法投棄等における適用事例	あり

NO.3	フィンガースクリーン
工法の分類	①選別破砕工
工法概要	・2種類のふるい目により、3種類のサイズに分別。 ・一次ふるい目が櫛形になっているため、廃棄物の目詰まりが少なく、比較的大きな異物を混合したものもスムーズに選別が可能。 ・自走式のため、設置も簡易で、選別作業中の作業ヤードの移設が簡単。

概略図等	選別運転状況　　　　　　　一次スクリーン
施工条件	・大塊物は事前に除去が必要。
資材・仕様	・処理能力：最大50㎥/h 程度（廃棄物の性状により変わる） ・施工ヤードとして概ね200㎡程度以上が必要
施工上の留意点	・選別する廃棄物に含有される有害物の有無・濃度により、周辺への拡散防止対策等（騒音防止パネル、覆蓋、ヤード排水設備等）を組み合わせる必要がある。 ・1年以上の稼働を計画する場合は、機械購入の方が得になる場合がある。
維持管理	・長期の運転を行う場合は消耗品の交換等が必要。
経済性	・460万円/月程度。 ・この他、運搬費、返納整備費等が必要。
参考文献	・日立建機カタログ他。
不法投棄等における適用事例	あり（数例） 東北地方での支障除去等事案

NO. 4	スケルトンバケット（アタッチメントタイプ）
工法の分類	①選別破砕工
工法概要	・バックホウに取付け、掘削廃棄物を大きさ別に2種類に選別。 ・一般にふるい目は200mm 程度であるので、選別機械のふるい目が小さく設定する場合（20mm 以下等）、投入する前の事前選別として使用されることもある。
概略図等	バケット　　　　　　　　　　　　ふるい目詳細図

施工条件	－
資材・仕様	－
施工上の留意点	－
維持管理	－
経済性	・60,000～240,000円/月（バケットサイズによる）固形化
参考文献	・http://www.hitachi-kenki.co.jp/products/attachment/skeleton.html
不法投棄等における適用事例	あり（多数）

NO.5	トロンメルバケット（アタッチメントタイプ）
工法の分類	①選別破砕工
工法概要	・バックホウに取付け、掘削廃棄物を大きさ別に2種類に選別。 ・選別機械のふるい目が小さく設定する場合（20mm以下等）、投入する前の事前選別として使用されることもある。 ・選別する不法投棄物が比較的少量で機械選別を使用しない場合、このバケットにより廃棄物と土砂とに分離して適正に処理を行う。
概略図等	内部のカゴが回転して、選別を行う。
施工条件	
資材・仕様	・処理能力：5～8㎥/h 程度固形化
施工上の留意点	－
維持管理	－
経済性	－
参考文献	・http://www.nissho1496.com/npk_toronmelbaketto/npk_toronmelbaketto.htm ・http://www.kk-recs.co.jp/topics_toronmeru.html
不法投棄等における適用事例	－

NO.6	比重差選別（インクライン選別機）
工法の分類	①選別破砕工

工法概要	・廃棄物の中から、転がりにくいもの（可燃物）、軽くて転がりやすいもの（スチール缶やアルミ缶）、重くて転がりにくいもの（ビン、がれき）の3種類に選別する。 ・傾斜ベルトコンベアに回転式チェーンカーテンによって重さで転がるごみに抵抗を与え、軽くて転がりにくい可燃物は上段に、軽くて転がりやすいスチール缶等は中段に、重くて転がりにくいがれき等は下段にそれぞれ選別される。
概略図等	構造概念図
施工条件	・一般的にはリサイクルセンター等の長期稼働用として利用される。
資材・仕様	－
施工上の留意点	・広いスペースを有し、オープン型であるので粉じん、臭気等の発生があることから、作業環境対策に十分留意する必要がある。 ・布、大きなビニール袋、スプリング等は、チェーンカーテンに絡んで性能を悪化させるので、事前に除去する必要がある。
維持管理	－
経済性	・リースは無く、購入となるため高額。 ・対策期間が長期になる場合や一般廃棄物処理計画との併用によっては検討の余地がある。
参考文献	・廃棄物学会編：コンパクト版廃棄物ハンドブック、平成9年11月
不法投棄等における適用事例	なし

NO.7	比重差選別（風力選別）
工法の分類	①選別破砕工
工法概要	・一般的に、リサイクルセンター等で活用されるシステムで、混合廃棄物を高圧空気の力で吹き飛ばし、それぞれの廃棄物の飛距離が異なることを利用して選別するシステム。
概略図等	構造例

施工条件	・可燃物等の受入先がある場合に検討。 ・選別対象物が少ない場合は、処理費が割高となる。
資材・仕様	・処理対象量によって、使用する機械の性能を検討。
施工上の留意点	・水分を多く含む廃棄物はこの方法ではうまく選別ができないので、事前に乾燥工程が必要となる。 ・廃棄物の大きさからくる重量に左右されるため、事前実験での確認あるいは大きさを揃える等の工夫が必要。
維持管理	－
経済性	－
参考文献	・http://www.jfe-kansol.co.jp/kankyo/env05_05_01.html
不法投棄等における適用事例	なし

NO.8	比重差選別（浮遊選別）
工法の分類	①選別破砕工
工法概要	・水槽に選別する廃棄物を投入し、比重さにより沈降するものと浮遊するものとに分離し、それぞれをコンベアにて排出する構造。 ・機械によっては、下からブロアにより気泡を発生させて、廃棄物に付着させてより比重を軽くさせ分離効率を高めるタイプもある。
概略図等	
施工条件	・可燃物の受入先がある場合に検討。 ・選別対象物が少ない場合は、処理費が割高となる。
資材・仕様	・処理能力：3～8 t/h 程度。
施工上の留意点	・可燃物の受入先は焼却施設となるため、受入のために一定の乾燥が求められる。このため選別後に仮置きヤード等で脱水を行う必要がある。 ・水槽の水の処理が必要。
維持管理	－
経済性	－
参考文献	・http://www.tajiri.co.jp/rpf-products.html
不法投棄等における適用事例	なし

NO.9	比重差選別（浮遊選別）
工法の分類	①選別破砕工
工法概要	・水槽に水をはり、そこへ選別する廃棄物を投入して、浮き上がった廃棄物をスケルトンバケットにて取り除く。これにより可燃物（浮くもの）と不燃物（沈下するもの）とに選別する。
概略図等	
施工条件	・可燃物の受入先がある場合に検討。
資材・仕様	・ノッチタンク（処理量により大きさ、数量を検討する）。 ・スケルトンバケット。
施工上の留意点	・可燃物の受入先は焼却施設となるため、受入のために一定の乾燥が求められる。このため選別後に仮置きヤード等で脱水を行う必要がある。 ・水槽の水の処理が必要。
維持管理	・定期的な注水。 ・脱水仮置きヤードの整備。
経済性	－
参考文献	－
不法投棄等における適用事例	あり 中部地方での支障除去等事案

NO.10	磁選機
工法の分類	①選別破砕工
工法概要	・永久磁石や電磁石の磁力によって、鉄分を吸着させて選別をする。

概略図等	ベルトつり下げ式　ドラム式　プーリ式 磁選機
施工条件	－
資材・仕様	・処理能力は、選別物供給用のベルトコンベアのスピードと磁選機の大きさ等により計画可能。
施工上の留意点	・有価物として売却する場合、付着土砂や汚染物を洗浄・除去する必要がある。 ・安定型処分場に処分する場合、付着物等の分析を行い基準値以下であることを確認のうえ処分する。基準を超過した場合は売却と同様に洗浄・除去する必要がある。 ・不法投棄等された廃棄物の場合、金属と木くずや廃プラが絡み合っていることもあるので細かく破砕し分離し易い状態にする必要が生じる。
維持管理	－
経済性	－
参考文献	・廃棄物学会編：コンパクト版廃棄物ハンドブック、平成9年11月
不法投棄等における適用事例	－

NO.11	磁選機（アタッチメントタイプ）
工法の分類	①選別破砕工
工法概要	・不法投棄等された廃棄物中より鉄くずを選別し、有価物として売却あるいは安定型処分場へ処分するなどしてコスト低減を図る。 ・電磁石を使用しているため、金属くずを吊り上げて所定の場所に下ろすことが可能。
概略図等	
施工条件	－
資材・仕様	－

巻末資料　249

施工上の留意点	・有価物として売却する場合、付着土砂や汚染物を洗浄・除去する必要がある。 ・安定型処分場に処分する場合、付着物等の分析を行い基準値以下であることを確認のうえ処分する。基準を超過した場合は売却と同様に洗浄・除去する必要がある。 ・不法投棄等された廃棄物の場合、金属と木くずや廃プラが絡み合っていることもあるので細かく破砕し分離し易い状態にする必要が生じる。 ・選別する廃棄物が比較的少量の場合に適用。
維持管理	−
経済性	−
参考文献	・http://www.konno-electric.co.jp/main2.htm
不法投棄等における適用事例	−

NO.12	渦電流選別機（非鉄金属類選別）
工法の分類	①選別破砕工
工法概要	・ドラム型磁気選別装置で、予め鉄を除去した被選別物を、渦電流装置に搬送し、渦電流磁界に発生した斥力（せきりょく：反発力）で非鉄金属やプラスチック、ガラス等非金属を分別する。非鉄金属毎の導電率によって、斥力の大きさは異なり、それらによっても非鉄金属をさらに選別可能。
概略図等	
施工条件	・一般的には、家電リサイクルセンターや一般廃棄物のリサイクルセンターにおいて非鉄金属の回収に使用される。 ・有価な非鉄金属類の回収が見込める場合に検討。
資材・仕様	−
施工上の留意点	・土砂の付着した廃棄物の実績はない。 ・処理能力が比較的小さく、鉄と非鉄金属あるいは非金属とアルミに分別するため、事前に金属類のみに選別しておく必要がある。 ・不法投棄等された廃棄物の場合、金属と木くずや廃プラが絡み合っていることもあるので細かく破砕し分離し易い状態にする必要が生じる。
維持管理	−
経済性	−
参考文献	・http://www.tok-eng.co.jp/separate.htm ・http://www.city.hakodate.hokkaido.jp/kankyoh/haitai/public-comment/basic-policy-proposal/img/basic-policy-materials.pdf
不法投棄等における適用事例	なし

NO.13	インパクトクラッシャー（破砕機）
工法の分類	①選別破砕工
工法概要	・高速回転するローターの周囲に取り付けた打撃板で処理物をたたき飛ばし、衝突板に打ち付けたり処理物同士を空中で衝突させて破砕する。主にコンクリートがらを現地にて有効利用する場合や処分先の受入基準に適合させるために活用する。
概略図等	自走式　　　　　　　　　可搬式 チェーンカーテン　第1衝突板　第2衝突板　ロータ　打撃板
施工条件	・現地に適当な施工ヤードが必要。 ・事前にコンクリートがらを選別する。
資材・仕様	・機械によって能力幅は異なる。
施工上の留意点	・計画処理量により機械の処理能力を選定する。 ・不法投棄等されたコンクリートがらは、汚染物の付着が考えられるため、現地での有効利用をする場合は洗浄が必要。また、最終処分する場合も付着物の濃度により受入先（安定型処分場または管理型処分場）が異なるため、処理費に差が生じるため、洗浄後に処分することを検討する。
維持管理	-
経済性	-
参考文献	・http://www.kobelco-kenki.co.jp/corporateinfo/news/2002/0801.html ・廃棄物学会編：コンパクト版廃棄物ハンドブック、平成9年11月
不法投棄等における適用事例	-

NO.14	ジョークラッシャー（破砕機）
工法の分類	①選別破砕工
工法概要	・主にコンクリートがらを現地にて有効利用する場合や処分先の受入基準に適合させるため、移動式の専用機械にて破砕する。破砕の方法は、2枚のプレートに対象物を挟み、圧縮により破砕する構造。 ・機械の構成によっては、鉄筋の除去も可能。

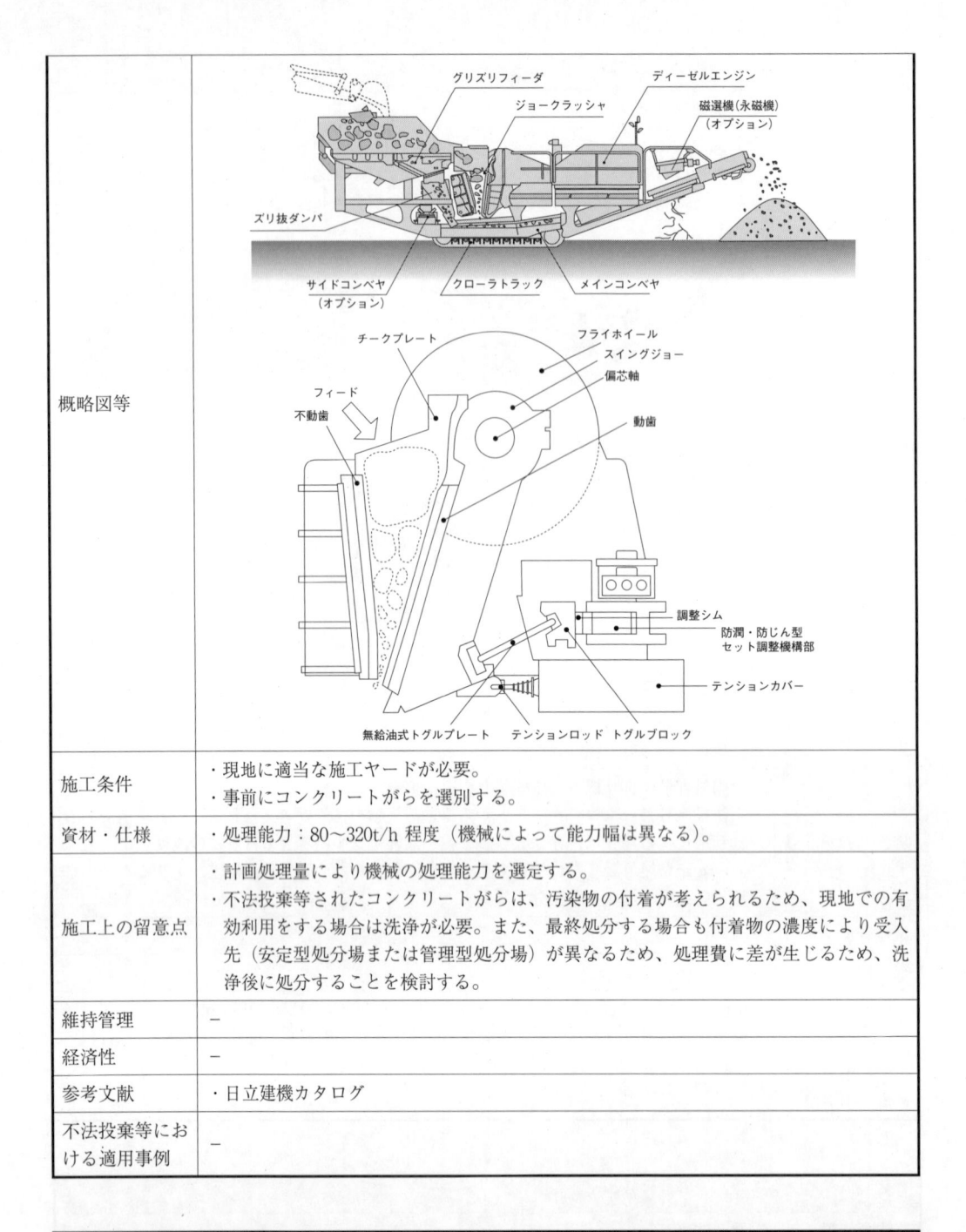

概略図等	（図：移動式破砕機全体図、ジョークラッシャ詳細図） 全体図ラベル：グリズリフィーダ、ジョークラッシャ、ディーゼルエンジン、磁選機（永磁機）（オプション）、ズリ抜ダンパ、サイドコンベヤ（オプション）、クローラトラック、メインコンベヤ 詳細図ラベル：チークプレート、フライホイール、スイングジョー、偏芯軸、フィード、不動歯、動歯、調整シム、防潤・防じん型セット調整機構部、テンションカバー、無給油式トグルプレート、テンションロッド、トグルブロック
施工条件	・現地に適当な施工ヤードが必要。 ・事前にコンクリートがらを選別する。
資材・仕様	・処理能力：80～320t/h 程度（機械によって能力幅は異なる）。
施工上の留意点	・計画処理量により機械の処理能力を選定する。 ・不法投棄等されたコンクリートがらは、汚染物の付着が考えられるため、現地での有効利用をする場合は洗浄が必要。また、最終処分する場合も付着物の濃度により受入先（安定型処分場または管理型処分場）が異なるため、処理費に差が生じるため、洗浄後に処分することを検討する。
維持管理	－
経済性	－
参考文献	・日立建機カタログ
不法投棄等における適用事例	－

NO.15	二軸破砕機（破砕機）
工法の分類	①選別破砕工
工法概要	・処理受入先の基準（大きさ）に適合するため、あるいは運搬時の積み込みロスを軽減するために比較的比重の軽い廃プラ、紙くず、木くず、ゴムくず等を二軸式の回転歯のせん断作用により小さく破砕する。

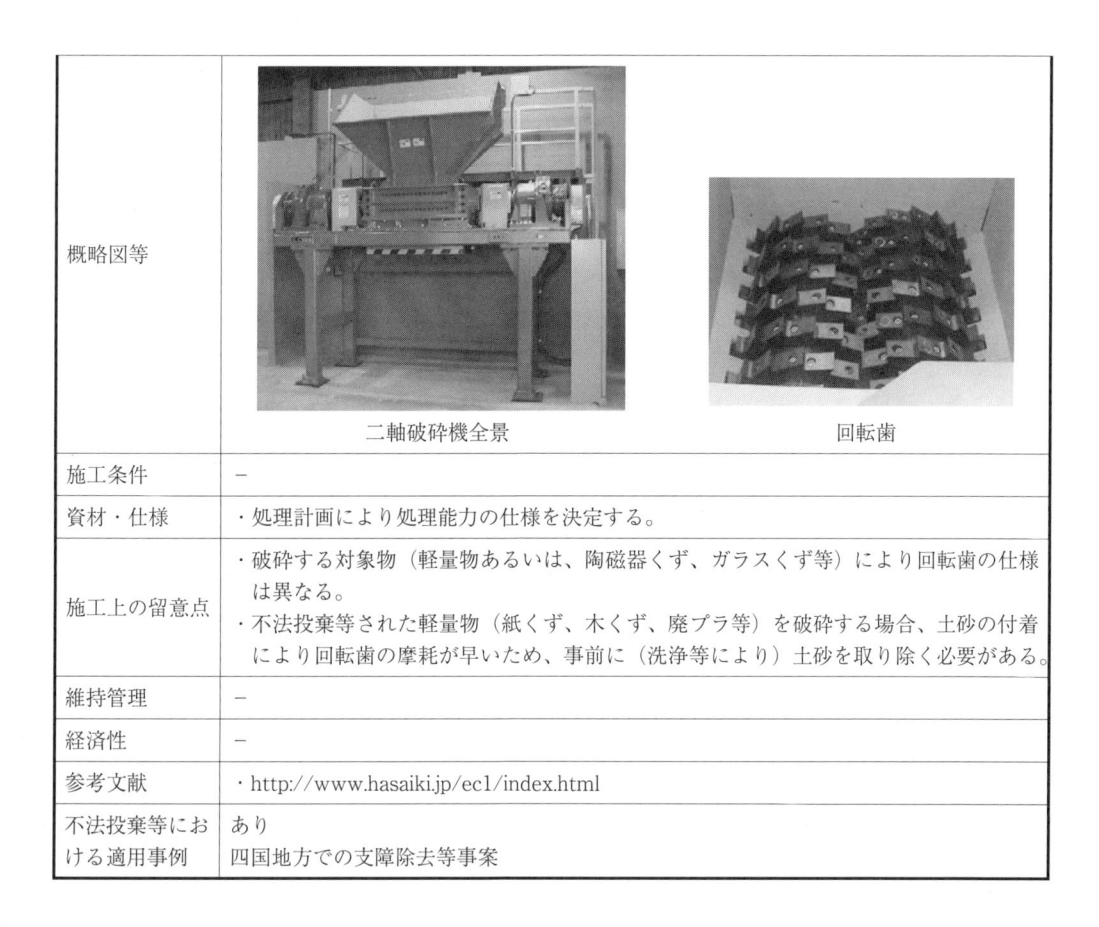

概略図等	二軸破砕機全景　　　　　　　　　回転歯
施工条件	－
資材・仕様	・処理計画により処理能力の仕様を決定する。
施工上の留意点	・破砕する対象物（軽量物あるいは、陶磁器くず、ガラスくず等）により回転歯の仕様は異なる。 ・不法投棄等された軽量物（紙くず、木くず、廃プラ等）を破砕する場合、土砂の付着により回転歯の摩耗が早いため、事前に（洗浄等により）土砂を取り除く必要がある。
維持管理	－
経済性	－
参考文献	・http://www.hasaiki.jp/ec1/index.html
不法投棄等における適用事例	あり 四国地方での支障除去等事案

NO.16	小割用圧砕機（破砕・掘削）
工法の分類	①選別破砕工
工法概要	・廃棄物を処分する際、受入先の基準に合わせて破砕により廃棄物の大きさを小さくする必要がある。このため、下図のようなアタッチメントにより廃棄物の種類に応じて破砕する。また、連続破砕プラント機に投入する前処理としても活用するケースがある。 ・混合廃棄物は、長尺物等が入り組んでおり、通常のバックホウでは掘削が困難な場合があるため、掘削用としても使用する。

概略図等	木材破砕用 混合廃棄物掘削　　　コンガラ破砕用 積み込み活用事例
施工条件	・処理先の受入基準（大きさ）がある場合。 ・混合廃棄物（廃プラや長尺物を含む）の掘削・積み込み時に活用。
資材・仕様	・0.7m³クラスまでのバックホウに対応。
施工上の留意点	・破砕する対象物によりアタッチメントの種類は異なる。
維持管理	－
経済性	－
参考文献	・http://www17.ocn.ne.jp/~rently.u/kaitai_rental_main.html
不法投棄等における適用事例	あり

NO.17	仮設建屋（拡散防止策）
工法の分類	②周辺環境対策
工法概要	・掘削時の有害物の拡散防止策や選別ラインの粉じん拡散防止策として、建屋（テント等）を設置して、内部の負圧管理や粉じん発生場所に集じん機により吸引して、対策期間中の汚染物（有害物や粉じん）の外部拡散を防止する。

概略図等	設置例1（有害物掘削用建屋） （画像：水処理設備及び負圧集じん機／クリーンルーム） 設置例2（土壌汚染対策） （画像）
施工条件	・近隣に住宅等がある場合に多く適用。
資材・仕様	・テント建屋または建築物（リースまたは購入）。 ・負圧集じん機または換気設備。
施工上の留意点	・対策の工程や対象面積、費用により、建屋の規模を決定する。 ・リースのテント建屋を使用した際、ダイオキシン類等有害物を取り扱う場合は、テント膜を廃棄することとなる。
維持管理	・負圧集じん機の吸着材の定期交換。
経済性	・施工面積により大きく異なる。
参考文献	－
不法投棄等における適用事例	あり （選別整備における粉じん拡散防止策として）

NO. 18	強制送気および強制排気
工法の分類	②周辺環境対策
工法概要	・自然吸気またはコンプレッサーにより廃棄物層内に空気あるいは酸素を注入することで、廃棄物層内の嫌気性雰囲気を好気性雰囲気に替え、有害な嫌気性ガス（メタン、硫化水素等）の発生を抑制すると同時に、押し出されてくる発生ガスを自然排気または真空ポンプにより回収して排出する。 ・ガス濃度によっては、ガス処理設備が必要となる。

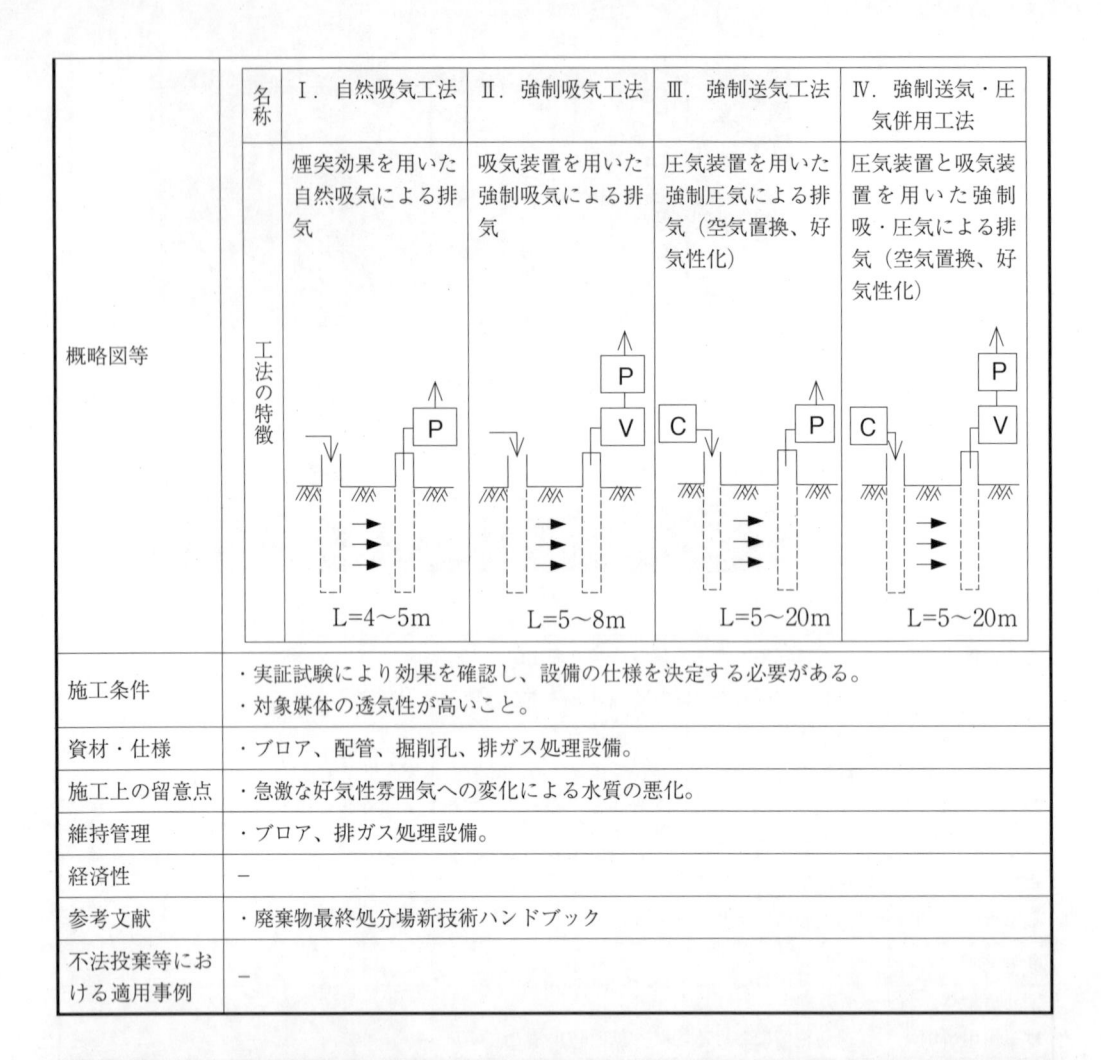

概略図等	名称	Ⅰ.自然吸気工法	Ⅱ.強制吸気工法	Ⅲ.強制送気工法	Ⅳ.強制送気・圧気併用工法
	工法の特徴	煙突効果を用いた自然吸気による排気	吸気装置を用いた強制吸気による排気	圧気装置を用いた強制圧気による排気（空気置換、好気性化）	圧気装置と吸気装置を用いた強制吸・圧気による排気（空気置換、好気性化）
		L=4〜5m	L=5〜8m	L=5〜20m	L=5〜20m
施工条件	・実証試験により効果を確認し、設備の仕様を決定する必要がある。 ・対象媒体の透気性が高いこと。				
資材・仕様	・ブロア、配管、掘削孔、排ガス処理設備。				
施工上の留意点	・急激な好気性雰囲気への変化による水質の悪化。				
維持管理	・ブロア、排ガス処理設備。				
経済性	−				
参考文献	・廃棄物最終処分場新技術ハンドブック				
不法投棄等における適用事例	−				

NO.19	ガス吸引無害化処理工
工法の分類	②周辺環境対策
工法概要	・投棄された廃棄物の分解により発生する硫化水素を廃棄物層より吸引し、吸着塔等によって無害化する方法。 ・メタンガスは低濃度の場合は大気放散となるが、高濃度の場合は爆発の危険等があるため別途検討が必要。 ・吸着物質には、水酸化第二鉄（ペレット）を用いる方法と酢酸亜鉛溶液を用いる方法がある。

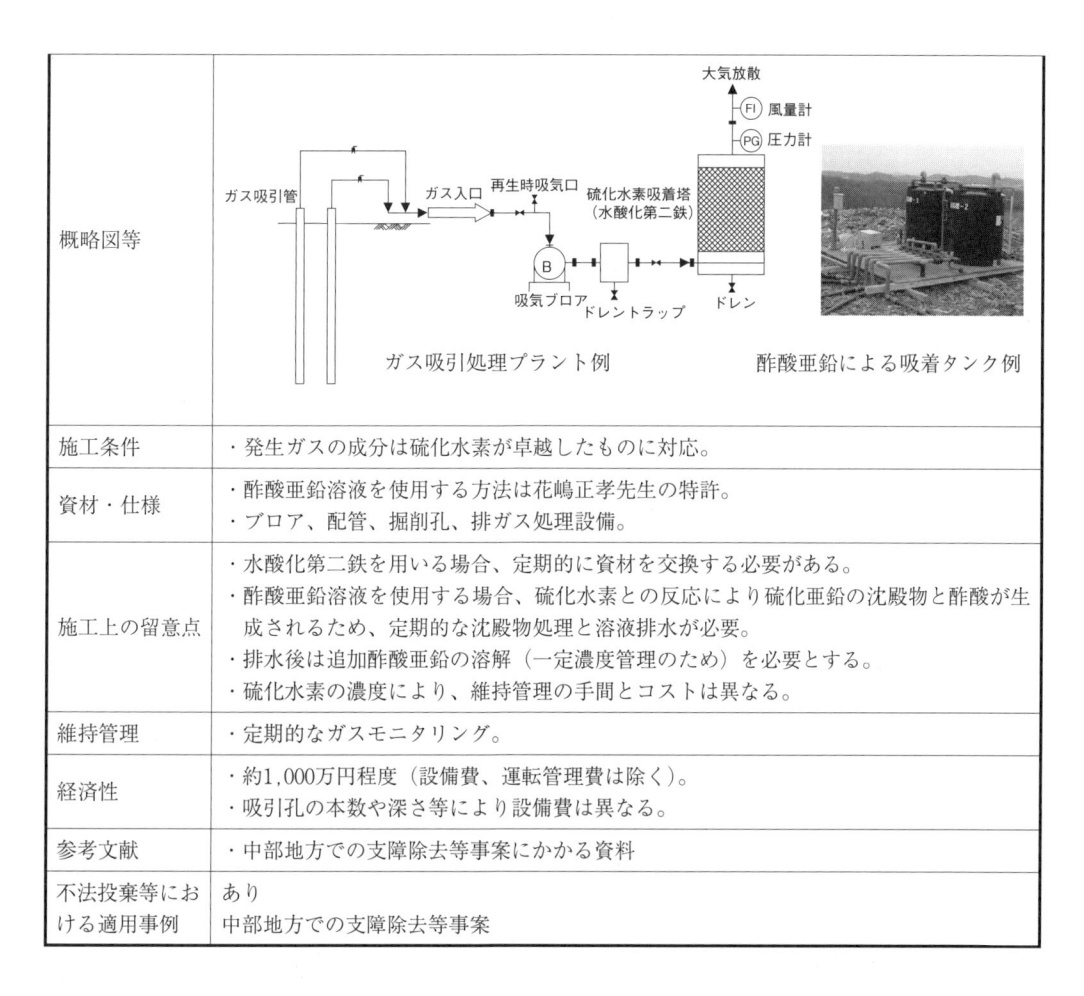

概略図等	ガス吸引処理プラント例　　酢酸亜鉛による吸着タンク例
施工条件	・発生ガスの成分は硫化水素が卓越したものに対応。
資材・仕様	・酢酸亜鉛溶液を使用する方法は花嶋正孝先生の特許。 ・ブロア、配管、掘削孔、排ガス処理設備。
施工上の留意点	・水酸化第二鉄を用いる場合、定期的に資材を交換する必要がある。 ・酢酸亜鉛溶液を使用する場合、硫化水素との反応により硫化亜鉛の沈殿物と酢酸が生成されるため、定期的な沈殿物処理と溶液排水が必要。 ・排水後は追加酢酸亜鉛の溶解（一定濃度管理のため）を必要とする。 ・硫化水素の濃度により、維持管理の手間とコストは異なる。
維持管理	・定期的なガスモニタリング。
経済性	・約1,000万円程度（設備費、運転管理費は除く）。 ・吸引孔の本数や深さ等により設備費は異なる。
参考文献	・中部地方での支障除去等事案にかかる資料
不法投棄等における適用事例	あり 中部地方での支障除去等事案

NO.20	多機能性覆土
工法の分類	②周辺環境対策
工法概要	・酸化鉄と活性炭等による吸着層、雨水浸透を抑制するベントナイト混合土等によるバリア層、植栽層等の複数層による覆土を行い、内部から押し上げられたガスの吸着、拡散を防止すると共に、雨水の廃棄物層への浸透を抑制する。
概略図等	植栽層 バリア層（雨水浸透抑制層） 捕捉層2 活性炭＋砂（その他ガス対策） 捕捉層1 酸化鉄＋砂（硫化水素対策） 覆土　整形工
施工条件	－
資材・仕様	・活性炭、酸化鉄、砂。
施工上の留意点	・不等沈下によるクラック。 ・バリア層の透気性確保。

維持管理	・廃棄物の分解に伴う沈下対策。 ・吸着能力低下時の吸着剤入れ替え。
経済性	-
参考文献	・特定支障除去等事業実施計画書
不法投棄等における適用事例	あり 東北地方での支障除去等事案

NO.21	PCB汚染物運搬方法
工法の分類	③運搬方法
工法概要	・PCB廃棄物は、他の物を汚染するおそれのないように、他の物と区分して収集・運搬することとし、このため、適切な運搬容器により他の廃棄物と区分し、適切な運搬容器に収納した上でコンテナにより廃棄物以外の物と区分して収集・運搬しなければならない（PCB廃棄物収集・運搬ガイドラインより）。
概略図等	漏れ防止型金属容器　　　ドラム缶
施工条件	・PCBに汚染された廃棄物等は漏れを防止した金属容器等に入れ、処理施設へ搬出する。
資材・仕様	・金属容器は、メーカーによりサイズが異なる。 ・容量についても数種類ある（大：3t等）。
施工上の留意点	・特別管理廃棄物の収集運搬の業許可をもつものが運搬。
維持管理	-
経済性	-
参考文献	・http://ntc.ntsysco.co.jp/jigyouannai/pcb.html ・http://www.daikan-d.co.jp/F_steel%20open.html ・環境省：PCB廃棄物収集・運搬ガイドライン
不法投棄等における適用事例	-

NO.22	鉛直シート工法
工法の分類	④鉛直遮水壁工
工法概要	・浸出水による地下水や土壌汚染の拡散を防止し、囲い込む目的で開発された工法である。有効幅1.36mの高密度ポリエチレンシートをガイドフレームに装着して地中に打設するものである。

概略図等	（図：有効幅1,350、幅800、上部つかみしろ200、下部つかみしろ200、有効長（打瀬手深度によって決定する）、A-A'断面：シール材（φ5.7）、ロック部（オス）、ロック部（メス）、シート（導体）、溶着、2）
施工条件	・軟弱地盤では直接打設が多いが、これ以外では、地盤を掘削排土し、ベントナイト溶液等で置き換え後打設することが多い。 ・クローラークレーンを用いることから、比較的平坦な地盤に適応する。
資材・仕様	・シート材料：高密度ポリエチレン。　有効幅：1.35m、厚さ：2mm。
施工上の留意点	・シートの継ぎ手を確実に施工することに留意する。
維持管理	・特になし。
経済性	・概略施工単価；15,000円/㎡。
参考文献	−
不法投棄等における適用事例	−

NO.23	地中遮水膜連続壁工法
工法の分類	④鉛直遮水壁工
工法概要	・地盤に挿入した大型のチェーンソー型のカッターを横引きしながら、ソイルセメント、ベントナイトを注入して原位置の土と混合撹拌を行い、地中に連続した壁を不透水層まで構築する。また、特殊軽量鋼矢板を芯材として壁に挿入し、耐久性・不透水性を強化する。
概略図等	（写真および図：2,300、2,000、150、中詰モルタル、ゴムアスファルト系遮水シート、チェンソー掘削、ガイドホール、パッカー、接着部、ゴムアスファルト系遮水シート）

巻末資料　259

施工条件	・自立性の高い地盤。 ・軟弱な地盤の場合は、地盤改良が必要となる。
資材・仕様	・ゴムアスファルト系止水シート（2 mm）＋ソイルモルタル。
施工上の留意点	・機械施工であり、地盤が水平に保たれることが必要である。
維持管理	－
経済性	－
参考文献	－
不法投棄等における適用事例	－

NO. 24	鋼矢板工法
工法の分類	④鉛直遮水壁工
工法概要	・鋼矢板をバイブロハンマー等により打設し、遮水壁を構築する工法である。 ・振動や騒音で問題がある場合には、鋼矢板を圧入方式やオーガー併用方式で施工する。
概略図等	
施工条件	・地盤に応じて使用する鋼矢板や施工機械を変えて適用することが可能である。 ・硬質の地盤ではウォータージェットを併用する場合もある。 ・玉石や転石等がある場合には施工が困難な状況となる。
資材・仕様	・鋼矢板、継手部には遮水処理用材料（水膨潤性の遮水材、不透水性のグラウト材等）。
施工上の留意点	・継ぎ手部の遮水施工が重要になるため留意する必要がある。
維持管理	－
経済性	・概略施工単価；15,000円/㎡ 程度。
参考文献	－
不法投棄等における適用事例	－

NO. 25	地中連続壁工法
工法の分類	④鉛直遮水壁工

工法概要	・地中連続壁工法とは、地中に連続的にコンクリートの壁体を築造し、止水を行うものである。施工は、各種掘削機により連続的に掘削した溝内にコンクリートを打設してコンクリート壁を築造するものである。
概略図等	
施工条件	・適用土質は粘性土層、砂層および小さな玉石層である。大きな玉石の砂礫層や軟岩および中硬岩では施工に制約を受ける。
資材・仕様	・生コンクリートおよび鉄筋。
施工上の留意点	・大型の機械を用いるため、確実な施工地盤が求められる。
維持管理	―
経済性	・概略工費；100,000〜200,000円/㎡。 ・施工深度、壁厚により異なる。
参考文献	―
不法投棄等における適用事例	―

NO.26	ソイルセメント固化壁（壁式）
工法の分類	④鉛直遮水壁工
工法概要	・壁式工法には、TRD工法、PTR工法等があり、カッターポストやカッターブロックを地盤中にセットして連続的に地盤を掘削する工法である。
概略図等	
施工条件	・適用地盤は、砂礫層、土丹層、砂質土層および粘性土層。
資材・仕様	・セメント系固化材、添加材（ベントナイト、増粘材、凝結遅延材、粘土等）。
施工上の留意点	・連続掘削施工を行うため、水平な地盤が求められる。
維持管理	―

経済性	・概略単価；25,000～35,000円/㎡。 ・施工壁厚、施工深度により単価に差が生じる。
参考文献	－
不法投棄等における適用事例	あり 東北地方での支障除去等事案

NO.27	ソイルセメント固化壁（柱列式）
工法の分類	④鉛直遮水壁工
工法概要	・柱列式工法は、SMW工法やTMW工法に代表される様式で、多軸の掘削機械にて地盤を掘削して懸濁液を用いて地盤を安定させ、セメントミルク注入し混合・攪拌する工法である。
概略図等	
施工条件	・適用地盤は緩い砂層から軟岩まで可能である。 ・N＝50以上の地盤では、先行削孔が必要である。
資材・仕様	・セメント系固化材、添加材（ベントナイト、増粘材、凝結遅延材、粘土等）
施工上の留意点	－
維持管理	－
経済性	・概略単価；25,000～35,000円/㎡。 ・施工壁厚、施工深度により単価に差が生じる。
参考文献	・ソイルミキシングウォール（SMW）設計施工指針
不法投棄等における適用事例	－

NO.28	トリナー工法
工法の分類	④鉛直遮水壁工
工法概要	・セメント系地中連続壁式鉛直遮水工法（TRD工法）と鉛直シート式遮水工法（ジオロック工法・シートウォール工法）の2つを組み合わせ3層の構造壁体を作ることにより、高い信頼性を有する鉛直遮水壁を構築する。

概略図等	セメント系地中連続壁式鉛直遮水工法　　　鉛直シート式遮水工法 ソイルセメント壁 断　面　構　造 芯材
施工条件	・適用地盤は、砂礫層、土丹層、砂質土層、粘性土層および軟岩。 ・施工深度30m程度。
資材・仕様	・セメント系固化材、添加材（ベントナイト、増粘材、凝結遅延材、粘土等）。 ・芯材：高密度ポリエチレンシートまたはシートウォール。
施工上の留意点	・連続掘削施工を行うため、水平な地盤が求められる。 ・排泥の処理が必要。
維持管理	－
経済性	・約55,000～65,000円/㎡ 程度。 ・施工条件、芯材の材質により異なる。
参考文献	－
不法投棄等における適用事例	あり 東北地方での支障除去等事案

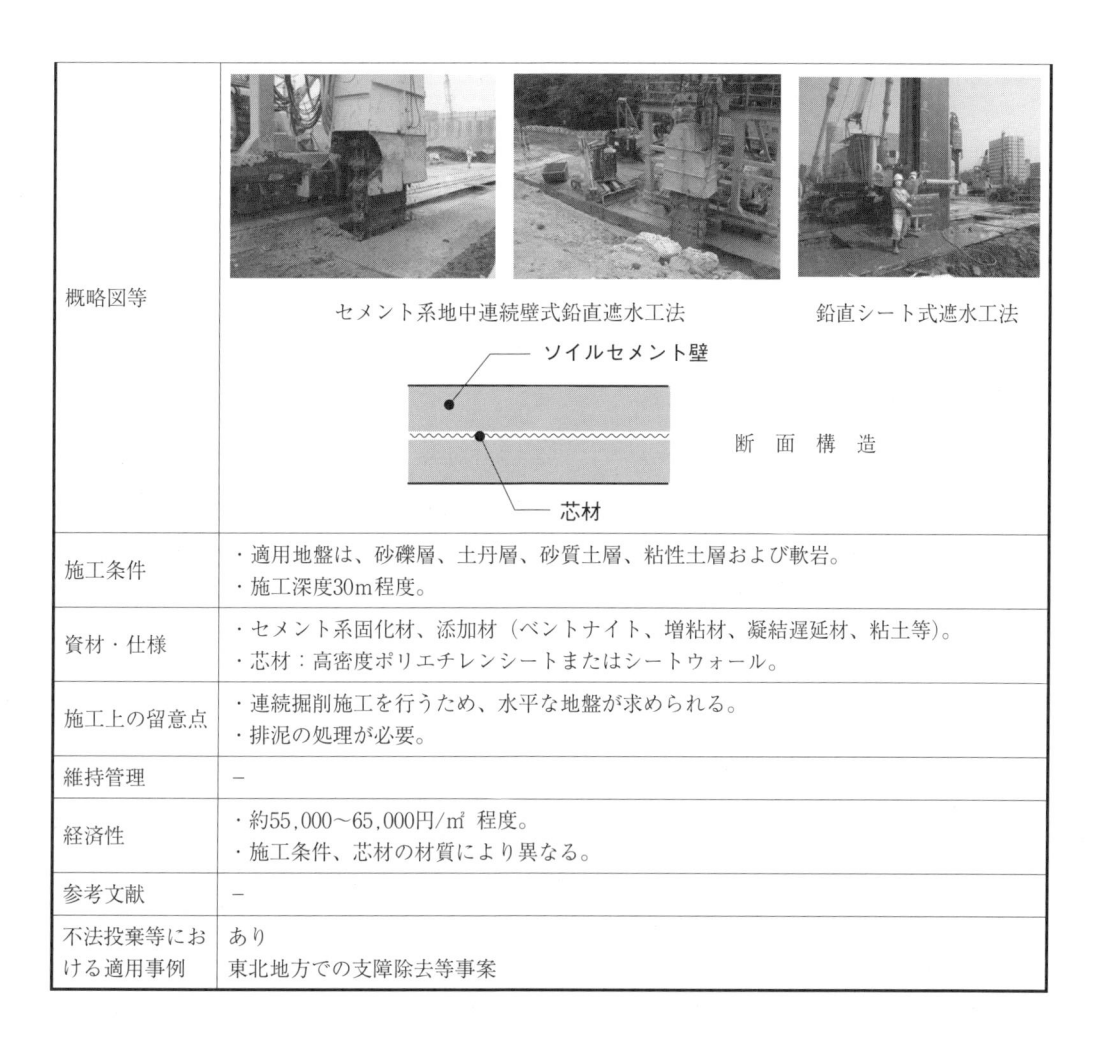

NO.29	グラウト壁
工法の分類	④鉛直遮水壁工
工法概要	・グラウト工法は、地盤中に凝結する性質を持つ化学材料（薬液）を注入して固結させ、地盤の強度増加や止水性の向上を図る工法である。

概略図等	
施工条件	・適用地盤は、注入方式、混合方式、使用されるゲルタイム等により異なるが、概ね全ての地盤に適用が可能である。基本的には砂質系地盤が主である。
資材・仕様	・薬液系と非薬液系がある。 ・薬液系は、水ガラス、特殊シリカ等の材料であり、非薬液系はセメント、モルタル等である。
施工上の留意点	・薬液を地盤に注入する方法や薬液には多くの種類があり、地盤状況や目的に応じて適正な工法、薬液を選定する必要がある。
維持管理	−
経済性	概略単価；改良土あたり　30,000～50,000円/㎥。
参考文献	−
不法投棄等における適用事例	−

NO.30	ラテナビウォール工法
工法の分類	④鉛直遮水壁
工法概要	・パワーブレンダーで攪拌混合して造成したソイルセメント壁にロール状に巻いた遮水シートを挿入し、ほぐしながら横引きして遮水壁を構築する。 ・遮水シートの展開長が5 m～20mとなるため継ぎ手の数減少による遮水性の信頼性向上、工期を短縮することが出来る。 ・遮水シートは熱可塑性樹脂のため耐食性に優れている。

概略図等	（図：ロール式シート展開装置、トレンチャー式地盤改良機、遮水シート、ソイルセメント壁、汚染土壌、不透水層／継手部断面図：終点側（ロールの巻き芯）、保護管、始点側、嵌合状態、必要に応じてモルタル充填／施工写真）
施工条件	・深度10m。 ・遮水シート展開長さ20m。
資材・仕様	・固化材他。 ・遮水シート、遮水シートジョイント材。
施工上の留意点	・不透層への根入れ。 ・展張起点、展張終点のオーバーラップ。
維持管理	・高密度探査による遮水シート損傷位置検知モニタリング。
経済性	・15,000〜25,000円/㎡（材工）
参考文献	－
不法投棄等における適用事例	不適正処分場の適正化、ガソリンスタンド閉鎖等で使用実績あり

NO.31	遮水シートキャッピング
工法の分類	⑤キャッピング
工法概要	・廃棄物等の表面に遮水シートを敷設し、覆土・緑化等と組み合わせ景観を考慮しつつ廃棄物の飛散防止、雨水浸透防止等を行う表面遮水工法。 ・合成ゴム・合成樹脂系遮水シートやアスファルトシートを遮水層に用いるキャッピング工法である。シート接合部も遮水機能に対する信頼性が高く、施工性にも優れている。 ・ただし、遮水シートが長期間にわたり露出することは避ける。

概略図等	（図：キャッピング工法断面図　植生（張芝、在来種等）／覆土（t=50cm～）／排水層（ジオコンポジット等）／遮水シート／ガス排除層(ジオコンポジット等)／廃棄物）
施工条件	・廃棄物分解等による大きな不等沈下が発生しないこと。 ・ガスが発生する場合は別途ガス処理施設を設置する。 ・降雨により覆土層が軟弱化しないよう、表面排水・暗渠排水施設を設置する。 ・1：2.0より急な法面への敷設は覆土すべりに対する安定を別途検討する。
資材・仕様	・遮水シートの種類：合成ゴム系・合成樹脂系遮水シート（低弾性タイプ（EPDM等）、中弾性タイプ（TPO等）、高弾性タイプ（HDPE等）、繊維補強タイプ）、アスファルトシート。 ・施工機器：シート種類ごとに指定された接合機器を使用する。
施工上の留意点	・廃棄物表面の鋭利な突起物は予め除去すること。 ・強風時、降雨時、降雪時、低温時等悪天候の場合はシート種類ごとに指定された条件を守ること。
維持管理	特になし。
経済性	遮水シート ＋ 覆 土（t=50cm）＋緑 化 （目安：10,000～15,000円/㎡）
参考文献	－
不法投棄等における適用事例	－

NO.32	通気防水シートキャッピング工法
工法の分類	⑤キャッピング
工法概要	・廃棄物処分場（不適正処分場も含む）の覆土は、即日覆土、中間覆土、最終覆土で構成されている。また、不法投棄等、汚染土壌においても多様の覆土が要求されている。 ・ここに提示する覆土は、最終覆土に位置付けられるもので、廃棄物安定化に必要なガス排除、雨水の浸透率あるいは雨水の浸透量をコントロール出来る覆土システムを提供するものである。

概略図等	従来の覆土構造　CP会提案 （図：侵食防止層(0.5〜2.0m)、排水層(30m)、浸透防止層(50cm)、ガス排除層(30cm)、保護層(20cm)、廃棄物／CP会提案：侵食防止層(0.5〜2.0m)、排水層(1〜2cm)ジオコンポジット・ジオテキスタイル、浸透防止層(0.1cm程度)ガス通気・雨水抑制シート、保護層・ガス排除層(1〜2cm程度)ジオコンポジット・ジオテキスタイル、廃棄物130cm容積増加） (1) 浸透防止層（ガス通気・雨水制御シート）ガス通気・雨水制御シートは微細な隙間を有し、ガス通気・雨水制御機能を発揮する。 透水係数；10^{-5}cm/sec程度 浸透防止層の機能図 (2) 排水層・ガス排除層（ジオコンポジット、ジオテキスタイル）従来の排水層・ガス排除層と同等の透水性、通気性を確保できるジオコンポジットやジオテキスタイルを使用している。
施工条件 (設計も含む)	・廃棄物分解等による大きな不等沈下が発生しないこと。 ・廃棄物安定化に必要な雨水浸透率、雨水浸透量に合わせて、ガス排除シートと通気防水シートを組み合わせる。 ・傾斜の厳しい場合は別途滑り止め構造が必要。
資材・仕様	廃棄物の上にガス排除シート、雨水浸透をコントロールする通気防水シート、雨水排水シート、この上に侵食防止のための土質覆土となる。 ガス排除シート　通気防水シート　雨水排除シート
施工上の留意点 (設計も含む)	・ガス排除シート、通気防水シート、雨水排除シートは全てロールで現場に搬入し溶着ジョイントとなる。
維持管理	・特になし
経済性 (材料コスト)	ガス抜き排除シート　＋　通気防水シート　＋　雨水排除シート 　(2,500円/㎡)　　　　(2,500円/㎡)　　　　(2,500円/㎡)
参考文献	・通気・防水シートキャッピング工法研究会パンフレット
不法投棄等における適用事例	あり 四国地方での支障除去等事案、東北地方での支障除去等事案

NO. 33	ベントナイトシートキャッピング
工法の分類	⑤キャッピング
工法概要	・廃棄物等の表面にベントナイトシートを敷設し、覆土・緑化等と組み合わせ景観を考慮しつつ廃棄物の飛散防止、雨水浸透防止等を行う表面遮水工法。 ・天然鉱物であるベントナイトを主成分としており経年劣化もなく、アンカーピン等による固定が可能で、接合部も重ね合わせによるラップ工法で施工性もよい。 ・ただし、表面にシートが露出する場合は使用できない。

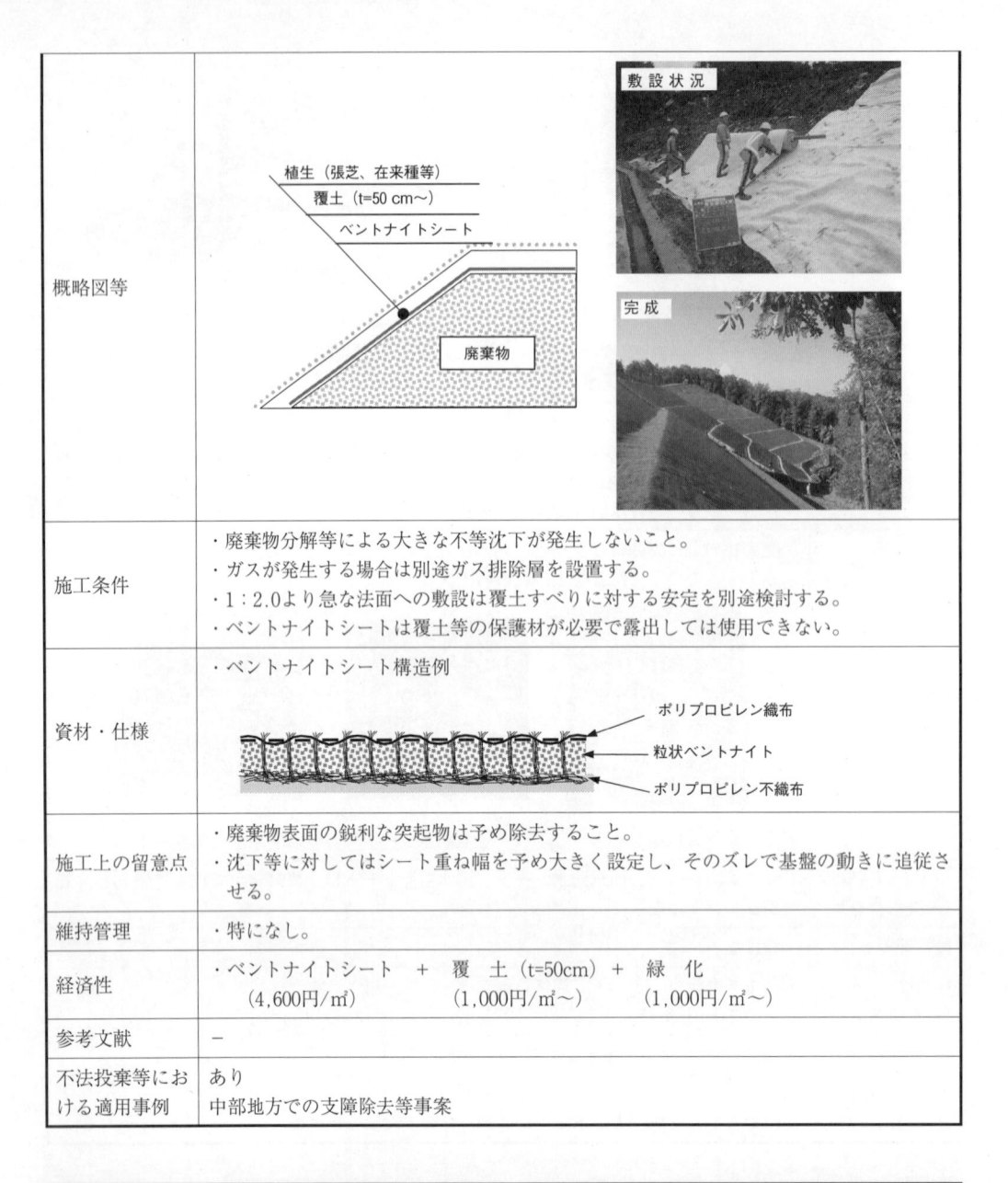

概略図等	植生（張芝、在来種等） 覆土（t=50 cm～） ベントナイトシート 廃棄物 敷設状況 完成
施工条件	・廃棄物分解等による大きな不等沈下が発生しないこと。 ・ガスが発生する場合は別途ガス排除層を設置する。 ・1：2.0より急な法面への敷設は覆土すべりに対する安定を別途検討する。 ・ベントナイトシートは覆土等の保護材が必要で露出しては使用できない。
資材・仕様	・ベントナイトシート構造例 ポリプロピレン織布 粒状ベントナイト ポリプロピレン不織布
施工上の留意点	・廃棄物表面の鋭利な突起物は予め除去すること。 ・沈下等に対してはシート重ね幅を予め大きく設定し、そのズレで基盤の動きに追従させる。
維持管理	・特になし。
経済性	・ベントナイトシート ＋ 覆 土（t=50cm） ＋ 緑 化 　（4,600円/㎡）　　　（1,000円/㎡～）　　（1,000円/㎡～）
参考文献	－
不法投棄等における適用事例	あり 中部地方での支障除去等事案

NO.34	土質材料キャッピング
工法の分類	⑤キャッピング
工法概要	・廃棄物の表面に難透水性土や改良土を用いた被覆層を形成し、浸透水の抑制や廃棄物の飛散を防止する工法。用いる土質や改良方法により遮水性を変えることができ、併用される透水層や保護層との組み合わせで要求される遮水（透水）性能を構築することができる。改良材としてはベントナイトやセメント等が利用されている。

概略図等	保護層／遮水層／廃棄物層　　　保護層／遮水層／ガス排除層／廃棄物層 被覆する廃棄物表面に遮水層、透水層、ガス排除層等を一般的な建設機械を用いて施工する。周辺環境や施工条件の違いに対応した設計、施工方法を選択する。
施工条件	・廃棄物分解等による大きな不等沈下が発生しないこと。 ・ガスが発生する場合は別途ガス排除層を設置する。 ・改良土は試験施工により要求される性能を満足する改良材、施工方法を決定する。
資材・仕様	・改良材用：ベントナイト、セメント、石灰。
施工上の留意点	・施工中の雨水、湧水排除を行うこと。 ・不等沈下対策を行うこと。
維持管理	・特になし。
経済性	・難透水性土質施工：3,000円/㎡～。 ・改良土施工（ベントナイト系、セメント系等）。 ・土質材料運搬費、改良材添加量により大きく変化。¥3,000～25,000/㎡。
参考文献	－
不法投棄等における適用事例	－

NO.35	キャピラリーバリア型覆土
工法の分類	⑤キャッピング
工法概要	・キャピラリーバリア型覆土は、屋根やシートに代わる覆土技術である。処分場土中に浸透する雨水量を低減できる。キャピラリーバリアとは、砂と礫の不飽和透水性能の相違を活用して、雨水を側方に排水する技術である。 ・構造は、勾配（2～10%）を付けた基盤に、礫層（20cm）、砂層（30cm）、および粘性土（50～100cm）を盛土する。 ・キャピラリーバリア型覆土は、雨水が廃棄物中に浸透する量を0～40%の範囲でコントロールできる。また、準好気性を維持でき、土中ガス抜きも容易である。
概略図等	q=100mm/h　砂　i=5%　礫　1時間後／湿潤域　3時間後／湿潤域　2時間後／湿潤域　4時間後

施工条件	・廃棄物分解等による大きな不等沈下が発生しないこと。 ・ガスが発生する場合は別途ガス排除層を設置する。 ・勾配別の排水可能距離は砂の産地で異なる。
資材・仕様	![勾配3%、粘性土(50cm)、砂(30cm)、礫(20cm)、混合防止材、均し土、廃棄物] ・礫と砂と粘性土という天然材料の組み合わせである。
施工上の留意点	・排水距離と排水勾配は、事前に設計すること。
維持管理	・地表に緑化する場合は、植物の種類によって粘性土厚さを変えること。
経済性	・5,000円/㎡～。
参考文献	－
不法投棄等における適用事例	なし 処分場適正閉鎖の実績として国内5件（栃木県、埼玉県、神奈川県、福岡県等）

NO.36	サブドレーン工法
工法の分類	⑤キャッピング
工法概要	・廃棄物上面の覆土内で廃棄物に接しない高さの位置に暗渠排水管や砕石等による排水層（ドレーン層）を設置し、浸透して廃棄物に接していない雨水を地表面下浅い場所で集排水する工法。 ・廃棄物への雨水浸透量を減らし、浸出水の発生を抑制する工法。
概略図等	![集排水管、廃棄物、砕石層の概略図] 廃棄物に直接覆土。覆土内にドレーン層（パイプ、砕石等）を設置して雨水を集排水する。
施工条件	・廃棄物分解等による大きな不等沈下が発生しないこと。 ・ガスが発生する場合は別途ガス排除層を設置する。
資材・仕様	・有孔管。 ・排水材（透水マット、ペーパードレーン等）。 ・砕石層。
施工上の留意点	・どの程度の排水機能を持たせるか等の計画が重要。 ・排水層の目詰まり防止策が必要。
維持管理	・排水機能の定期的な確認が必要。
経済性	・特殊な資材等を必要とせず、比較的安価。
参考文献	－

不法投棄等における適用事例	－

NO.37	濁水処理設備（凝集沈殿処理）
工法の分類	⑥水処理設備
工法概要	・凝集沈殿処理は、汚水に凝集剤と凝集助材を添加して濁質を結合させ、フロックを形成させて沈殿、分離させるものである。 ・SS、COD、色度除去に効果が高く、pH条件によっては重金属除去にも効果が高い。
概略図等	凝集沈殿処理による濁水処理システムの例
施工条件	・汚水中の濁質濃度が低いとフロックの成形が悪く、良好な沈降分離が出来ない場合がある。
資材・仕様	・一般土木工事用の濁水処理設備として、ユニット化した設備が一般化されている。 ・pH調整設備や汚泥処理設備、その他の処理工程と組み合わせて使用される。 ・汚水処理設備として一般的な方法であり、最終処分場の浸出水処理工程でも、ほぼ全ての施設で使用されている。
施工上の留意点	－
維持管理	・凝集剤、凝集助剤の添加、補充。沈殿汚泥の引き抜き。
経済性	・処理能力、原水濃度により異なる。
参考文献	－
不法投棄等における適用事例	－

NO.38	濁水処理設備（膜分離法）
工法の分類	⑥水処理設備
工法概要	・膜分離は、膜の有する孔の大きさおよび膜の物理化学的特性、処理対象物質の形状と大きさ、圧力差・濃度差・電位差等の駆動力等の要素の組み合わせによって行われる。浸出水処理に用いられるのは、精密ろ過法、限外ろ過法、電気透析法、逆浸透膜法等がある。 ・ダイオキシン類の汚染水処理にも効果が高い。 ・デジタルカウンターによる連続濃度管理（SS）が可能。

概略図等	限外ろ過膜による可搬型膜モジュールシステムの例
施工条件	・膜分離法単独で用いられることは少なく、凝集沈殿法や生物処理法等、他の処理技術と組み合わせて用いられる。 ・鉄分やカルシウム等による膜面閉塞に対して留意が必要。
資材・仕様	・膜を容器に組み込んだろ過器として、モジュール化されたものを使用するのが一般的。
施工上の留意点	・定期的に膜モジュールの交換が必要。
維持管理	・膜モジュールの洗浄、膜モジュールの交換等。
経済性	・処理能力により異なる。
参考文献	－
不法投棄等における適用事例	－

NO.39	揚水処理法
工法の分類	⑦揚水ばっ気
工法概要	・汚染源近傍から地下水を汲み上げ、地下水中に溶解した汚染物質を回収・処理する。 ・汚染物質の回収・処理方法には、気液接触、吸着処理等がある。 ・比較的簡易な装置で構成される。 ・敷地外への汚染拡散防止のため使用される場合も多い。 ・一般的に浄化の完了に至るまで長期間を要する。
概略図等	（水処理設備、下水道等、対象範囲、揚水井）
施工条件	・三次元的な地下水の流向・流速の把握が必要となる。 ・適正な揚水量で行われる必要がある。 ・主な適用土質：シルト、砂質土、砂礫。 ・対象層：飽和帯。
資材・仕様	・揚水井、水処理設備
施工上の留意点	－
維持管理	－

経済性	・イニシャルコストは比較的安いが、浄化期間が長期になるためランニングコストがかかる。
参考文献	-
不法投棄等における適用事例	-

NO. 40	土壌ガス吸引法
工法の分類	⑦揚水ばっ気
工法概要	・地中に挿入した鋼管等を減圧し、地中の気体成分を吸引除去する。 ・吸引したガスは活性炭吸着、触媒分解等で処理する。 ・比較的簡易な装置で構成される。 ・スパージング工法と組み合わせて使用する場合が多い。
概略図等	
施工条件	・不飽和帯の砂、礫等の比較的通気性の高い地盤に適用できる。 ・主な適用土質：砂質土、砂礫。 ・対象層：不飽和帯。
資材・仕様	・抽出井。 ・地下水低下井。 ・真空ポンプ、ブロア。 ・気液分離装置。 ・水処理装置。 ・ガス処理装置。
施工上の留意点	-
維持管理	-
経済性	・イニシャルコストは比較的安い。
参考文献	・大成建設パンフレット
不法投棄等における適用事例	-

NO.41	減圧還元加熱法
工法の分類	⑧酸化還元（掘削・現地浄化）
工法概要	・汚染土壌を減圧還元状態で600℃程度に加熱することで、汚染物質を分解する工法。PCBを含む場合は揮発性が高いため排ガス処理装置も併用して処理する。浄化後の土砂は再利用可能。
概略図等	
施工条件	・行政の設置許可が必要。
資材・仕様	－
施工上の留意点	－
維持管理	－
経済性	・高度なプラント設備を必要とし、処理コストは高い。
参考文献	・竹中ホームページ
不法投棄等における適用事例	－

NO.42	化学分解法
工法の分類	⑧酸化還元（原位置浄化、掘削・現地浄化）
工法概要	・汚染物質を化学反応（酸化、還元）により分解する。 ・酸化分解には過マンガン酸カリウム、過酸化水素+鉄（フェントン法）、還元分解には鉄粉を用いる。 ・薬品の混合・注入方法には、掘削して地上で混ぜる方式、アースオーガやジェット噴射により原位置で混合する方式、配管等で地中に注入する方式がある。 ・即効性が高い。
概略図等	

施工条件	・原位置で混合・注入する場合は、薬剤の拡散範囲を検討し、付近に水生生物の生息地や地下水の利用が無いことを確認する。 ・地下水のpHの変化に注意する。 ・分解による中間生成物の存在に注意する。 ・粘性土の場合は、薬剤の拡散が困難なため、地中に注入する方式は適さない。 ・主な適用土質：全て。 ・対象層：全て。
資材・仕様	・薬剤注入井。 ・薬剤注入装置。
施工上の留意点	–
維持管理	–
経済性	・比較的安価な処理方法である。処理コストのうち薬剤費の占める割合が大きく、設備コストは安い。
参考文献	・清水建設パンフレット
不法投棄等における適用事例	–

NO. 43	不溶化
工法の分類	⑨固化・不溶化（原位置不溶化・不溶化埋め戻し）
工法概要	・汚染土壌に薬品等を混合・注入して、汚染物質との物理・化学作用により溶出量を低下させる。 ・薬品等には、生石灰、セメント系固化材、マグネシウム系固化材、ゼオライト、鉄塩（シアン、砒素）、硫化ナトリウム（カドミウム、鉛、水銀）、硫酸鉄（六価クロム）がある。 ・掘削して地上で薬品等を混合し埋め戻す方式と、掘削系機械や配管等により原位置で混合・注入する方式がある。
概略図等	
施工条件	・法的に第二溶出量基準を超過した土壌には適用できない。 ・原位置で混合・注入する場合には、薬剤の拡散範囲を検討し、必要に応じてモニタリングや拡散防止措置を講じる。 ・長期安定性の確認が必要である。
資材・仕様	・生石灰、セメント系固化材、マグネシウム系固化材、ゼオライト、鉄塩（シアン、砒素）、硫化ナトリウム（カドミウム、鉛、水銀）、硫酸鉄（六価クロム）等を汚染対象物により選択する。
施工上の留意点	–

維持管理	―
経済性	・比較的安価な処理方法である。処理コストのうち薬剤費の占める割合が大きく、設備コストは安い。
参考文献	・大林組パンフレット
不法投棄等における適用事例	―

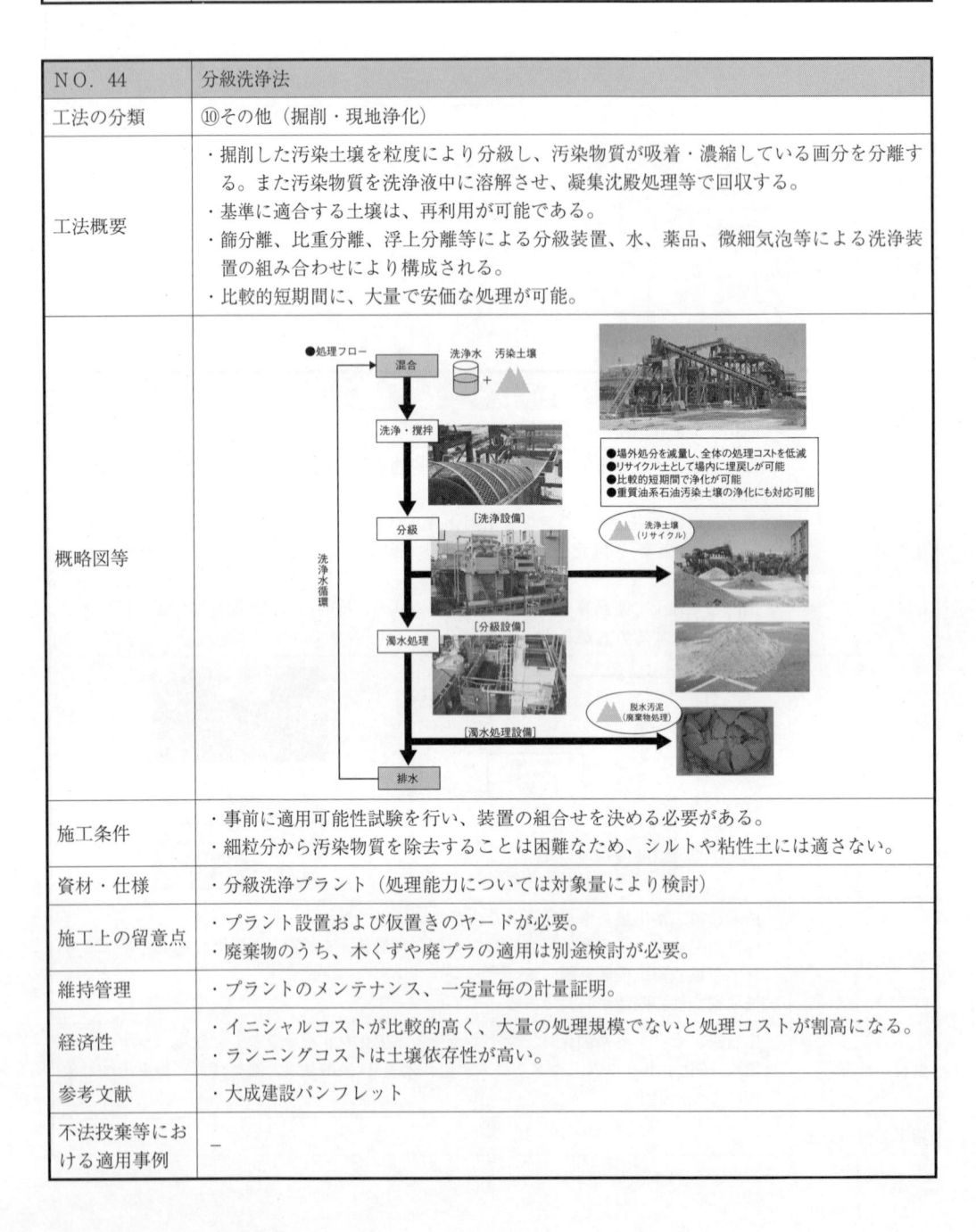

NO.44	分級洗浄法
工法の分類	⑩その他（掘削・現地浄化）
工法概要	・掘削した汚染土壌を粒度により分級し、汚染物質が吸着・濃縮している画分を分離する。また汚染物質を洗浄液中に溶解させ、凝集沈殿処理等で回収する。 ・基準に適合する土壌は、再利用が可能である。 ・篩分離、比重分離、浮上分離等による分級装置、水、薬品、微細気泡等による洗浄装置の組み合わせにより構成される。 ・比較的短期間に、大量で安価な処理が可能。
概略図等	●処理フロー：混合→洗浄・撹拌→分級→濁水処理→排水（洗浄水循環） ●場外処分を減量し、全体の処理コストを低減 ●リサイクル土として場内に埋戻しが可能 ●比較的短期間で浄化が可能 ●重質油系石油汚染土壌の浄化にも対応可能 [洗浄設備] [分級設備] [濁水処理設備] 洗浄土壌（リサイクル）、脱水汚泥（廃棄物処理）
施工条件	・事前に適用可能性試験を行い、装置の組合せを決める必要がある。 ・細粒分から汚染物質を除去することは困難なため、シルトや粘性土には適さない。
資材・仕様	・分級洗浄プラント（処理能力については対象量により検討）
施工上の留意点	・プラント設置および仮置きのヤードが必要。 ・廃棄物のうち、木くずや廃プラの適用は別途検討が必要。
維持管理	・プラントのメンテナンス、一定量毎の計量証明。
経済性	・イニシャルコストが比較的高く、大量の処理規模でないと処理コストが割高になる。 ・ランニングコストは土壌依存性が高い。
参考文献	・大成建設パンフレット
不法投棄等における適用事例	―

NO.45	攪拌ばっ気法
工法の分類	⑩その他（掘削・現地浄化）
工法概要	・汚染土壌等を掘削し、建屋内でバックホウ等の重機を用いて土壌を攪拌・ばっ気して、汚染物質を揮散させる。 ・揮散した汚染物質は、ブロアで吸引して活性炭吸着処理する。
概略図等	
施工条件	・比較的広い処理ヤードが必要となる。 ・比較的浅い汚染範囲に適用。 ・大塊物は事前に除去が必要。
資材・仕様	－
施工上の留意点	－
維持管理	－
経済性	・テント等密閉施設費のイニシャルコストに占める割合が大きく、コストが高くなる。
参考文献	・大林組パンフレット
不法投棄等における適用事例	－

NO.46	加熱処理法
工法の分類	⑩その他（掘削・現地浄化）
工法概要	・汚染土壌に熱を加えて、土壌中の汚染物質（揮発性有機化合物）を揮散除去する。揮散した汚染物質は、活性炭吸着、燃焼等で処理する。 ・加熱方法には、薬品（生石灰、アルミ粉末＋アルカリ剤）を混合して反応熱を利用する方式、蒸気を吹き込む方式、燃料を用いて直接または間接的に加熱する方式がある。 ・短期間に浄化できる。
概略図等	

巻末資料　277

施工条件	・比較的浅い汚染範囲に適用。 ・大塊物は事前に除去が必要。
資材・仕様	・アルミ粉末。 ・混合攪拌機械（土質改良機）。
施工上の留意点	・薬品混合方式は土壌のpHが上昇するため、鉛や砒素等の土壌溶出量の上昇に注意する必要がある。 ・生石灰とトリクロロエチレンの混合は、有害な副生成物（クロロアセチレン）が生成されるので注意する必要がある。
維持管理	－
経済性	・薬剤による方式は比較的安価である。 ・燃料を用いる方式は、比較的高度な設備が必要でありイニシャルコストが高い。
参考文献	・竹中土木パンフレット
不法投棄等における適用事例	－

NO. 47	熱脱着・水蒸気分解法
工法の分類	⑩その他（掘削・現地浄化）
工法概要	・汚染土壌を間接加熱して汚染物質を揮発させ、そのガスを水蒸気雰囲気下でさらに間接加熱して汚染物質と水蒸気を反応させて熱分解により無害化する工法。 ・浄化土は再利用が可能。
概略図等	
施工条件	・行政の設置許可が必要。
資材・仕様	－
施工上の留意点	－
維持管理	－
経済性	・高度なプラント設備を必要とし、処理コストは高価。
参考文献	・鴻池組パンフレット
不法投棄等における適用事例	－

NO. 48	溶融熱分解法
工法の分類	⑩その他（掘削・現地浄化）

工法概要	・汚染土壌に電極棒を挿入して通電することにより、ジュール熱を発生させて溶融する。このとき、溶融体中心部の温度は1,600℃以上に上昇し、有機態の汚染物質は熱分解され、重金属類は固化体中に封じ込められるか気化してガス処理設備で除去される。
概略図等	(概略図)
施工条件	－
資材・仕様	・電源設備。 ・溶融設備。 ・ガス処理設備。 ・水処理設備。
施工上の留意点	－
維持管理	－
経済性	・高度なプラント設備を必要とし、多量の電力を使用するためにイニシャルコスト、ランニングコスト共に高価。
参考文献	・鴻池組パンフレット
不法投棄等における適用事例	－

NO. 49	溶媒抽出法
工法の分類	⑩その他（掘削・現地浄化）
工法概要	・汚染土壌を溶剤に浸漬し、汚染物質を抽出して洗浄する工法。抽出後の溶剤は精製することにより循環利用することができる。 ・浄化後の土砂は再利用可能。
概略図等	(概略図)
施工条件	・抽出したPCB等の汚染物質の処分が別途必要。
資材・仕様	－

施工上の留意点	－
維持管理	－
経済性	・高度なプラント設備を必要とし、処理コストは高い。
参考文献	・三菱重工ホームページ
不法投棄等における適用事例	－

NO.50	スパージング工法
工法の分類	⑩その他（原位置浄化）
工法概要	・井戸から気体（空気等）を注入し、土壌および地下水中のVOC成分を強制的に気散除去する。 ・土壌ガス吸引法を併用し、気散したガスを吸引し、活性炭吸着等で処理する。 ・気体の注入は、鉛直井戸の他に、水平井戸から行う方式もある。 ・高圧空気の噴射により、汚染物質の剥離効果を併用する方式もある。 ・同時に栄養塩を注入することで、生物分解と組み合わせる方式もある（バイオスパージング）。
概略図等	水平井エアースパージング：汚染の直上に建物等が存在したまま浄化が可能
施工条件	・周辺へ汚染物質が拡散しないよう、周辺の状況を監視しながら行うか、地中壁等の拡散防止措置を併用して実施する。 ・主な適用土質：シルト、砂質土、砂礫。 ・対象層：飽和帯。
資材・仕様	・注入井、吸引井、ガス吸引装置。
施工上の留意点	－
維持管理	－
経済性	・イニシャルコストは比較的安い。
参考文献	・鹿島建設パンフレット
不法投棄等における適用事例	－

NO.51	通水洗浄法
工法の分類	⑩その他（原位置浄化）

工法概要	・汚染土壌中に水を通過させて、汚染物質を水に溶け出させる。 ・汚染物質を含む水を回収して、気液接触、活性炭吸着、沈殿処理等の処理をする。 ・井戸から注水する方法と、地表面から散水する方法（ソイルフラッシング）がある。 ・炭酸水や高圧水を注入する工法もある。
概略図等	炭酸水注入方式：汚染物質の土粒子からの離脱、溶解が促進される
施工条件	・汚染物質を含む水が確実に集められる地質構造であることを確認する。 ・周辺へ汚染物質が拡散しないよう、周辺の状況を監視しながら行うか、遮水壁等の拡散防止措置を併用して実施する。 ・主な適用土質：砂質土、砂礫。 ・対象層：全て。
資材・仕様	・揚水井。 ・供給井。 ・炭酸水。 ・水処理設備。
施工上の留意点	－
維持管理	－
経済性	・イニシャルコストは比較的安いが、遮水壁の範囲や深度によってはコストが高くなる。
参考文献	・間組パンフレット
不法投棄等における適用事例	－

NO.52	植物回収法
工法の分類	⑩その他（ファイトレメディエーション；原位置浄化）
工法概要	・土壌中の汚染物質を植物に吸収・蓄積させて回収する（ファイトレメディエーション）。 ・砒素については吸収能力に優れたシダ植物を使用する。 ・浄化に長期間を要する。

概略図等	
施工条件	・植物種や気候を十分考慮する必要がある。 ・用いた植物の処理が必要である。 ・植物の根が届く、限られた範囲・深度しか浄化できない。
資材・仕様	-
施工上の留意点	・汚染物質により適正な植物選定が重要。
維持管理	・植物生育のための適度な管理が必要。
経済性	・条件が合えば、物理、化学的な処理に比較してコストが安い。
参考文献	・フジタ HP
不法投棄等における適用事例	-

NO.53	消火対策工
工法の分類	⑩その他（火災対策）
工法概要	・内部火災でくすぶっている状況の火災対策として実施。 ・事前調査で、温度の高い範囲を確定し、対策範囲を決定する。 ・周辺に一定の間隔（1.5m程度）で注水孔を削孔して注水を行う。 ・一定の温度低下が確認できた段階で、火災範囲を掘削除去する。 ・注水に使用した水は、下部より回収・処理して再利用を図る。
概略図等	
施工条件	・火災範囲が下層に分布し、上部散水では効果が十分に得られない場合に適用。 ・大量の水を要するため、近隣に河川等用水を供給し易い場合が望ましい。 ・廃棄物下層部に不透水性の地盤が必要。消火に使用した用水で土壌汚染を生じないことと、用水の回収が容易であることが重要。

資材・仕様	・ボーリング孔（注水用）←範囲により数量設定。 ・水処理施設←回収水の循環利用および最終放流のための処理。処理能力は注水量により設定される。
施工上の留意点	・温度低下の確認作業に留意（使用機材や測定方法）が必要。 ・有毒ガスや可燃性ガスの発生も考えられるため、安全対策には十分な配慮が必要。
維持管理	—
経済性	—
参考文献	・特定支障除去等事業実施計画
不法投棄等における適用事例	中部地方での支障除去等事案（実施計画）

NO.54	覆土消火
工法の分類	⑩その他（火災対策）
工法概要	・内部火災でくすぶっている状況の火災対策として実施。 ・外部からの空気の流入を防止するため、土砂による覆土を実施し、その上部にソイルセメントによりキャッピングを実施する。 ・覆土完成後、ソイルセメントの温度劣化を防止する目的として温度の高い場所を中心に散水を継続実施する。
概略図等	（ソイルセメント、土砂覆土、散水、廃棄物、内部火災を示す概略図）
施工条件	・すぐに覆土用の土砂の確保が容易なことが必要。事例のケースでは産廃処分場であったため、即日覆土や中間覆土用として土砂を確保していた。
資材・仕様	・ソイルセメント、覆土用土砂、散水設備
施工上の留意点	・表面の散水の頻度については、温度測定等により決定する。場合によっては、ゴミの表面に温度センサーを設置して温度低下をモニタリングする等により鎮火を確認する。 ・事例では、行政の指導により一定期間経過した後に掘削により鎮火確認を実施した。
維持管理	—
経済性	—
参考文献	—
不法投棄等における適用事例	産廃処分場で使用実績あり

巻末資料　283

NO.55	高圧注水消火工法
工法の分類	⑩その他（火災対策）
工法概要	・内部火災でくすぶっている状況の火災対策として実施。 ・概略調査で範囲を設定し、温度センサー内蔵のロッドを利用して温度測定しながら高温部に集中して注水を行う。モニタリングにより低温部は注水を行わないため、注水量を削減できる。 ・高圧で消火水を横方向に噴射することにより、注水孔間隔を広く取ることが出来る。 ・注水に使用した水は、下部より回収・処理して再利用を図る。 ・掘削孔を利用して温度センサーを残しておき、消火、再延焼の無いことを確認して、火災範囲を掘削除去する。 ・消火後の延焼部を撤去をしない場合は、注水消火後に低強度のモルタルを噴出、充填することで酸素を遮断し、再延焼、崩壊を防止することも可能である。
概略図等	（二重管、廃棄物層、温度低下、消火水、高温部、酸素遮断、湿潤後に低強度モルタル充填、消火水高圧噴射イメージ）
施工条件	・延焼位置が深く、上部からの散水では効果が十分に得られない場合に適用。 ・大量の水を必要とするため、回収、処理して循環利用廃棄物層下部に不透水性地盤があることが望ましい。 ・重機を使用するために、鉄板敷き等転倒防止の措置が必要。直下の非常に浅い部分で延焼している場合は施工は困難である。
資材・仕様	・ボーリングマシン（地盤改良用）、消火専用ロッド、温度測定管理システム。 ・水処理施設で回収水の循環利用及び最終放流のための処理を行う。
施工上の留意点	・ガス発生、水蒸気噴出も考えられるため、安全対策に十分な配慮が必要。遠隔操作による作業も設定可能。
維持管理	－
経済性	・削孔数量、消火水量を削減することが可能。
参考文献	・大成建設（株）資料
不法投棄等における適用事例	－

NO.56	硫酸ピッチの中和技術
工法の分類	⑩その他（硫酸ピッチ対策）
工法概要	硫酸ピッチを中和処理する際には石灰等の中和材の他に緩衝材としてパーライト等が用いられることが多いが、緩衝材に安価に入手できる木くずチップを用いることにより経済的に中和処理を行う技術。さらに、硫酸ピッチと木くずチップの混合中和物は、硫酸ピッチ分が重量比１～２％になるように木くずチップと混合することにより、既存の市町村の一般廃棄焼却炉でも処理可能とするもの。 （小ロットでの現地実験により中和等の確認を行ったもの）
概略図等	硫酸ピッチ処理フロー ・木くずチップの表面に硫酸ピッチが付着し、消石灰と反応して石膏化している（灰色）。 ・木くずチップに付着しなかった若干の硫酸ピッチの周りに消石灰が付着した球ができている。 ・未反応の黒色の硫酸ピッチは認められない。 ・硫酸ピッチの油臭が残っている。 ・硫酸ピッチが固形化し、ハンドリングが容易になった。 **木くずにより固形化された硫酸ピッチ**
施工条件	・現地で中和混合処理を行うための混合機（ミキサー等）や鋼製ピット等の設置が可能なこと。 ・一般廃棄物焼却炉での処理については、既存の炉の運転データを用いた試算結果では、ごみ量に対し硫酸ピッチ分が重量比１％程度であれば、硫黄酸化物の増分による腐食や排ガス処理について問題がないことが試算された（主な試算条件；硫酸ピッチ中の硫酸イオン分60％、排ガス中のSOx基準値20ppm）。
資材・仕様	・木くずチップには、不法投棄等された木くずチップを用いることができる。
施工上の留意点	・硫酸ピッチと中和材（消石灰等）との混合時等、硫酸ピッチが中和されるまでは亜硫酸ガスが発生するため、作業員の安全確保や亜硫酸ガスの拡散防止対策を適切に行う必要がある。
維持管理	・硫酸ピッチ・木くずチップ・消石灰の混合物（重量比１：１：0.5）について、ドラム缶に約10ヶ月保管した後、検知管により測定した結果、二酸化硫黄は検知されなかった。
経済性	・緩衝材にパーライトを用いて現地中和し民間焼却施設で処理した場合に比べ、処理費を約20％抑制することが可能（某県を想定したときの試算結果）。

参考文献	・「硫酸ピッチの固化実験等業務報告書　平成16年7月　（財）産業廃棄物処理事業振興財団・三菱マテリアル資源（株）」（報告書では、本技術の他、緩衝材に現地発生土を用いる技術についても検討している。） ・「硫酸ピッチの処理の方法について（その1）報告書　平成16年10月　（財）産業廃棄物処理事業振興財団」
不法投棄等における適用事例	－

8. 海外の不法投棄等の事例

1 海外調査の方法

調査は、海外関係機関のJICA（(独)国際協力機構）、JBIC（国際協力銀行）、JETRO（(独)日本貿易振興機構）、OECC（海外環境協力センター）等の既存文献調査やヒアリング、ISWA（国際廃棄物協議会）の各種出版物の調査、JST（(独)科学技術振興機構）の文献検索システムおよびインターネット情報検索等からの関連情報収集によった。

とくに既存資料による情報が不足している欧州諸国に関しては、本調査業務を委託した㈱建設技術研究所の現地協力機関が、現地の国立図書館等での文献検索、国・州・主要都市等の環境行政機関（廃棄物対策や不法投棄等対策の担当部局）への電話ヒアリングを行って情報を収集した。

なお、本稿に示した調査は平成19年12月～平成20年3月の間に実施したものである。

2 調査事項

次の事項を把握するために調査を行った。

・近年の不法投棄等の発生状況（発生原因、投棄物、投棄量、支障の状況等）。
・行政等による不法投棄等や投棄された廃棄物への対応状況（技術面、制度面）。
・行政等による支障除去に関する技術関係資料（マニュアル等）の作成状況。

3 これまでの調査結果

これまでの調査結果を表30に示す。不法投棄等については、その定義が各国間で一定していないことに加え、国の機関等から不法投棄等に関する集計データが公表されていることも少ない。このため、表30は断片的に把握できた情報を整理したものであり、表30から単純に各国の状況を比較することはできないが、廃棄物管理の取組が進んでいる先進国といわゆるオープンダンプ[注]が行われている発展途上国の間では状況が大きく異なっていることが窺える。

注）オープンダンプ：単純にごみを積み下ろして投棄するだけの状態であり、ごみの管理はされていない。処分場（投棄地）の境界が明確でなく、無秩序に積み下ろしされるだけなので非効率かつごみの散逸を招く。野焼きや有価物回収（スカベンジング）が一般的に行われている。

（1）発展途上国の状況

概して、廃棄物の衛生焼却、衛生埋立ではなく、オープンダンプによる廃棄物処理が現実には中心的に行われていることが多いとみられる。オープンダンプのサイトでは、悪臭、火災、地下水汚染、廃棄物の飛散、崩落や、周辺住民の健康被害といった問題が生じているケースがあることが報じられている。しかし、オープンダンプは必ずしも制限されている場合だけではなく、こうしたことを、わが国と同じ指標で捉えることはできない。また、不法投棄等のサイトへの対応策に関する情報は乏しいが、マレーシアで近年、有害廃棄物による不法投棄等が発生し裁判になっている事例がある等、新興国をはじめとして、廃棄物の不法投棄等の問題が顕在化してきているようである。

（2） 先進国等の状況

　情報収集した先進各国の大規模不法投棄等の内容をみると、廉価な廃棄物処理費で大量に集めた廃棄物が処分場周辺に埋め立てられ、地下水汚染や土壌汚染が危惧されているといった事例が多い。

　支障除去については、ドイツ、イギリス、アメリカで不法投棄等現場の支障除去に対し公的資金を投じて対応した事例があった。また、支障除去を担保する制度としては、韓国で、放置された廃棄物の処理を行うために、許可等を受けた廃棄物処理業者および再利用事業者に営業開始前に分担金納付といったことを求める履行保証制度が設けられている。

　欧州では、廃棄物が処理費の安い国へ運ばれて搬出先国で不法投棄等されるという越境不法投棄等の問題が生じている。これに対しEUでは、「廃棄物の運び込みに関する欧州議会および理事会の2006年6月14日付けEU規則No.1013/2006」が定められ、加盟国に対して、同規則に則らずに関係当局の同意のない自国の廃棄物を、域内の他国に搬入することを禁じている。

　以下に、現地協力機関を通じて情報が入手できたドイツでの主な不法投棄等事例を示す。

（3） ドイツでの不法投棄等事例

①ブランデンブルク州での不法投棄等事例

　ベルリンを取り囲む旧東独のブランデンブルク州では、廃棄物の大規模不法投棄等が続いて発覚している。

　2007年7月以来、同州の検察庁は、マルケンドルフ（Markendorf）砂利採取場における約80万㎡に及ぶ廃棄物不法投棄等事案を捜査中である。この事案は廃棄物業者によるもので、違法行為による不正利益は1,000万ユーロと推定されている。当該廃棄物業者は2006年3月の会社設立以来、ブランデンブルク州、ベルリン州、ザクセン・アンハルト州の複数の廃棄物業者やリサイクリング業者から受け取った廃棄物を、コストがかかる正規の方法で最終処分せず、自身が所有する砂利採取場に運んでいた。当該廃棄物業者の経営者は、廃棄物処分の監督を所轄する鉱山局の職員を買収していた。この事案には多くの業者が関わっていると見られている。投棄廃棄物には一部危険な廃棄物を含み、同地域の地下水汚染が懸念されている。

　さらに、2008年1月16日にも、同州ヴォリン（Wollin）の閉鎖済み廃棄物処分場に大規模不法投棄等が行われた疑いがあるとして、州警察と検察が投棄現場他7箇所の事業所等の捜査を開始した。詳細は現時点では不明だが、投棄廃棄物は、わが国の容器リサイクル法に相当する緑マークのついた家庭ごみを粉砕したものと見られる。マルケンドルフ砂利採取場事案との関連は不明である。

　同州経済省の指示により、同州所轄当局は2007年秋に、分別済み建設廃棄物投棄認可を有する同州内の85箇所の砂利・石炭等採掘跡地を検査、そのうち8箇所で不法投棄等が見つかっている。

　ブランデンブルク州内務省に報告された環境犯罪は、2002年1,080件、2003年969件、2004年1,484件、2005年921件、2006年には862件となっている。

（情報源：http://www.maerkischeallgemeine.de/cms/beitrag/11111775/62249/Deponie_bei_Wollin_enthaelt_illegale_Abfaelle_Boeser_Verdacht.html および http://www.wastecontrol.de/ いずれも2008年2月）

なお、当該不法投棄等現場の写真は、次のアドレスからダウンロードできる。

（http://www.welt.de/berlin/article1041475/Skandal_um_illegale_Muelldeponie_weitet_sich_aus.html）

（http://www.meetingpoint-brandenburg.de/brbnews/article.php?article_file = 1200495796.txt）

②有害産業廃棄物不法投棄等事例

フランクフルトがあるヘッセン州の廃棄物仲介業者が2年間に渡り、バイエルン州（州都ミュンヘン）中部フランケンの農場主にその所有するバイオガス設備で焼却するということで、産業系の廃棄物約5,000tを引き渡していた。農場主は自ら賃借した耕地に当該廃棄物を不法投棄等し、土壌と地下水を著しく汚染させた。農場主にはすでに2004年に5年の禁固刑が下されている。検察は、廃棄物仲介業者が、バイオガス設備の能力が十分でないことを承知していながら不法投棄等を容認し、故意の土壌汚染を共謀したとして告訴し、事件発生6年後の2008年1月にバイエルン州アンスバッハ（Ansbach）地方裁判所で公判が開始された（公判は2008年4月に終了予定）。廃棄物仲介業者は排出者から50万ユーロを受け取り、農場主には10万ユーロのみ渡している。汚染された土地18万㎡の修復には260万ユーロを要しバイエルン州およびアンスバッハ郡が負担した。

（4）海外での不法投棄等の支障除去等に関する技術マニュアル等の整備状況

これまでに情報が入手できたものとして、アメリカのEPA（環境保護庁）による不法投棄等防止プログラム（Illegal Dumping Prevention Guidebook）、イギリスのEA（環境庁）による不法投棄等に関するガイドライン（Fly-Tipping：Causes, Incentives and Solutions - A Good Practice Guide for Local Authorities）がある。

4　おわりに

本調査結果は、決して網羅的なものとは言えず、インターネットによる文献調査を中心としたものであり、不法投棄等の状況について性急にわが国の状況等と比較できるレベルの情報にはなっていない。また、支障除去技術や不法投棄等に対する制度面に関する情報は、残念ながら十分に入手できず、今後の検討課題である。

表30 主な国の不法投棄等（不適切な処理等）や廃棄物管理の例

国 名	不法投棄等や廃棄物管理の例	主な参考文献、参考情報
韓国	・1990年代後半以降、小規模廃棄物処理業者の倒産等による放置廃棄物（不法投棄）が多数発生。 ・1999年、国は放置廃棄物の処理費用を事前に積み立てる「放置廃棄物の処理履行保証金制度」を導入。この制度は、許可等を受けた廃棄物処理業者や再利用事業者が、営業開始前に、共済協会への分担金の納付、保証保険への加入、履行保証金の預置のうちの一つの方法により履行保証を果たすもの。	・平成18年度アジア各国における産業廃棄物・リサイクル政策情報提供事業報告書（平成19年3月、日本貿易振興機構アジア経済研究所）p 21～22
中国	・2003年の工業固形廃棄物の発生量は10億428万t。うち、不適正な処理がなされていると考えられる量（投棄量）は1,941万t（国家環境保護総局「中国統計年鑑」）。	・同上平成17年度報告書 p 36
台湾	・不法投棄は、全国で175箇所、229万t（発見された総量）。大都市近郊での不法投棄が多い。 ・不法投棄の早期発見と未然防止活動は、環境保護署環境監督査察総隊が実施。不法投棄地を投棄者が期限内に清掃及び処理をしない場合は、環境保護局が代わって行い、投棄者に費用を請求する。	・同上平成18年度報告書 p 99～100
マレーシア	・有害廃棄物の不法投棄は、2005年31件、2001年～2005年の間で90件摘発。証拠が十分でないため起訴に持ち込めないケースが多い。不法投棄された主な有害廃棄物は、廃塗料、鉱物油、ドロス等。 ・2006年1月、マレー半島南部 Labis 郊外で、アルミドロスの不法投棄によりアンモニアガスが発生し、住民700人が避難し6校が休校。当該地でのアルミドロスの投棄量5,000 t。不法投棄行為者はリサイクル業者から委託を受けた業者。リサイクル業者（排出者）が訴追され裁判化。 ・マレーシアでは有害でない廃棄物の処理に関して許可制度が整備されていない。	・同上報告書 p 180、184
インドネシア	・2005年、西ジャワ州バンドンの処分場でごみの山が崩れ、死者100名以上。 ・廃棄物投棄により、悪臭、火災による大気汚染、浸出水による河川、土壌、地下水汚染が発生。廃棄物投棄地の周辺に住む人々が皮膚病、チフス、コレラ、赤痢、循環器系の病気などに罹ることも多い。 ・多くの処分場がオープンダンプ。	・同上報告書 p 233～234
インド	・有害廃棄物の不法投棄件数は報告された10州の合計で115件（インド環境森林省（MoEF）Annual Report 2005-2006）。有害廃棄物の不法投棄により飲料地下水の汚染事例あり。 ・多くの州で廃棄物の不法投棄が依然発生。主因は処分施設不足と考えられている。	・同上報告書 p 247、259～260
バングラデシュ（ダッカ）	・ダッカでは、1,400 t/日（ごみ発生量の44%）が処分場に搬出されずに、道路、空き地、湿地等に不法投棄されているものと推定されている。 ・処分場に搬出されないごみが市内に散乱し、臭気問題、排水溝の閉塞、水質汚染、蚊・ハエの発生等のさまざまな環境問題を引き起こしている。また、ごみの中から有価物を収集して生計を立てているウェイストピッカーの収集行為、カラス、イヌ等のごみ漁りにより、ごみの散乱が問題化。	・国際協力研究 Vol. 21 No. 2（通巻42号）2005.10「ダッカ市における住民参加型廃棄物管理モデル開発の試み」p 4
モンゴル（ウランバートル）	・不法投棄は相当数確認されているが、公式な調査データは取られていない。 ・最終処分場における投棄は衛生埋め立てではなく、単純な投棄であり、周辺には不法投棄廃棄物が散乱し、環境への甚大な影響及び周辺住民やウェイストピッカーへの健康影響が懸念されている。	・JICA プロジェクト情報：「ウランバートル市廃棄物管理計画調査」p 1～2
パラオ	・首都のあるコロール州をはじめ各州のごみ埋立地は典型的なオープンダンプで、周辺環境や公衆衛生に悪影響を与えている。中央政府が管理する処分場（首都の市街地に隣接）では数十年にわたって不適正な埋立管理が継続され、周辺住民や商業施設から苦情が寄せられ、重要産業である観光にも悪影響を与えている。	・JICA プロジェクト情報：廃棄物管理改善プロジェクト p 1
ドイツ	・中部ドイツ廃棄物処分コンピーテンスネットワークによれば、年間700万 t が不法投棄されているとしている。不法投棄の手口の大半は、廃棄物を廉価な処理費用で引き取り、破砕処分後に砂利・石炭採掘場跡地などに投棄するもの。不法投棄により地下水汚染をもたらす例もあり。 ・ブランデンブルク州で大規模不法投棄（推定投棄量80万㎡）。 ・バイエルン州中部フランケンで有害産業廃棄物不法投棄（投棄量5,000 t）。 ・ラインラント・ファルツ州マンハイム、カールスルーへで建設廃棄物不法投棄（投棄量不明）。 ・2005年以降、EU 域内の他国への越境不法投棄が頻発。 ・不法越境投棄廃棄物の回収は、EU 規則（2006年6月14日付け EU 規則 No. 1013）及び国内法の2法規により規定。連邦州が回収義務を負う。	http://www.maerkischeallgemeine.de/cms/beitrag/11111775/62249/Deponie_bei_Wollin_enthaelt_illegale_Abfaelle_Boeser_Verdacht.html
チェコ共和国	・2006年2月、ドイツからの越境不法投棄が発生（リサイクル用の洗浄済みプラスチックと偽り、古着、古紙、空き缶などが混じった一般ごみ3,000t が当局により摘発された事案等）。 ・チェコでは、違法廃棄物輸送に対して、30万ユーロまでの罰金を科すことができる。	http://www.taz.de/index.php?id=archivseite&dig=2006/02/21/a0117
ハンガリー	・2007年7月、ドイツからの越境不法投棄（不法投棄量1,800 t）が発生。	http://www.gomopa.net/Finanzforum/Wirtschaft/Deutscher-Muell-Abfall-illegal-nach-Osteuropa-exportiert.html
	・溶融剤や、Extasy や麻薬製造用の成分の不法投棄事例あり。	http://www.vrom.nl/

オランダ	・企業による化学物質の不法投棄は、厳しい罰則を伴う監視システムが構築されているため1990年代に入り減少。 ・国外向けの違法な廃棄物輸送あり（2004年9月～2006年5月に協力国の検査員による検査結果で1,103件の廃棄物輸送のうち564件が違法であったとの報告あり）。	
イギリス	・工業部門で発生する危険物質の不法投棄や、廃タイヤの違法な中間貯蔵（放置）の事例あり。 ・アフリカやアジアに向け船積みされる違法な廃棄物輸送が発生。 ・一般家庭からの不法投棄（fly-tiping）が深刻化。公的機関や市町村が、公共敷地や森等に放置された廃棄物の回収を実施。 ・イギリス環境食糧農村地域省（Defra）は、2007年に申告された不法投棄260万件（2分の1がロンドン）の処理に7,600万ポンド（77％が家庭廃棄物）を要したと報告。 ・2004年、環境庁（EA）が、90％の市町村の協力を得て全国規模の不法投棄データベース（Flycapture）設置。 ・2007年、環境食糧農村地域省は「不法投棄～原因、インセンティブ及び解決策～地方自治体のためのグッド・プラクティスガイド」を策定。	http://www.defra.gov.uk/environment/localenv/flytipping/flycapture.htm
フランス	・2000年11月、ブルターニュ地方ブレストの干拓地帯での不法投棄（使用済みのバイク用オイルが入った大量のドラム缶計3,000リットルとタイヤ数百個の不法投棄）。 ・1991年に東仏ロレーヌ地方で発生した大規模不法投棄事案では、自動車スクラップ、タイヤ、塗料のほか溶剤入りのドラム缶150本以上などが不法投棄され、回収・保管までに10年を要した。2002年以後、跡地の残留汚染調査が行われている。	http://www.ecologie.gouv.fr/-Dechets-.html
イタリア	・2006年度の廃棄物不法処理は、20州で約4,400件（逮捕者数115人）。 ・90年代半ば以降、廃棄物の不法処理を行う組織の存在が判明。政府は、「1997年2月5日委任立法令22号」（別名ロンキ法、現環境統一法典）により、行為者への罰則、取締りを規定。現在、第15次国会で「廃棄物処理及び関連犯罪活動対策両院委員会」が設置され、環境犯罪に関わる項目を刑法に盛り込む検討が行われている。	Legambiente 「Rapporto Ecomafia 2007版」
アメリカ	・州単位で、環境部局や自然保護部局で監視や取り締まりが行われ、不法投棄の件数・量は、各州毎の方式により郡単位で把握。 ・州単位の情報からは、家庭系粗大廃棄物、建設系廃材、廃タイヤ等の道路沿道沿いの平地や谷地への投棄などの事例や、その撤去回収に関する情報が散見される。 ・未然防止や早期回収を目的としたウェブへの通報の書き込み制度やEメールによる通報システムを整備している郡や州もあり。 ・連邦環境保護庁（EPA）は、不法投棄対策防止マニュアル（Illegal Dumping Prevention Guidebook）を策定。	Illegal dumping survey report／USDA Rural Development Technical Assistance Grant 2004.2

不法投棄及び不適正処理現場の対策と技術

平成22年４月10日　第１版第１刷発行

　編　著　　財団法人　産業廃棄物処理事業振興財団

　発行者　　松　林　久　行
　発行所　　株式会社 大成出版社
　　　　　　〒156-0042　東京都世田谷区羽根木１－７－11
　　　　　　電話03－3321－4131（代）
　　　　　　http://www.taisei-shuppan.co.jp/

©2010　（財）産業廃棄物処理事業振興財団　　　　　　　　　印刷／亜細亜印刷
　　　　　　　　落丁・乱丁はおとりかえいたします
　　　　　　　　ISBN　978-4-8028-2941-0